湛庐CHEERS

与最聪明的人共同进化

HERE COMES EVERYBODY

魏薇 孙经纬 译

How to solve big problems and sell solutions like top strategy consultants

像高手一样解决问题

Cracked it!

[法]伯纳德·加雷特 Bernard Garrette
[加]科里·菲尔普斯 Corey Phelps
[法]奥利维耶·西博尼 Olivier Sibony

著

浙江教育出版社·杭州

测一测　　你知道高手如何解决复杂问题吗？

1. 人类大脑中的思考系统有哪些？（　　）

A. 快思考

B. 慢思考

C. 左脑思考

2. 问题解决过程中经常出现的陷阱有哪些？（　　）

A. 错误的问题陈述

B. 套用错误的框架

C. 无效沟通

3. 问题解决 4S 法主要包括哪些步骤？（　　）

A. 陈述和建构

B. 求解和推销

C. 共情和咨询

4. 问题解决路径中的设计思维包括哪些主要步骤？（　　）

A. 共情和定义

B. 构思和原型

C. 测试

5. 问题解决 4S 法适用于哪些人群和职业？（　　）

A. 学生

B. 咨询师

C. 企业高管

扫码下载“湛庐阅读”App，
搜索“像高手一样解决问题”，
获取答案。

CRACKED IT
前 言

像高手一样解决问题

作为战略学教授，我们常与各类受众进行交流，有本科生、MBA 学生，也有企业高管。虽然背景各异，期望不同，但这些人都面临着一个共同的挑战：怎样才能学以致用。

学生告诉我们，商业管理的概念和工具，相对比较容易理解。毕竟，对于拥有非商业领域高等学位的人士来说，对某个行业的结构进行分析，或评估一家公司是否具有成本优势，并非多么艰巨的智力挑战。对于拥有多年工作经验的职场资深人士而言，这样的任务更是不在话下。而当我们想要将同样的工具应用到真正的商业情境之中时，商界人士所面对的问题往往十分复杂，事实不清晰，期望会随时发生变化。商业知识，无论是在学校中学到的，还是在工作中领悟的，都为管理者提供了一个装满框架的宝藏，但这个宝藏并不能帮助他们识别和理解问题。

2014 年，我们决定填补这一空缺，在巴黎高等商学院 MBA 专业开设“问题解决方法论”这门核心课程。我们很快意识到，需要将商业沟通中的一些方面纳入本课程，作为其重要组成部分，读者从本书后面的内容中可了解到个中原因。在历经多次迭代和打磨之后，终于形成了我们在本书中介绍的这套方法论。

麦肯锡的顾问团队历时多年开发并凝练而成的问题解决方法论，为本书带来了极大的启迪。因为顶尖管理咨询企业的本质，就是要帮助高管搞明白他们面临的最为艰巨的问题究竟是怎么回事。而能够驾轻就熟、游刃有余地解决问题，这也是麦肯锡顾问的核心竞争力。解决问题的能力，就像这家伟大公司的每一个特质一样，随着学徒精神代代传承。奥利维尔对当年自己初出茅庐时得到大师指点始终心怀感激，恩情难忘。他也记得从合伙人到暑期实习生在内的所有同事，在近 30 年的职业生涯中数不清的团队会议上向自己发出的挑战和鞭策。

我们非常感谢在过去几年间参加过问题解决与沟通研讨会的数百位学生和管理人员。他们不仅促使我们对这套方法论持续进行打磨，而且还不断提醒我们，其中有一些东西是缺失的：伯纳德希望课程的时间足够长，足以让学生意识到有必要对自身的问题解决技巧进行打磨，但实际时长又太过短暂，来不及让他们熟练掌握所需的全部工具和方法。学生和管理人员问，哪里能找到一本书，可以通过阅读来练就更加娴熟的问题解决技巧。我们希望，问题的答案现在就在读者的手中。

目 录

第二部分 问题解决 4S 法

你必须具备的超级技能

2004 年 7 月 16 日，戴尔公司董事长兼首席执行官迈克尔·戴尔（Michael Dell）宣布，长期担任戴尔公司高管的首席运营官凯文·罗林斯（Kevin Rollins）将接任戴尔首席执行官一职。在 1996 年加入戴尔之前，罗林斯曾担任贝恩咨询公司（Bain & Company）的副总裁兼合伙人，在那里，他为戴尔提出了著名的直销业务模式建议。在罗林斯履新之时，戴尔是世界上规模最大、利润最高的电脑生产商，公司股价略高于 35 美元，是 2000 年夏季科技股泡沫破裂以来的最高水平。而在短短两年半之后的 2007 年初，情况就大不相同了。公司营收增长明显放缓，市场份额急剧下降，而惠普也将戴尔挤下了全球最大电脑制造商的宝座。戴尔的盈利一再低于分析师的预期，股价下跌了近三分之一。2006 年末，由于电池爆炸起火事件，戴尔召回了 400 多万台笔记本电脑。美国证券交易委员会还发起了一项针对该公司会计违规行为的调查，涉及收入和支出的时间安排和确认，迫使戴尔重新公布了2003年至2006年的净利润明细。最终，一份内部员工调查直截了当地表明，大家对戴尔领导层的信心正在下降。

戴尔遇到了问题。股东和员工对发展形势感到不满，迫切希望公司业绩重回往日巅峰。作为董事长和最大的股东，迈克尔·戴尔对这个问题责无旁贷，他有极强的动力去迅速解决问题。如果你是 2007 年初在位的迈克尔·戴尔，你会采取什么措施来解决这个问题呢？

问题解决快与慢

戴尔在 2007 年初面临的问题，涉及一系列错综复杂、鲜为人知的因素，这使得问题难以界定，无法下手。这种复杂而不明确的问题十分古怪，很少发生，因此很难用常规方法来解决。尽管如此，我们还是可能感觉自己了解解决戴尔的问题所需的所有信息。对许多人来说，问题的原因和解决方案是显而易见的：凯文·罗林斯就是罪魁祸首，他应该被立刻撤职。以这种方式对情境进行建构，就是将挑战进行了简化。人们不必开展冗长而艰难的工作，对问题进行定义、建构和分析，随后生成数个潜在解决方案，从中进行选择，只需将解决问题的过程简化为在支持还是替换罗林斯之间进行选择即可。不管你给出怎样的建议，都会很快得出解决方案。

心理学家、诺贝尔经济学奖得主丹尼尔·卡尼曼（Daniel Kahneman）在他极具开创意义的畅销书《思考，快与慢》（*Thinking, Fast and Slow*）中讲到，同一个大脑中往往拥有两套思考系统，这两套思考系统会因为我们的心理活动而不断发生“争执”。[1] 我们默认的思维方式，包括解决问题的思维方式在内，是快思考，也就是所谓的系统一思维。系统一思维在很大程度上是不知不觉的、自动的、无意识的。在快思考时，我们会将注意力局限在眼前的信息上，不会去想方设法寻找那些能帮我们更好地掌握情况的信息，卡尼曼将这种倾向称为“眼前即世界”（What You See Is All There Is）。

同时，快思考还具有联想性：关于某些我们所关注的情境的有限信息，大脑会触发记忆中的相关想法，并在无意识的情况下将其快速激活，进而触发其他相关想法，以此类推。这种级联过程的结果就是，通过对正在发生的事情和应采取的行动进行连贯的故事建构，我们可以在信息有限的情况下快速理解新情况。换句话说，我们的大脑特别擅长妄下结论。

与快思考相反，慢思考，也就是系统二思维，是主动的、自发的，因为慢思考需要努力集中注意力，并进行有意识的思考。但这种努力要付出认知上的高昂成本，心智能力是一种稀缺的资源，我们需要将其分配到问题之上，因此就有了“集中注意力”这个说法。在解决具有挑战性的问题时，我们往往会被“最省力定律”所吸引。这就是依靠速度更快、认知成本更低的系统一思维。随后，审慎的系统二思维便会单纯地赞同系统一思维的建议。但是，只要付出充分的努力，掌握足够的技巧，慢思维可以是有逻辑的、理性的、有条不紊的，慢思维可以敦促我们去寻找缺失的信息，对假设和信念提出质疑，利用工具和框架来对情况加以理解，从而获得对问题更为深刻、全面的掌握以及解决问题的更优思路。但大脑只有在快思考无法有效处理眼前的情况时，才会例外地触发慢思考。关于解决问题的神经科学研究也证实了这一点：当人们以信念为基础去快速解决问题时，大脑中活跃的区域与进行深刻逻辑思考时所激活的区域是不同的。这表明，在解决问题时，不同的心智过程在竞相争夺控制权。[2]

在凯文·罗林斯和戴尔公司的故事中，我们很容易对问题及其解决方案进行过快的思考，或者在深思熟虑的慢思考过程中犯偷懒的毛病。当我们看到在凯文·罗林斯担任首席执行官期间，与迈克尔·戴尔时代相比，戴尔的销售增长放缓，市场份额下降，收益预期目标达不到，股票价格下跌等信息时，我们很容易被这些事实说服，认为无须去了解更多的情况。于是，我们的大脑迅速开始运转，在上述信息之间寻找关联。其中重要的一点，就是罗林斯是首席执行官。这一点很容易触发许多人关于领导力的一个信念，那就是领导人有能力（或者说应该）主导他们所领导的组织的命运。这样一来，我们就将优秀的业绩归功于卓越的领导力，失败的业绩归咎于拙劣的领导力。在领导力和业绩指标之间建立关联，人们很快便可以建构一个自圆其说的故事，并果断给出解决方案：炒了罗林斯。

但是，当我们对这些信息提出疑问，并试图去寻找更多的信息时，是否还会得出同样的结论呢？举例来说，如果我们发现，虽然戴尔公司的股价下跌，但依然比业内所有其他公司表现都好，那会怎样？如果在戴尔员工对高管的信心有所下降的情况下，罗林斯在员工心目中依然地位极高，受到全体员工的尊重和敬仰，那会怎样？如果我们获得了关于问题根源的其他一些信息，是否会产生不同的分析思路？比如，戴尔是从索尼这家业内公认的可靠供应商那里购买了有质量问题的电池。又如，戴尔失去了市场份额第一的地位，是发生在惠普收购康柏（另一家大型计算机制造商）之后的事情。在对戴尔市场份额下降一事进行深入调查之后我们发现，其一部分原因是企业客户的需求放缓，终端消费者的需求增长，而戴尔本身并不擅长为终端消费者提供服务；另一部分原因是定制价值的下降，定制是戴尔公司客户价值主张的核心元素，而计算机组件的快速发展使得标准化机器足以满足绝大多数客户的需求。又如，我们了解到，戴尔将罗林斯提拔为首席执行官，是为了强化公司在企业客户和定制化服务上的战略重点，而不是为了转变公司的商业模式，去适应不断变化的竞争环境（事实上，后者正是罗林斯想要去做的事情）。如果我们意识到，公司出现的某些问题，比如美国证券交易委员会对戴尔公司的财务调查，是戴尔掌权期间所做的决定的结果，与罗林斯无关，那又会怎样？

当我们不再假设自己了解事实真相，而是去质疑我们所掌握的信息是否充分，并去努力寻找更多的信息时，我们就更有可能克服自身的局限，换一个角度去审视问题，从而得出不一样的，甚至更加优秀的解决方案。不经过上述思考过程就为戴尔公司在 2007 年初所遇到的问题给出有效解决方案，是非常不谨慎，甚至可能导致灾难的想法。虽然后果严重，但妄下结论这种情况依然十分常见。

其中就潜藏着问题解决过程之中的核心障碍——因思考速度太快（或太懒）而妄下结论的倾向。我们在理解问题时，花的时间太少，费的力气不够，拍脑袋相信一切尽在掌握。我们启动头脑中的联想机器，拿出因果关系的暗含假定，用这些有限的信息建构了一段关于事实及其背后原因的连贯而貌似合理的故事。正如沃顿商学院教授亚当·格兰特（Adam Grant）在其著作《原创》（*Originals*）[3] 中所言，人们都会毫不费力地将他们获得的任何信息转变成有头有尾、绘声绘色的故事，哪怕这些信息之间毫无关联。就算是在一片噪声之中，人们也会无法自持地随处发现各种信号。

危险之处在于我们会笃信自己匆忙创造出来的故事，还会以这个故事为基础采取行动。莎士比亚笔下的人物奥赛罗就是这一悲剧缺陷的典型。当他看到另一个女人手中拿着他送给妻子苔丝德蒙娜的爱情信物——手帕时，便决心杀妻。在奥赛罗看来，这个女人是从卡西奥那里获得了手帕，而这就说明苔丝德蒙娜将手帕赠予了卡西奥。叛徒埃古说服奥赛罗，让他认为苔丝德蒙娜和卡西奥是情人关系，而手帕就成了铁证。实情是，苔丝德蒙娜不小心将手帕弄丢了，埃古将手帕偷偷放在了卡西奥的住处。基于仓促的假设和错误的叙述，奥赛罗杀死了对他忠贞不二的妻子，由此也毁掉了自己最宝贵的爱情。回到现实生活中，虽然结果不一定如此可悲，但很多人都会冒着妄下结论的风险，在不对隐含假设或情绪进行质疑的情况下匆忙采取行动，而这也主宰了我们对事件和信息进行理解的方式。

解决方法，就是对问题进行更加透彻的思考，去寻找缺失的信息，去核查每一个线索，去权衡多方利弊，去调查所有可能的假设。但是，为了避免犯下奥赛罗的错误，我们也有可能会成为莎士比亚笔下最著名的人物——哈姆雷特。读者可能还记得，哈姆雷特王子是已故丹麦国王之子，他的叔父克劳狄（国王的兄弟）杀了国王，娶了王后为妻，篡权夺位。整个故事都围绕着哈姆雷特在为父报仇这件事上的犹豫不决而展开。哈姆雷特想要确定克劳狄有罪，光明正大地将其处死。他永无休止的犹豫不决，令他失去了行动力，还让他犯下了无可挽回的错误。剧终之时，整个皇室家族互相残杀，丹麦向宿敌挪威投降。

那么，你是奥赛罗还是哈姆雷特呢？你更倾向于在仓促间进行思考和行动，还是陷入无尽的左思右想而无法自拔？虽然妄下结论并采取行动是人们常犯的错误，但因分析过甚而优柔寡断，也是司空见惯的毛病。许多官僚机构都会在采取行动前进行大量的研究和资料搜集，而结果依然是不采取任何行动。一方面，思考过程的快速或懒惰，使得我们可以节省下稀缺且代价高昂的心智资源，但由此得到的解决方案常常是拙劣且无效的；另一方面，慢思考和详尽的调查，对于解决复杂的商业问题而言十分必要，也是本书的关注焦点，但反思过程很可能会导致决策的延迟和行动放缓。组织和机构若想同时拥有高效能和高效率，就需要那些能克服这些挑战，从而解决复杂商业问题的人才。这些人需要像奥赛罗一样有行动力，像哈姆雷特一样细心，同时既不会像奥赛罗那样妄下结论，又不会像哈姆雷特那样陷于无尽的犹豫的恶性循环中。传统智慧告诉我们，要依据智慧、经验和专业知识来选拔出这样的人才。但随后我们将会了解到，仅仅是脑子聪明、经验丰富、受过培训可能还不够，一套系统化的问题解决方法论同样不可或缺。

专家也会给出糟糕的解决方案

我们都会解决问题。如果我们没有能力去应对生活不断抛出的各种挑战，根本无法维持日常生活。“躲开交通阻塞，准时上班的高效通勤线路是哪一条？”“应该带出差来本地的朋友去哪里吃晚饭？”“怎么才能把假期长出来的肥肉减下去？”技术能帮助我们解决问题，但并不是时刻都能派上用场。问题解决能力是人类思维的一个主要表现形式，也是我们最为复杂的智力活动之一。这是人之所以为人的一个核心元素。

虽然每个人都会解决问题，但经理人和咨询顾问是这方面的专业人士，企业花钱请他们，尤其看重他们的问题解决能力。与传统观念唱对台戏的管理学大师亨利·明茨伯格（Henry Mintzberg），是最先对经理人的工作展开研究的学者之一。他发现，经理人会花大量时间用来解决问题。[4]领导力顾问公司曾格福克曼（Zenger Folkman）对 30 多万名经理人进行了调查，结果发现，在全部管理层级上，问题解决能力是排名第二的重要竞争力。[5]经济合作与发展组织成年人技能调查显示，对于要求快速成长、具备较高管理技能的专业和技术岗位而言，解决复杂问题的能力非常关键。[6]

诸如麦肯锡、波士顿和贝恩这样的管理咨询公司之所以存在，就是为了解决商业问题。正如哈佛大学教授、“颠覆式创新”之父克莱顿·克里斯坦森（Clayton Christensen）① 最近所言：“管理咨询的基本商业模式，一百多年来都未曾改变，一直都是在一定时期将聪明的外部人士引入组织内部，请他们为企业客户面临的最艰巨的问题给出解决方案。”[7]怪不得麦肯锡的内部员工文件称，问题解决能力被视为公司能否成功的重要因素。[8]管理咨询顾问的招聘过程，招聘者会通过压力极大的“案例访谈”来对应聘者的问题解决技能进行评估：访谈过程中，应聘者会看到一段简短的文字，其中讲述了某个隐去名字的客户公司所面临的挑战，应聘者需要给出自己的解决方

① 克莱顿·克里斯坦森是著名的商业思想家与管理大师，创作了《创新者的课堂》《创新者的处方》等畅销书，书中介绍了他在 20 多年的研究中得出的、在各行业实践中获得成功的管理创新经验。该书中文简体字版已由湛庐策划、中国人民大学出版社 2015 年出版。——编者注

案。一些公司还会运用正式的问题解决测试：根据咨询公司应试网站的统计，只有三分之一的合格应聘者能通过麦肯锡的测试。

那么，这些专业人士在解决富有挑战性的问题时究竟有多么优秀？我们可以从与专业技能和问题解决相关的研究中寻找线索。专家已经通过某一特定领域的大量研究和实践，积累了深刻的知识，并在头脑中对知识进行组织，方便随时调用。通常情况下，经理人和顾问会在职业发展过程中专注于某一特定能力或行业领域，发展出相关专长。研究发现，针对专长领域之内的问题，专家比新手有优势：专家针对这些问题能调用更加丰富、成熟的思维模式，能通过与过往问题进行类比，更好地识别并理解现有问题。[9] 专家也会运用其专业领域中更为有效的问题解决策略，更审慎地评估约束条件下的潜在解决方案，并通过打磨解决方案来更有效地掌控其问题求解进程。[10]

专业知识方面的优势，可以解释许多现象。比如，为什么有研究发现经验老到的税务会计能比新手更娴熟地从税法和会计惯例中引经据典，从而解决客户遇到的特定税务问题。[11] 又如，为什么精益化生产专家在工厂里走一圈，就能指出应该在哪个环节降低工厂员工没有注意到的半成品库存，从而指明提高生产效率的方式。

但是，在解决戴尔 2007 年面临的问题时，专业知识可能无关紧要，甚至可能成为绊脚石。这是因为专业知识是有限制条件的。虽然专家在他们的专业领域之内比新手更擅长解决问题，但当他们面对专业领域之外的问题时，或者当他们所在领域的任务条件发生变化时，他们却往往表现得和新手无异，甚至还不如新手。在面对超越自身专业领域的问题时，专家丰富而细致的思维模式，会限制他们理解问题并寻找解决方案的能力。思维模式是僵化的，很难改变，尤其是在有过成功先例的情况下。专家可能会被自身的专业知识所束缚。心理学家、莱斯大学教授埃里克·戴恩（Erik Dane）发现，人们获得的专业知识和经验越多，他们看待世界的特定视角就会越根深蒂固。[12]与新手相比，专家往往会对自己理解专业领域之外的问题的能力过于自信，这就会导致他们给出比新手更糟糕的解决方案。[13]

类比推理还可能导致专家在面对似曾相识的新情况时，给出拙劣的解决方案。当人们用类比法进行推理时，是要去解决一个全新的、没见过的目标问题。人们会考虑自己熟悉的其他“源设置”，通过相似性映射过程，将这些源设置与目标进行比较。通过找到一个自己认为与目标具有相似特征的源问题，人们便会认定一个解决了源问题或可以解决源问题的候选解决方案。整个过程如下：“我以前见过这样的东西，所以之前行得通的方法现在也行得通。”虽然类比推理是洞察力和创造力的宝贵源泉，但当解决问题的人仅凭表面的相似性做判断，而不去探究深层的因果联系，并在此基础之上进行类比时，就可能会导致其给出拙劣的解决方案。当解决问题的人在某个特定领域拥有深刻而丰富的经验时，他们脑海中的知识非常明晰，很容易随时提取，而这就让他们在新情况下更容易注意到相似的特征，忽略那些不同的特征，并给出肤浅的类比和拙劣的解决方案。[14]当你的工作范围超出专业领域，或者你的工作性质发生变化时，经验并不能很好地为你提供指导。

未知的未知

专业知识是一把双刃剑。对于某些问题来说，就连与其相关的专业知识也无法应对。与戴尔的案例一样，许多商业问题是复杂的、定义不清的、非常规的。复杂问题中往往有许多相互关联的原因，令问题非常难以理解。定义不清的问题，是指目前的情况、期望的结果以及两者之间的关系很难说清楚。复杂问题通常一开始都是定义不清和非常规的。非常规的问题都有其特点：我们不会经常遇到这类问题，没机会发展出解决这类问题的经验和专业知识。商业问题的复杂性，通常需要我们将各领域的知识整合为一体，达到除了博学大师之外无人能及的专业高度。

随着问题复杂性的增加，问题解决者就越来越有可能遇到“未知的未知”（通常被称作 unk-unks），进一步对专业知识的价值形成挑战。[15] 早在美国国防部前部长唐纳德・亨利・拉姆斯菲尔德（Donald Henry Rumsfeld）于 2002 年一次新闻发布中将这个说法带入大众视野，开始广为流传之前，“未知的未知”仅限于在项目管理和工程专业人士之间使用。[16] 虽然说起来有些拗口，但“未知的未知”，意思就是指解决问题的人在解决其不了解的问题时所面对的不确定性。在面对复杂问题时，我们根本不知道提出什么样的问题才能问到点子上。正如拉姆斯菲尔德所言：“有些事情是我们不知道自己不知道的。”我们越是不清楚造成问题的原因，就越会在导致解决方案失败的事件发生时毫无防备，惊诧不已。

以创业为例，创业就是创业者寻找有价值的客户问题，尽心解决，换来钞票的过程。创业者识别出重要且广泛存在的问题，并开发出产品或服务作为解决方案，只要比竞争对手做得更好，就能提升企业盈利的机会。重要而有价值的客户问题通常非常复杂，并不为创业者所了解。研究显示，创业者很多时候并不会认识到自身对客户问题的无知，不会花时间和精力去向潜在客户讨教，从而发掘出自己不明白的地方，而是会遵从“梦想成真”原则：只要把东西做出来，客户就会来买。追踪全球风险投资动态的数据分析公司 CB Insights，最近对 200 多家失败的创业公司进行了事后分析，发现导致失败的主要原因（超过 40%）是市场接受度低。这些企业开发出来的产品和服务，并不能有效地解决客户的问题。

哥伦比亚的达维维恩达银行（Banco Davivienda）就是个很好的例子。2009 年，波哥大的银行管理层发现了一个他们认为非常值得解决的重大问题：在哥伦比亚，近 40% 的人口都没有银行账户。银行迅速做出响应，设计了一款收费低廉、方便使用的银行账户，以遍布哥伦比亚的支行网点为基础进行推广。虽然营销攻势极其迅猛，但客户接受度仍然极低，整个计划以失败告终，从此销声匿迹。项目团队成员对失败原因进行了评估，最终认识到他们对想要去解决的问题的本质几乎毫无了解，而且放任了自身关于现有客户和解决方案的经验去扭曲他们对新问题的理解。

但是，某些事物是未知的，并不意味着这些事物是无法获知的。许多未知之所以是未知，是因为解决问题的人没能花足够的时间、力气和资源去认识问题的未知面。达维维恩达银行的工作人员在失败面前，拿出了民族文化学家的精神，去更好地了解没有银行账户的人们在财务交易中所面临的真实挑战。他们全身心地投入无银行账户人士的日常生活之中，一连数周生活在目标客户所在的贫民区，一边观察，一边与当地人交流。银行工作人员开发出了典型的用户画像，包罗了目标客户所需进行的主要财务活动，他们在处理财务问题时的动机、行为以及遇到的麻烦。从用户画像中，他们从之前不了解的维度上识别出了无银行账户人士所面临的挑战。最主要的挑战，就是在这件事上要花大量的时间，为了取现金或者付款，有时甚至要用一整天来跑腿和排队。

银行工作人员对无银行账户人士的问题有了全新的领悟，而且他们还知道，哥伦比亚几乎所有人都有手机，于是构思出了另一个不同的解决方案——手机钱包，在无须造访分行，不用办银行卡，不用去找 ATM 机操作的情况下，与商户进行交易。但挑战依然存在，虽然达维维恩达银行的团队下大力气搞清楚了“未知的未知”，但还是要想方法解决现在已知的“不确定性”。就像手机钱包 DaviPlata 的执行总监胡安·卡洛斯·罗哈斯（Juan Carlos Rojas）所言：“在 DaviPlata 诞生之时，我们根本不知道即将服务的客户范围有多大。”从那之后，团队解决了这些不确定性，DaviPlata 的产品也被成百上千万哥伦比亚人所接纳，还延伸到了周边的其他国家。[17]

上文围绕专业知识和“未知的未知”展开的讨论，是想告诉大家，在面对复杂的商业问题时，拥有问题所在领域的经验和专业知识是有帮助的，但也存在局限性。最重要的局限性，可能就是经验和专长会造成理解的错觉。在充满“未知的未知”的复杂问题面前，专家可能意识不到自身的无知，总以为在解决问题时能一眼看破全局。正如达维维恩达银行的案例所示，这样的思路很可能催生拙劣的解决方案。研究显示，在复杂决策的评估过程中，专业知识可能会让人过分自信，进一步加剧“眼前即世界”的快思考倾向，导致我们不愿意对问题进行深入调查和分析。专业知识在复杂商业问题的解决过程中是必要的，但不是充分的。

我们需要规范化的问题解决方法论

在解决复杂商业问题时，如果我们不能仅靠专家和专业知识的力量，那么还能做些什么呢？心理学研究显示，智商本身就能发挥作用。最近一项针对近 14 000 人参与的 47 项研究进行的综合分析显示，人们的智力水平，能对解决复杂问题的有效性中近 20% 的差异进行解释。[18] 虽然智商很重要，但解决复杂问题的有效性中超过 80% 的差异是由其他因素决定的。这也就是说，越聪明越好，但仅凭脑袋好使是不够的。这就解释了为什么管理顾问公司不仅会聘用头脑聪明的人，利用这些人在特定领域的专业知识，而且还要投入大量的资源，通过正式培训和指导他们的实际工作，来帮助这些人建构解决问题的能力。

解决复杂商业问题的能力，对于经理人、咨询顾问以及聘用他们的组织来说是至关重要的。随着组织日益依赖于流动、跨职能、多学科团队去解决全新的商业挑战，这一能力也会变得愈加重要。就算你所在的组织环境目前还停留在传统的职能划分之上，很可能某一天你的老板就会让你领导或参与跨职能问题解决行动。你的事业成功与否，将取决于你在解决这类复杂问题时做出了多大贡献。而你在某个职能上的专长，虽然很有价值，但并不充分。

在解决复杂问题时，拥有专业知识和高智商还不能满足要求，因此企业在招聘拥有这类技能的人才时举步维艰也就不足为奇了。《金融时报》对企业的招聘负责人进行了调查，发现他们始终将“解决复杂问题的能力”排在MBA 毕业生最重要的五大技能之列。[19] 彭博新闻社（Bloomberg News）对招聘 MBA 毕业生的组织进行了调查，发现在受调查的各个行业之中，应聘者的全部重大技能差距里，问题解决能力排在第二位。[20] 另一项针对公司招聘者的调查显示，应届大学毕业生的最大技能差距，是问题解决能力和批判性思考能力。[21] 组织需要能有效解决复杂问题的人，但这些组织也告诉我们，各大学并没有充分地开发出学生身上的这种竞争力。

我们很难用技术来弥补这一技能差距。虽然技术能帮我们解决诸多极富挑战性的问题，但大数据分析、人工智能和机器人学日新月异的发展，并不能缓解我们对问题解决能力的迫切需求。还有许多分析师认为，问题解决能力的重要性只会与日俱增。由大数据、人工智能和机器人学加持的自动化，很可能会让人类的问题解决能力的重要性日益凸显，从而无法在这方面取代人类的劳动或职位。世界经济论坛 2015 年发表的《就业前景报告》(*Future of Jobs Report*）提出预测，在 2020 年，所有行业中 36% 的职位都将把解决复杂问题的能力作为核心能力要求的一部分，而复杂问题解决能力也是此份报告重点强调的技能之一。[22] 经济合作与发展组织成年人调查数据同样显示出横跨各个行业、各个国家的对复杂问题解决能力需求的提升。[23] 从现在往未来看，解决难题并有效沟通解决方案的能力，其重要性和价值只会越来越高。

如果专业知识、智商和技术加在一起都不足以解决复杂的商业问题，那么我们怎样才能做得更好呢？短期来看，在专业知识积累方面，我们并不能做到突飞猛进，提高智商的难度就更大了。在面对非常规的复杂问题时，我们也无法单纯凭借专业知识来解决。我们需要以一种可归纳的方式，了解如何去推理，进而解决复杂问题，同时避免落入优柔寡断的泥潭。我们还需要有效利用自身的专业知识和智商，克服在信息不足的情况下匆忙下结论的巨大诱惑。我们需要的，是一套规范化的、可归纳的问题解决方法论，以及解决问题过程中每一步所需的实用工具。

规范化的方法论能帮到你。战略咨询师将职场新手调教成让客户掏心掏肺的顾问，继而培养成公司的首席执行官，一部分原因就在于教会了他们如何使用有效的、通用的问题解决技巧。研究显示，解决问题不能仅凭脑力，许多学者对问题解决方法的培训对人的影响进行过研究。一份针对 70 项此类研究的调查显示，对特定过程和技巧进行培训，对问题解决的实际效果有提升作用。[24] 遵从方法论，对于问题解决的实际效果而言非常重要。

数十年的社会科学研究，已经发现了问题解决过程中存在的一系列障碍。如果我们想要做得更好，就必须对这些障碍进行了解，搞清楚如何克服。下一章，我们将向读者介绍问题解决过程中最险恶的陷阱。在第 2 章中，我们将给出一套方法论，以帮你战胜困难，绕过陷阱。随后的章节中，我们将详细讲解如何将这套方法论应用于实践。

小结　Cracked It

1. 和思考一样，问题解决也可以有“快”有“慢”。
   - 快：眼前即世界；联想式思维；建构故事。
   - 慢：逻辑化；理性；依循方法有条不紊；拿出调查的态度。
2. 许多力图解决问题的商业界人士，都过分依赖于快思考，迅速跳跃到表面说得通的理解模式和貌似可行的解决方案上。
3. 与快思考相反，优柔寡断也同样危险。
4. 专业知识≠问题解决能力：专家依赖于其所在领域专业知识建构而成的思维模式，却很难发现自身专业知识的局限性，当条件发生改变时，就会“为自身的专业知识所困”。
5. 复杂的、定义不清的问题，通常包含我们知道的重要的未知因素，以及一些我们不知道的未知因素：
   - 有些事情是我们不知道自己不知道的——“未知的未知”。
6. 人力资源部门的领导和招聘者认为复杂问题解决能力是至关重要的。
   - 智商只能解释问题解决有效性差异中的 20%。
   - 在未来，问题解决技巧的重要性将会变得更高。
7. 掌握有效的问题解决方法，将成为你的一笔巨大财富。

Cracked It!

第一部分

问题解决的 5 大陷阱

第 1 章

问题解决的 5 大陷阱

我们在引言中讲到，为解决问题而拍脑袋想出来的方法，很可能不会有什么好结果，特别是在我们依赖于缺乏质疑甚至自己意识不到的假设，并不假思索地得出结论的情况下，更是如此。在本章中，我们将通过 5 个真实案例，来探讨以假设为基础的问题解决思路存在的几个陷阱。

案例 1	音乐行业也会“跑调”

只要你曾经买过 CD，就会记得第一次从互联网上下载 MP3 文件时的心情。对于大多数人来说，这件事发生在 20 世纪的最后几年之中。就像斯蒂芬·威特（Stephen Witt）在《音乐是如何变成免费午餐的》（*How Music Got Free*）[1] 中对那个年代的回忆一样，1997 年是 MP3 文件共享席卷全美国大学生的一年。令 P2P 文件共享成为主流的网站 Napster 于 1999 年华丽登场。一年之后，此网站平均每分钟就有 2 000 万用户同时下载 14 000 首音乐。“MP3”成为互联网搜索引擎上搜索量最大的关键词。

此时，就连对商业一窍不通的人，都能感受到音乐行业面临的压力。唱片业当然不会坐以待毙。整个行业掀起了一场针对文件共享行为的反击。第一道防线（也是音乐行业管理人员发现的最不堪一击的环节），就是录音棚和 CD 制造设备。新碟往往在正版 CD 正式上架之前就会出现在文件共享网站上，而这样的事情只有在盗版之人与“内奸”共谋时才能做到。唱片业花了大力气去打击盗版，甚至对所有每日出入工作地点的员工动用了机场才有的安检筛查设施。

结果并不奏效。“内奸”依然存在：一位 CD 生产工厂的经理在 8 年间从北卡罗来纳的工厂中偷带了 2 000 张专辑。而且，在新专辑上市当天的早上 8 点，谁都能走进唱片店把专辑买下来，再将文件传到网上，供全世界免费欣赏，再严格的安检措施都无济于事。唱片业很快就下结论，他们需要扼杀文件共享行为。

由于文件共享是非法行为，音乐行业的管理人员就直接按照诚实公民的套路出牌：跟执法机构打招呼。可惜，虽然说客前赴后继，却毫无作用。美国司法部和国会都不愿意跟腰缠万贯的音乐圈大佬为伍，去抵制在大学宿舍里玩电脑的“小屁孩”。而且，美国国会此前曾想要对歌词中的露骨和低俗内容进行监管，却遭到了整个音乐行业的奋力抵抗，这就导致音乐行业在国会山非常不受待见。与此同时，2000 年音乐行业的收入依然增长势头强劲，高度集中化的唱片业依然保持着暴利状态，在这种情况下，说文件共享行为会造成巨大的经济损失，谁也不相信。在后来的调查与和解过程中，人们发现，音乐行业暴利是靠非法的合谋定价而产生的。唱片业本想装出一副受害者的样子，只可惜演技太差。

既然防御不起效，那就进攻，哪怕冒着得罪年轻消费者的风险也在所不惜。2000 年，唱片业接连起诉了与 MP3 相关的多个组织。美国唱片业联合会（Recording Industry Association of America，简称 RIAA）起诉了 MP3 播放器制造商，18 家唱片公司联合起诉了 Napster 网站。

在后一场著名的诉讼中，唱片公司大获全胜。从法律战的标准来看，诉讼结果出来得极快。2001 年 7 月，Napster 关门大吉。但这场胜利的代价极为高昂。2000 年到 2009 年，唱片公司经历了“十年寒冬”，三分之二的收入蒸发殆尽。事实是，由他们打响并告捷的这场战役，本就是大错特错。

陷阱 1：错误的问题陈述

这场灾难的核心是音乐行业看待文件共享行为的方式。对于行业管理者来说，文件共享就是彻头彻尾的盗版。此事发生在互联网上，但本质与 20 世纪 80 年代曼谷夜市贩卖的偷录音乐会音频的私制唱片或 70 年代兜售自家转录的磁带没什么两样。下载 MP3 文件，是音乐行业经历过的最大规模的偷盗行为，因此需要更为严苛的举措，动用更大规模的资源。但无论如何，问题还是盗版这个老问题。

这一假设不言而喻，行业管理者从来没有对此产生过质疑。他们将 MP3 和互联网技术所造成的问题定义为：“我们应如何终结（或极大地减少）音乐文件的非法共享行为，从而保护 CD 销售业务？”

另一个与此截然不同且更富成效的问题是："音乐分销被技术的发展所改变，在这样的现实情况下，我们该如何赢利？"苹果公司就问出了这个问题。苹果公司于 2001 年发布 iPod，又于 2003 年发布 iTunes 商店，从此为数字音乐分销创造出了全新的商业模式。iTunes 音乐商店销售单曲，而非专辑，为消费者创建了随手可得的无缝体验，还引入了数字版权管理以限制盗版行为。这种做法并没有令盗版销声匿迹，就好像旅行支票不会让银行抢劫不再发生一样。但它创造出了规模庞大、利润可观的全新业务模式。数字音乐销售量直线飙升，到 2012 年，达到了 40 亿美元的巅峰（随后在 Spotify 和 Tidal 等会员制服务的打压下开始下降）。对于苹果公司而言，真正的商业机会不在音乐单曲的销售上，而在 iPod 的销售上：2006 年到 2010 年，iPod 的年均销量超过 5 000 万台，而苹果公司的年收入也达到了 80 亿美元，为随后的 iPhone 与其惊世骇俗的巨大成功奠定了坚实的基础。

音乐行业也曾尝试过加入这场"游戏"。2002 年，各大唱片公司投入重金，推出了 PressPlay 和 MusicNet 等昙花一现的音乐分销服务。而就算唱片公司推出了这类服务，它们也依然死死抓着打击盗版和保护唱片销量这件事不肯放手。举例来说，MusicNet 下载服务在发布 30 天之后便彻底崩溃，PressPlay 只允许用户在同一张 CD 上最多刻录同一位歌手的两首单曲。《微电脑世界》（*PC World*）将此类服务称为"史上最糟糕的科技产品"。由此看来，这些服务没能发展起来不足为奇。

唱片公司和苹果公司之间的对比，反映出了"点明问题所在"的重要性。音乐行业所定义的问题，并非他们能解决的问题。在技术发展到一定水平，能将音乐转化为几兆字节的数字文件，同时伴随互联网的逐渐普及时，人们应该看清楚：强迫消费者花 14 美元去购买整张专辑，只是一种垂死挣扎的商业模式。在美国，CD 销售额从 2000 年的 182 亿美元跌落到 2015 年的 15 亿美元，跌幅高达 92%。音乐行业并没有认识到技术所蕴含的巨大颠覆力，而是忙着去解决一个个错误的问题，去打一场场错误的战役。

这并不是说，如果他们能用不同的方式来定义问题，结果就会皆大欢喜。无论在什么样的情况下，数字化革命都会缩小整个行业的利润。但整个音乐行业竟然无人去支持新兴的主流商业模式，也是令人匪夷所思。当人们将问题定义成无法下手解决的样子时，就很难看到其中潜藏的机会。

错误的问题陈述，是问题解决中存在的第一个陷阱。反过来，以有效的方式将问题陈述出来，也是我们将在下一章中介绍的问题解决 4S 法[①] 的第一步（陈述）。第 3 章将在此基础之上进一步扩展，向读者介绍如何形成有效的问题陈述。

案例 2	格莱珉达能酸奶的定位

年收入高达 130 亿欧元的跨国公司达能的主要产品包括奶制品、饮料和婴儿食品。2005 年 10 月，公司首席执行官弗兰克·里布（Franck Riboud）在巴黎与小微金融之父、格莱珉银行（Grameen Bank）创始人穆罕默德·尤努斯（Muhammad Yunus）共进午餐。两人之间的对话令人难忘：尤努斯在 2006 年诺贝尔和平奖颁奖礼的获奖感言中提到了这次午餐，并在其著作《创造没有贫困的世界》（*Creating a World Without Poverty*）[2] 的序言中详细地讲述了这次会面，以此来作为“握手的力量”的绝佳注释。

① 问题解决 4S 法指的是问题解决过程中的陈述（State）、建构（Structure）、求解（Solve）和推销（Sell）四个阶段，详细内容请参见本书第 2 章。——编者注

尤努斯和里布聊到了贫困社区中儿童营养不良的问题，特别提到了尤努斯的家乡、全世界最穷困的国家之一——孟加拉国。两人发现，他们背后的两个组织可以联合起来，共同寻找创新的解决方案。达能负责生产高质量的健康食品，尤其是婴儿与儿童食品。达能在营养相关的研发领域在全世界居领先地位，因此有能力提供大量价格低廉的产品。而且，达能还肩负着极强的社会责任，获得了广泛赞誉。格莱珉银行在食品或营养方面没有竞争力，却能直接接触潜在的用户。格莱珉银行已经将其小微金融业务扩展到了孟加拉国最贫穷、最偏远的地区，尤努斯也是众人眼中不可撼动的"穷人英雄"。格莱珉银行还扩大了业务范围，进入了其他几个行业，比如通过格莱珉手机进入移动通信领域。所有的格莱珉银行分支机构，都属于"社会业务"，即不产生亏损或分红，收入只用来维持运营的慈善组织。达能尚未进入孟加拉国，而里布很希望能在孟加拉国这样的国家尝试通过社会业务来推广达能的产品。

尤努斯和里布的会面，促成了格莱珉达能食品有限公司（Grameen Danone Foods Limited）这家生产酸奶的合资企业的诞生。这也是第一个有跨国公司参与社会业务的案例。

2005年10月"握手"之后，事情的进展非常之快。三天之内，一个小型团队就设计出了格莱珉达能食品有限公司的商业模式。随后，2006年3月，里布亲自前往孟加拉国，为格莱珉达能食品有限公司正式揭牌。四个月之后，格莱珉达能食品有限公司购买了博格拉的一块土地。这座城市拥有20万人口，位于首都达卡西北部约300千米的地方。在足球巨星齐达内代言的工厂开工仪式获得巨大成功之后，格莱珉达能食品有限公司于 2007 年 2 月生产出了第一批酸奶，品牌名为消缇多（Shoktidoi），意为“能量酸奶”。

但是，企业后来的业绩却未能达到两位创始人的期望。[3]

他们的产品选择在生产启动没多久就暴露出了问题。消缇多是奶制品，储存和运输需要冷藏。鉴于孟加拉国的气候特点和基础设施不完备，冷藏链很难得到保证。若是推广某种无须冷藏的干燥的或状态稳定的食品，可能会获得更高的效能，但达能将重点放在了“更加健康”的奶制品上，在几年前就将其饼干和零食业务卖掉了。他们还有一个选择是生产干燥的婴儿食品，达能仍在生产此类产品，但管理层认为向穷困的妇女销售婴儿食品，争议性太大，风险太高。欧洲的众多食品公司依然清晰地记得雀巢在 30 多年前向发展中国家销售婴儿奶粉时所遭遇的波折。人们严厉地指责雀巢公司企图阻止穷困的母亲对宝宝进行母乳喂养。多年之后，雀巢公司依然没能从中恢复过来。

不具备冷藏条件，酸奶很难储存和运输。除此之外，企业面临的另一个挑战是，孟加拉国人认为牛奶是稀有的奢侈品。牛奶的供应和价格波动极大，而这就使得消缇多的成本无法得到有效控制，非常不稳定，而价格也超出了当地居民的支付能力。

企业对于消费者需求的判断同样存在问题。达能在研发上斥资巨大，就是为了让产品包含必需的营养成分。消缇多的营销定位，是作为一款提供儿童营养解决方案的产品，这只有在经常食用的前提下才能产生效果。但是当地的消费者只是将这款酸奶当作零食，偶尔购买，根本达不到产品设计之初的效果。将所有因素考虑在内，酸奶这种产品并非当地消费者的最优选择。

该企业还面临着要去农村地区推广产品的挑战。在格莱珉小微金融（由“格莱珉女士”进行分销的小额信贷产品）的经验基础之上，格莱珉达能食品有限公司拉起了一支由独立女性组成的销售代表团队，即“消缇多女士”，让她们挨家挨户地去推销消缇多酸奶。他们认为，这是将产品推广到农村地区的唯一方法。创建起这样一支销售团队，给穷困女性提供了工作机会，也为格莱珉达能食品有限公司的扶贫目标做出了贡献。

达能公司的领导层很快就意识到，由消缇多女士构成的销售网络是不可持续的。格莱珉达能食品有限公司聘用的女性数量总是会随着牛奶供应及其引发的产品价格变化而出现巨大的起伏。2008年2月，公司有273位活跃的消缇多女士；而到了同年9月，只剩下17位。最后，格莱珉达能食品有限公司不得不从头开始新一轮的招聘活动。多年以来，该公司的农村销售力量一直非常薄弱，极不稳定，从2010年以来，消缇多女士在500位上下起伏。绝大多数消缇多女士都不会在这一职位上坚持太久，原因在于她们无法通过销售消缇多酸奶来赚到足够维持生活的钱。

更本质的问题在于，整个农村营销行动从来没有正式打响。早在2008年，格莱珉达能食品有限公司就通过乡镇的杂货店来推广消缇多酸奶，提升销售额。2009 年 6 月，杂货店的销售额占了消缇多酸奶销售额的 80%。通过这样的分销网络，格莱珉达能食品有限公司向乡镇中产阶级销售的酸奶量远远超过了向穷困居民销售的酸奶量。这就使得他们的产品能定出更高的价格，能用上诸如电视广告和产品扩展（如风味酸奶和饮料）等更为传统的营销技巧。

基于这一全新的收入来源，格莱珉达能食品有限公司得以将业务缓慢发展起来，但从未实现过“缓解儿童营养不良”的目标。2015 年，在投入生产 8 年，经过数轮战略评审和重组行动之后，格莱珉达能食品有限公司的销售量约为每年 2 000 吨酸奶，只占工厂生产能力的三分之二。而城市地区的超市占据了销售额的绝大部分，对贫穷社区的影响微乎其微。

虽然有这样的结果，但达能和格莱珉银行的领导层基于从这一大胆实验中所习得的经验教训，依然认为格莱珉达能食品有限公司取得了成功。格莱珉达能食品有限公司本身的存续，以及达能对支持其发展的坚定信念，为全体达能员工注入了极强的行动力。创造并销售能为最大数量人群的健康做贡献的产品，成为达能战略中不可分割的一部分。格莱珉达能食品有限公司的经历，还为达能社区的创建奠定了基础。达能社区是一个由该公司支持运营的非营利组织，如今已成为全世界最成功的社会业务网络之一。

陷阱 2：采用潜在的解决方案

格莱珉达能食品有限公司所遇到的困难，并不源自对问题的拙劣定义。

尤努斯和里布决心解决的这个重大问题，经过了大量的研究调查，早已被人们广泛认可。据联合国儿童基金会研究，5 岁以下儿童的死亡事件中，近一半都源于营养不良。每年有约 300 万孩子因此而早夭。[4] 这是一个目前尚未得到有效解决的严峻问题，但并非不可解决。有数据显示，过去 25 年来，营养不良儿童的数量已经出现了大幅下降。

尤努斯和里布非常明智地将重点放在孟加拉国，甚至局限在该国问题最突出的某个地区，由此将问题缩小到了公司可施加影响的管理范围以内。将问题摆上桌面时，他们发现孟加拉国有 40% 的儿童存在发育迟缓的问题，是全世界所有国家中最严重的一个。尤努斯和里布通过对其合资企业的经营范围进行限定，将一个重大的全球化问题缩小为一个他们可以掌控的问题。达能也对这一行动投入了海量的资源，以极快的速度迅速成立格莱珉达能食品有限公司，与典型的投资决策相比，此举可谓风驰电掣。

从另一个角度来看，极高的效能也将格莱珉达能食品有限公司推进了“采用潜在的解决方案”陷阱。达能和格莱珉银行没有从“儿童营养不良”这个问题本身下手，对其进行分析，去寻找靠谱的、成本低廉的解决方案，而是以他们能提供的潜在解决方案为起点。销售渠道的选择，是建立在格莱珉银行的分销系统可以被复制到格莱珉达能食品有限公司的假设之上的。虽然在这条路上遇到了许多困难，对这一假设的合理性形成了挑战，但格莱珉达能食品有限公司从未放弃，而是一次又一次地跌倒再爬起来，沿用同一条销售理念。同样，在产品端，人们假设，解决方案就存在于达能现有的产品之中。没有人认真严肃地对这一假设提出过挑战。人们普遍认为婴儿食品风险太高，唯一可行的选择就是酸奶。事实是，其他选择也是存在的，比如即食治疗性食品（RUTF），在世界卫生组织和联合国儿童基金会的倡导下，这类食品如今正在用于帮助数百万非洲儿童提升健康水平。[5] 该产品是混合了脱脂奶粉、维生素和矿物质的花生酱，能提供充足的营养物质。这一产品能在没有冰箱冷藏的情况下在家中储存三到四个月，就算在热带气候条件下也不会变质。

在问题解决的过程中，备选的解决方案是非常重要的。将备选方案作为值得测试的假设，与简单地认定其正确性，两者间存在着很大的区别。在严格的问题解决过程中，尤努斯和里布的产品和分销方案，可以被视为有待确认和论证的假说。在这个案例中，值得赞叹的行动初始动力，再加上高层领导的支持，共同将这些假说转变为了不可挑战的坚定信仰。而这种情况在实际工作中经常出现。在下一章，我们将介绍问题解决 4S 法的第二步：假说和备选方案的作用——建构问题。我们将在第 4 章讨论以假说为驱动的问题建构中存在的优缺点，并思考利用问题树方法来替代以假说为驱动的方法的可行性。

案例 3	如何招到优秀的员工

作为代行呼叫中心运营商 CallCo 的人力资源总监，丽莎面临着一个棘手的问题：她想知道怎样才能招到优秀的员工。[6]

和许多人才驱动型的公司一样，CallCo 的招聘是一个艰难的过程：需要去投放广告，对简历进行分类，组织多轮测试，还要进行面试。等这一系列事情都办完，只有不到 10% 的申请者能收到聘用通知，而真正加入公司的人就更少了。为了跟上计划的增长速度，CallCo 不断提高目标，持续扩大招聘规模和范围。

丽莎发现了几个问题。第一个让她心存顾虑的问题是招聘决策的质量。尽管经验丰富的呼叫中心主管进行了多次面试，但他们往往会对同一位候选人持不同意见，而且也没有确定的方法来验证谁的判断更准确。作为一名经验丰富的人力资源专家，丽莎知道，几十年的学术研究表明，面试并不能很好地预测一个人在实际工作中的表现，而一定有比面试更好的方法。

第二个让丽莎忧虑的问题是，她发现了公司招聘过程中可能存在偏见的一些迹象：CallCo 真正聘用的少数族裔员工的比例，远低于该公司求职者中的少数族裔比例。这就造成了一种令人不安的可能性：如果 CallCo 对少数族裔候选人有歧视，那么不仅会失去优秀人才，还会面临声誉和法律方面的问题。

丽莎的第三个担忧也很重要，而且其紧迫性甚至更高：招聘和培训人员的成本已经失控。招聘过程本身就成本高昂，主要原因是主管要花很多时间参加面试。然后，只要员工加入公司，就必须先经过一段时间的培训和在职辅导，随后才能真正为公司创造效益。问题在于，许多新员工在公司待的时间不够长，刚完成培训就走人了，以至于 CallCo 根本无法收回招聘和培训成本。在员工流动率超过 30%（新员工流动率更高）的现实情况下，CallCo 将几乎一半的人力投资浪费在了没有留下来的员工身上。

经过研究，丽莎发现，人力资源分析解决方案提供商 BigHRData 为她心中的问题提供了一个很有前景的解决方案。BigHRData 的模型，依赖于发送给申请人的在线性格调查问卷。CallCo 的新员工和更有经验的老员工都会接受同样的性格测试。利用机器学习算法，BigHRData 可以识别出与较长在职者相关的性格特征，并选择具有这些特征的申请人。随着越来越多的申请者和新员工加入这个数据库中，算法将在预测申请者未来的去留上变得越来越智能，从而帮助 CallCo 更好地选择合适的员工。

这一解决方案，有可能同时解决丽莎发现的三个问题。第一，通过使用 BigHRData 的模型作为面试开始前的第一道筛选流程，CallCo 的主管只会面试那些评分较高的申请人，从而减少了对每个求职者的面试次数。第二，利用数据而非人为喜好筛选简历，确保了选择的不偏不倚，而这也是一道坚实的防线，让人没法指控公司对少数族裔存在歧视。第三，BigHRData 从采纳这一解决方案的公司那里已经得到了非常肯定的参考意见，这些公司的新员工的一年在职率开始显著增长。

陷阱 3：套用错误的框架

丽莎反复思索是否应该像其他公司那样，成为 BigHRData 的客户。但她总是觉得哪里不对劲。经过一番思考，她终于想明白了。BigHRData 迫使她用一种特定的方式来思考问题，从一种特定的视角来看待问题：BigHRData 提供了一个用以解决人力资源问题的框架，而这个框架使用的假设陈述不清、存在争议。

第一个假设是，在线人格调查问卷可以测量“性格”这种极富主观意义的东西。并非所有的性格测试都是可靠的。一个问题是，在某些测试中，如果同一个人参加了两次，那么两次的结果可能会大不相同。另一个问题是，申请者是否会刻意表现出他们想要表达的性格特征，并由此在问卷测试中操纵性格特征。

就算性格可以通过在线测试得到快速而可靠的测量，BigHRData 的方法也暗含了第二个假设，那就是，性格是 CallCo 公司员工高流动率的一个重要驱动因素。员工离开 CallCo 可能有很多原因，比如工资太低，领导太差，在其他地方找到了更好的工作等。在接受“员工的性格可以预测其任职时长”这一假设之前，丽莎是否应该找一找其他可能存在的原因？

丽莎的关注点，也就是她的问题陈述，集中在招聘流程上，而非人员流动率的降低。但如果解决方案是建立在招聘和离职率的联系之上的，那么关于这种联系的假设应该是明确的。在 CallCo，某些性格特质和任职时长之间可能存在关联。BigHRData 所产出的数据，可能并非完全没有意义。但是，当只专注于这一关系而无视其他因素时，BigHRData 给出的解决方案，就是采用将性格与任职时长等结果相关联的框架和推理方式。选择这一框架，就意味着在分析中将其他可能更为重要的因素排除在外了。

为了找到这些因素，丽莎与准备离开 CallCo 的员工进行了离职面谈。她发现，由于工资低、工作环境差、管理方式粗暴，离职者一致对自己在 CallCo 的工作经历非常不满意。据那些离职员工说，留在 CallCo 的员工也有同样的悲观态度，之所以不走，是因为还没在其他地方找到更好的工作。

虽然丽莎不愿意根据区区几次采访就匆忙下结论，但她想到了 BigHRData 的性格模型在这种情况下会给出怎样的推荐。如果这个模型真的像广告宣传中所说的那样有效，那么，它就会识别出那些因找不到更好的工作而不得不留在 CallCo 的员工身上所具备的任何雇主都不喜欢的性格特征，而且还会在求职者身上去寻找相同的特征！这种做法可能的确会降低人员流动率，这也是该模式在其他公司获得成功的原因。但这会对工作业绩产生怎样的影响呢？到目前为止，所有的讨论中还没有提到这个因素。随着时间的推移，这种做法会对 CallCo 将一些电话接线员提升成为主管和经理的策略产生怎样的影响？这是丽莎真正想要寻找的解决方案吗？

套用错误的框架，是解决问题过程中存在的陷阱。丽莎险些坠入其中。这个案例和许多商业场景一样，同样的问题可以用上几种不同的框架。BigHRData 框架中隐含的假设是“在职年限是性格的函数”。而丽莎在进行离职面谈后提出的另一种观点认为：“在职年限是由多种因素决定的，包括工作满意度。”虽然这两种观点并非相互排斥，却可以得出截然不同的结论。

框架就像理论一样，是观察和理解这个世界的一种方式。其中隐含着关于因果关系的假设。框架告诉我们，在特定的情况下应该注意什么，哪些变量是重要的，并为我们提供了一个解释和理解该情况的故事线索。但是框架和理论一样，存在一个隐藏的本质特征：在建议我们应该关注什么的同时，也在告诉我们应该忽略什么。框架是对现实的建构。我们观察并关注框架之中的内容，却忽略框架之外的事物。就像文学理论家、哲学家肯尼斯・伯克（Kenneth Burke）所言：“某个审视的角度，也意味着对其他角度的忽略。”[7] 我们对框架的选择，会使我们对问题的重要方面视而不见，导致我们提出无效且代价高昂的解决方案。

这种认知偏见至少有两个名称：由哲学家亚伯拉罕・卡普兰（Abraham Kaplan）[8] 提出的“工具定律”（law of the instrument）和以著名心理学家亚伯拉罕・马斯洛（Abraham Maslow）的名字命名的“马斯洛之锤”（Maslow's hammer）。马斯洛抓住了这种偏见的本质，他曾说过：“我想，如果你只有一把锤子，那么就非常容易将所有东西都当作钉子来对待。”[9]

CallCo 的故事说明的关键点是，我们必须认识到用来理解和解决问题的概念框架中所隐含的假设。如果不这样做，那么我们眼前的陷阱，就会让解决问题的努力被错误的框架引入歧途。因为框架是建构商业问题的关键工具，所以我们将用第 6 章一整章的内容来介绍问题解决 4S 法中的“结构”这一部分。

案例 4	杰西潘尼的新战略

2011 年 6 月 14 日，美国连锁百货公司杰西潘尼（Jc Penney，简称 JCP）宣布，在苹果公司大获成功的零售商店负责人罗恩·约翰逊（Ron Johnson）将成为公司的新任首席执行官。[10] 消息一经宣布，公司股价应声上扬，杰西潘尼的股票价格猛涨 17.5%，市值增加 10 亿美元。约翰逊临危受命，其主要任务就是扭转这家境况不佳的零售商的颓势。杰西潘尼的销售额从 2006 年的峰值持续下滑，销售回报率少得可怜，仅为 1% ～ 3%，远低于竞争对手 4% ～ 5% 的回报率。由此，杰西潘尼的股价从 2007 年 3 月每股 82 美元的高点，跌至消息发布前不久的每股 30 美元。

2011 年 11 月 1 日，约翰逊正式上任，迅速掀起了一场翻天覆地的变革风暴。面对杰西潘尼市值日渐缩水的现状，他给出了两大解决方案，并落实到了重塑品牌的具体举措上。第一，约翰逊打破了杰西潘尼之前对促销和打折活动的痴迷（仅 2011 年一年就举办了 600 次促销活动），以简单明了的日常低价策略取而代之。这样一来，混乱的清仓货架和变来变去的价格标签就不复存在了。第二，之前的杰西潘尼出售许多自有品牌的商品，店面拥挤杂乱。约翰逊改变了这种做法，他将店面改造成由李维斯（Levi's）和玛莎·斯图尔特（Martha Stewart）等品牌一一排列的精品店样式，布局宽阔通达，中间还设计成了城市广场的样子。作为改造计划的一部分，公司鼓励员工保持自己的着装风格，许多员工还配备了手持结账设备。该公司向员工传达了这些变革举措，称其为改头换面的品牌重塑。公司还发布了全新的标志，杰西潘尼从此变成了"JCP"。他们同时发起了一场声势浩大的广告宣传活动，强调杰西潘尼全新的"公平合理的定价"，并利用强调不同品牌的新趋势和整体风格的着装指南，开展了一场直销活动。

这些改变，与杰西潘尼的客户对这家百年老店的期望完全不符。2012 年 1 月，约翰逊在纽约举办的发布会上公开宣布了这两项全新举措。为了将全新战略愿景落实下去，他计划投资数亿美元。2013 年 2 月，当杰西潘尼公布 2012 年的业绩时，这笔投资的回报也水落石出，只能用惨不忍睹来形容。公司的收入比前一年减少了 43 亿美元，同店销售额下降了 25%。杰西潘尼报出了 10 亿美元的亏损，股价跌至每股 18 美元，库存现金从 15 亿美元降至 9.3 亿美元，令标准普尔将该公司的债务评级下调至 CCC+，直接进入垃圾债券的行列。2013 年 4 月，在任 18 个月的约翰逊黯然离职，继任者为前任首席执行官迈克·厄尔曼（Mike Ullman）。厄尔曼上任之后，迅速撤销了约翰逊的改革举措。

陷阱 4：将问题狭隘化

到底是哪里出了问题？问题可能很多，但约翰逊并没有掉进问题定义的大坑里。约翰逊在管理全美范围的零售商店方面有 20 多年的经验，这让他对业绩的关键驱动因素有着直观的理解。董事会在聘请约翰逊之前，就已经详细分析过杰西潘尼所遭遇的业绩问题，并认为约翰逊的个人形象符合公司要求。这表明，他们一致认为公司需要对消费者主张进行全面改革，并需要任命一位新的首席执行官来实施改革。看起来，杰西潘尼似乎真的需要在战略上做出转变，并从重新设计店内购物体验着手。

有明显迹象表明，约翰逊掉进了采用潜在的解决方案陷阱。他的营销策略——以不打折的价格在外观炫酷的商店里销售品牌产品，以及以史蒂夫·乔布斯（Steve Jobs）风格的主题演讲推广产品，似乎都借鉴了苹果公司的做法。当约翰逊下定决心在杰西潘尼复制苹果公司的战略时，根本没顾上去留意失败的迹象。那些对该战略提出质疑或建议他放慢执行速度的人都被解雇了，因为约翰逊确信："怀疑主义会让创新失去活力。"但持怀疑态度的人的确有充足的理由心存顾虑：2012 年第一季度的销售目标没有达到，在 5 月的某一天，公司股价下跌了 19.7%，6 月有批评人士提出，消费者理解不了全新的定价策略，杰西潘尼只能眼看着死敌梅西百货兴高采烈地宣布市场份额和利润上涨的好消息。只有秉承真正死心塌地的坚定信念，才会无视敲响的警钟，一条道走到黑，显然，约翰逊就是这样的一个人。

如果约翰逊的战略取得了成功，那么人们事后一定会赞扬他实施战略的勇气和坚定的信念。首席执行官对战略充满激情，坚持不懈地积极执行，这难道不是壮烈的战略转型所需的领导特质吗？真正的问题并不在于约翰逊推行战略的方式，而在于这一战略本身根本不起作用。

这是令人费解的。约翰逊是一位经验丰富、非常成功的零售业高管，有媒体称他是“行业偶像”，“能将接触到的任何东西都变成金子”。在转战杰西潘尼时，他辞去的是全球最受瞩目的公司零售部门的高薪管理岗位，将自己的事业、声誉和部分财富压注在前者身上（约翰逊买了杰西潘尼公司 5 000 万美元的认证股权）。如此一位高级别玩家，怎么会将这么大的赌注压在一个大错特错的战略上呢？

关于这一谜团，新闻报道给出了一点线索。约翰逊指出问题可能在于商店对消费者的吸引力，但他几乎没花时间和精力去调查其背后的原因。前首席执行官厄尔曼在向杰西潘尼董事会提交的一份报告中指出，在与约翰逊会面时，他完全没有就公司的运营状况提过问题。约翰逊从一开始就笃定地认为杰西潘尼的关键问题就是其消费者主张。但关于为什么消费者会对杰西潘尼感到不满意，关于这家商店，消费者喜欢哪里、不喜欢哪里，约翰逊似乎并不知道答案，也没想过要去寻找答案。2012 年，约翰逊在接受《商业周刊》杂志采访时表示：“我以为人们只是厌倦了优惠券之类的东西。而事实上，这些优惠券促销活动的确赢得了一部分顾客的欢心……所以我觉得，我们的核心顾客比我自己所理解的更加依赖优惠券，更加喜欢使用优惠券。”作为杰西潘尼的首席执行官，约翰逊不了解其核心客户对优惠券和折扣活动的钟爱，也说明他对问题的理解十分肤浅。

也许是迫于时间的压力，约翰逊认为自己没有时间去了解消费者的偏好。就算是这样，约翰逊也完全可以利用渐进的、边走边学的方式来部署新战略。比如，在几家商店中进行小规模的试点，用来衡量顾客对每日低价策略和以精品为中心的销售模式的接受程度。但是，约翰逊完全没有意识到自己这套解决方案可能存在不确定性，就直接假定自己是正确的，并迅速进行了全美范围的部署。据一家媒体报道，他仅在李维斯专卖店上就花费了近 1.2 亿美元。当被问及在落实这些方案之前是否想过要进行测试时，据说约翰逊不屑一顾地答道："我们在苹果公司从不进行测试。"

约翰逊的不幸，源于他落入了将问题狭隘化的陷阱。当我们在处理貌似复杂、涉及多种因素的问题时，可能会觉得问题太过宽泛、无法驾驭。在这些情况下，我们总是禁不住诱惑，想要将问题的范围缩小，令其看起来和以前处理过的问题相差无几。随后，我们就会通过肤浅的类比进行推理，快速确定解决方案，而不会下苦功夫去深刻地理解问题。虽然这种生成解决方案的方法效率很高，却可能带来灾难性的后果，就像约翰逊和杰西潘尼的遭遇一样。

约翰逊没有意识到自己对杰西潘尼的消费者的理解是多么肤浅，武断地采用了受苹果公司启发制定的解决方案——不打折的品牌商品，由充满个性的销售人员在装潢精致的环境中进行销售，而品牌形象则呈现新颖的极简主义风格。约翰逊的思路假定，杰西潘尼的客户与苹果商店的客户是没什么两样的，而事实证明，这一假设是错误的。同时，这一假设也解释了为什么约翰逊认为没有必要对自己的解决方案进行试点。如果苹果商店的顾客和杰西潘尼的顾客差不多，那么在苹果公司发挥作用的策略，也能在杰西潘尼发挥作用。约翰逊对自身假设正确性的坚定信念，令他根本看不到这套解决方案的可能风险。

当我们面对复杂的、自己知之甚少的问题时，比如约翰逊在杰西潘尼所面临的问题，就要避免采用通过与其他情况进行类比来建构问题的思路。相反，我们应该下功夫从切身遭遇问题的那群人的角度去理解问题。这样的做法，可以帮助我们看见可能错失的找到解决方案的机会。我们还应该抵制全身心集中在同一个解决方案上的诱惑，为手头的问题生成多个潜在的解决方案。这样，我们就能通过原型化和对潜在解决方案进行测试的方法，来确定最佳解决方案，避免"孤注一掷"。

下一章，我们将介绍解决问题的设计思维路径。在第 8 章和第 9 章，我们将深入探讨设计思维路径，并说明设计思维如何与问题解决 4S 法的“陈述”“建构”“求解”阶段相关联。

案例 5	无害的脂肪与有害的糖

研究显示，导致肥胖、糖尿病和冠心病的主要原因，是糖的过量摄入，而非脂肪的过量摄入。这一事实，是英国科学家约翰·尤德金（John Yudkin）在 20 世纪 50 年代后期发现的。他在著作《纯净、洁白和致命》（*Pure, White and Deadly*）中公开了这一观点[11]，并于 20 世纪 70 年代获得了广泛关注，而政策制定者则对他的发现不予理会。1995 年尤德金去世时，他的研究成果早已被尘封多年，无人问津。[12]

2009 年，加州大学旧金山分校的儿科内分泌学家罗伯特·拉斯蒂格（Robert Lustig）在《糖：苦涩的真相》（*Sugar: the Bitter Truth*）的演讲视频中，重新拿出了尤德金的研究成果。[13] 这个视频在视频网站上获得 760 万次的浏览量，在长达 90 分钟的演讲中，拉斯蒂格对他的研究进行了总结，并提供了令人信服的证据，证明果糖是导致全球肥胖大流行的“毒药”。虽然尤德金充满预见性的著作也提出了同样的见解，但拉斯蒂格说，在完成研究之前，他从未听说过尤德金。

与此同时，40 年来，各国的营养学家和公共卫生部门发布的膳食指南，始终在强调减少摄入饱和脂肪，对糖的作用与危害鲜少提及。虽然许多发达国家的肉类、黄油、鸡蛋和奶酪的消费量都在大幅下降，但肥胖、糖尿病和心脏病的发病率仍在上升。这样的现实，丝毫没有动摇人们认为脂肪是坏东西的普遍观念。当所有人都在公开指责相对无害的脂肪时，包装食品和饮料行业却在我们的食品、饮料中添加有害的糖。如今，营养学家都在努力扭转一场他们没有预料到而实际上可能已经发生了的健康灾难。

那么，他们怎么会在这么长时间里犯下如此之大的错误呢？其中一个主要原因，就是正确的故事所采用的传播方式颇为拙劣，而错误的故事所采用的传播方式很有说服力。

错误的故事理解起来更容易，也更容易讲述，更容易让他人接受。许多人从直觉上就笃定地认为，吃下更多的脂肪就会变得更胖。还有人认为，无论是哪种食物，一卡路里就是一卡路里，所以，不管吃什么，只要吃得多，运动量不够，就会发胖。[14] 这种观点是错误的，因为某些类别的食物，比如酒精饮料和糖，是会致人上瘾的，也无法消除饥饿感，而这就使得这些食物比其他类别的食物更加有害。而食品饮料公司普遍会将高果糖玉米糖浆加入产品中（软饮料尤甚），还为那些对果糖与肥胖和疾病的相关性提出质疑的研究提供资助，进一步助推了这种错误理念的传播。

另外，经验证据和构思精巧的沟通方式，也对脂肪假说提供了支持性证据，而这令脂肪假说在科学界和政治领域赢得了关注。故事开始于 20 世纪 50 年代中期，时任美国总统艾森豪威尔突发心脏病。与许多政治家不同，艾森豪威尔坚持公开他的病情。他的主治医生召开新闻发布会，指导美国人怎样避免罹患心脏病：停止吸烟，减少脂肪和胆固醇的摄入。这一建议源自明尼苏达大学安塞尔·基斯（Ancel Keys）教授的一项研究，他提出摄入过多饱和脂肪会导致体内胆固醇增多，而胆固醇会阻塞冠状动脉，最终导致心脏病。[15]

基斯是个头脑聪明、富有魅力、擅长辩论的人。美国总统及其主治医生，都公开支持了基斯的观点。这样的结合，在关键时刻促成了极富说服力的传播效果。心脏病的流行势头越来越猛，尤其是在中年男性群体中。一听说有某种简单而实用的方法可以解决这个问题，医生和患者都不禁松了一口气。科学界呼吁基斯对这一假设进行验证。为此，他在 1958 年到 1964 年间收集了来自意大利、希腊、南斯拉夫、芬兰、荷兰、日本和美国的 12 770 位中年男性的身体数据和饮食数据。在“七国研究”中得出的结论似乎证实了他的假设，但这可能是科学史上对大数据的首次误用。这项研究存在严重的局限性。首先，国家的选择有问题。基斯将欧洲大陆的五个国家囊括在内，但漏掉了其中两个非常重要的国家：法国和西德。这两个国家的人群虽然饮食富含饱和脂肪，但冠心病患病率都相对较低。其次，虽然基斯发现了脂肪摄入与心脏病之间的相关性，但他不能确定两者之间存在因果关系，也不能排除其他可能存在的原因。

基斯富有说服力地说服了其他科学家和决策者，而且非常善于借助机构的支持与力量。他将自己的盟友安置在美国医疗保健领域最具影响力的团体和协会之中，这使得他能够将研究资金导向自己偏好的领域。就这样，他的假设逐渐成为人们的信条。美国国会专门成立了一个委员会，根据基斯的研究结果发布膳食指南。指南中的内容对许多西方国家产生了深刻影响。在营养学历史上，这是第一次有政府告诉国民不要维持均衡饮食，而是要禁止或减少摄入某种特定的营养素。

人们普遍认为，导致肥胖和心脏病的罪魁祸首是饮食中的脂肪而非糖。对这一现象的其他解释，就是尤德金在传达自己的观点时采用的方法比较缺乏说服力。这并不是因为尤德金在地位或信誉上有所欠缺。尤德金在国际上享有盛誉，也是英国首屈一指的营养学家。就连负责制定膳食指南的美国国会委员会，都特意安排了代表与他面谈！但他没能说服他们，也没能说服其他机构。

尤德金的核心论点相对直截了当。他知道，人类从一开始就是食肉动物，就连母乳中都富含饱和脂肪，而人类历史上从未发生过大规模的健康问题。相比之下，精制糖在人们的饮食中只存在了几百年，这就令其更有可能被认定为是造成现代人面临的健康问题的罪魁祸首了。

但是，将糖与疾病联系起来的基本理论很难传达给大众。理解该理论需要一定的生物化学知识，而且这一理论与直觉相悖：糖怎么能比脂肪本身产生更多的有害脂肪呢？若想搞明白这一悖论，就需要生物学、化学和解剖学方面的丰富知识。[16] 而实证方面的证据也来自烦琐的实验室实验，而非大规模样本研究。

基斯与对手展开了残酷的斗争，而这使得沟通问题变得更加复杂。他称尤德金的理论是“一派胡言”，还指责尤德金是在为肉类和乳制品行业做宣传。他不留情面地对尤德金本人和他的发现进行讽刺。而尤德金从未以同样的方式做出过回应，他说话温和，举止文雅，并不擅长辩论和政治斗争。他的文章内容严谨、精准、含蓄。他是一位出色的科学研究人员，却不太擅长将故事讲得引人入胜。

直到 40 年后，拉斯蒂格的视频才讲出了这段动人的故事。这个视频可谓科学沟通的杰作，其中传达的信息既简洁又震撼。一开头，拉斯蒂格就把他反直觉的结论讲述得非常清楚。随后，他用理性而有效的方式反驳了对手的理论，还利用鲜明的例子和隐喻来支持自己的观点。例如，为了说明糖的有害程度几乎和酒精相同（从化学角度讲，酒精是一种糖的衍生物），拉斯蒂格向观众提问，是否愿意将给孩子喝的可乐换成百威啤酒。拉斯蒂格通过略显复杂的图表深入讨论了科学论证的细节，但始终兼顾大局，没有偏离他所传达的核心信息。他还讲到了这一观点对经济和政治的影响，呼吁人们行动起来，共同抵制有害的糖。

这段视频可谓有效进行科学知识传播的典范。

陷阱 5：无效沟通

这个例子说明了沟通对于激励行动的重要性。仅仅正确是不够的，如果你不能说服决策者采纳你的方案，那么整个问题解决过程就变得毫无意义。

尤德金的例子表明，如果缺乏良好的沟通，优秀的建议也会令人烦恼，而且还会浪费时间，一事无成。

这种现象在组织中太常见了。有多少份咨询报告被人满腹狐疑地接过去，然后被尘封在档案室，完全没有产生任何实际的影响？其中的建议究竟是无关紧要，还是因为沟通不畅未被采纳？谁知道呢，都到这一步了，究竟为何人们并不关心。没有说服力的建议，就像没说到点子上的解决方案一样无效。

这并非什么新鲜的想法。关于如何有效地沟通，市面上充斥着许多讲述相关方法的书。尤德金的失败说明了用拙劣的沟通方法来传达正确的解决方案，会造成多么糟糕的后果，而基斯的案例反映了与此截然相反的问题：用极佳的沟通方式来传达错误的方法，比糟糕的沟通方式更加有害，会误导人们做出有害的行为。这就是为什么将沟通技巧从问题解决方法论中孤立出来，是风险极高的事情。虽然提高商务沟通能力的书籍和方法非常之多，也非常有用，但我们提出的方法也有其价值——在严谨的问题解决步骤与令人信服的沟通行为之间建立联系。由此推出，4S 法的第四步是“推销”，我们将在第 10 章和第 11 章专门对此进行介绍。

经验丰富的商界人士也会在解决问题时犯下令人讶异且代价高昂的错误，这样的例子比比皆是。大多数错误都源自我们在本章中讨论过的 5 个陷阱之中的一个或几个。第一，错误的问题陈述，可能导致人们得出不相关的解决方案。第二，采用潜在的解决方案，会导致解决问题的人相信某个解决方案是有效的，而忽略测试步骤，也看不到那些证明该解决方案不会起效的证据。第三，套用错误的框架来理解问题，会使我们对问题的重要方面视

而不见，导致我们给出无效且代价高昂的解决方案。第四，将问题狭隘化，会刺激人们想到肤浅的类比，形成不恰当的解决方案。第五，无效沟通，就算我们克服了前四个陷阱，有价值的解决方案也不会自我推销，“酒香也怕巷子深”。沟通不畅的解决方案与不着边际的解决方案同样无效。在下一章中，我们将介绍问题解决 4S 法，帮助读者避开这些陷阱。

小结　Cracked It

1. 问题解决陷阱 1：存在错误的问题陈述。
2. 问题解决陷阱 2：采用潜在的解决方案。
3. 问题解决陷阱 3：套用错误的框架。
4. 问题解决陷阱 4：将问题狭隘化。
5. 问题解决陷阱 5：无效沟通。

Cracked It!

第二部分

问题解决 4S 法

第 2 章

问题解决 4S 法

我们如何才能绕过上一章讲到的各种陷阱，更加有效地将问题解决掉，并将解决方案推销出去呢？在本章中，我们将向读者介绍一个能帮到你的过程，我们称之为 4S 法，因为其中包含四个阶段——陈述（State）、建构（Structure）、求解（Solve）和推销（Sell）。我们将在第 3 章、第 4 章、第 5 章、第 6 章、第 7 章、第 8 章、第 9 章和第 10 章中深入探讨这些阶段的具体内容，并将这套方法应用在第 11 章的实际案例之中。

4S 法从何而来

在正式介绍 4S 法之前，我们先来讲一讲这种方法的起源。如果你只对方法本身感兴趣，而不在意其出处，便可跳过这些内容直接往后看。

咨询中的问题解决思路

我们在这里给出的问题解决法的核心，是由麦肯锡公司经过多年时间开发并完善而形成的。麦肯锡是历史最悠久、最受推崇的战略咨询公司之一。诸如贝恩咨询和波士顿咨询集团等同行，都以麦肯锡为学习榜样。[1] 咨询之中的问题解决思路（Problem-Solving Approach of Consulting，简称

PSAC），通常并不会传授给咨询公司之外的人，而战略顾问在不熟悉的领域“破解”棘手商业问题的能力，一直以来都是众人眼中咨询业最神秘的地方。也许正是由于这种神秘感，PSAC 的一些元素已经成为日常商业术语。许多高管都非常熟悉“以假说为驱动的问题解决法”（hypothesis-driven problem solving）和 MECE 问题拆分原则（我们将在第 4 章给其定义）。想要给咨询公司面试官留下好印象的大学生和商学院学生，会不断打磨自身的案例破解能力，努力熟悉这些工具；而有时，他们会将问题解决思路中的某些部分孤立出来，专注于此，而没有把握问题的整体结构。

正如其起源所揭示的，PSAC 是一套实用方法，并没有明确提出其知识基础。这些基础建立在亚里士多德的逻辑和笛卡尔的方法及其现代版本之上，其中也包括许多大学所讲授的“批判性思维”课程。PSAC 建立在纯粹逻辑推理的基础之上。例如，该方法假定，事实是客观现实的一部分，只要拿出证据，所有诚实的观察者都会对事实表示认同；又如，如果某事物的对立面为真，那么此事物就不可能为真；该方法还假定，事件之间的因果关系是可以建立和得到验证的，一个命题成立的充分必要（充要）条件是可以确定的（我们将在第 4 章讨论这些内容）。绝大多数高管都会赞同上述原则。虽然一些认识论学者和文化人类学家可能会表示反对，但从我们的经验来看，很少会有公司的首席执行官对上述知识基础表示反对。

逻辑思维在任何环境中都是非常强大的工具，商业也不例外。通过推动客户将推理过程定型，严格测试推理因果链中的关系与联结，坚持要求拿出证据来支持因果链中的每一层联系，战略顾问，或任何形式逻辑的熟练使用者，都可以推翻预先设定的思路，挑战已被接纳的实践。他们通常可以利用逻辑和事实来证明某个行动方案是否合适，或者证明某个建议是不是最优的，不过后一种情况相对少些。逻辑是向理性受众传达结论的一种强大的方式。这一思想主要体现在沟通的“金字塔原则”中，我们将在第 9 章中专门对此进行介绍。总而言之，PSAC 是强大的、实用的并经过实践检验的，它为通用的问题解决方法提供了坚实的基础。

但是，PSAC 也确实存在一些局限性，其中有些方面一直是其他学派质疑的焦点，接下来我们来逐一进行简要介绍。

以假设为驱动的问题解决方法

形式逻辑的原则之一，就是关于提出假设和验证假设的概念。这也是科学家进行科学研究的方法：提出一个基于理论的假设，设计一个实验来对其进行验证，并将研究结果拿出来与同行进行比较和辩论。PSAC 借鉴了科学家的研究思路，认为有效推进问题解决工作的理想方法就是提出假设，并对假设进行测试。这种方法在逻辑上是站得住脚的，而且非常高效。通过快速锁定一个可能的解决方案，顾问们就避免了对所有虽有可能但可能性不大的答案进行探索的痛苦过程，这样的陷阱被顾问们戏称为“将海洋煮到沸腾”。咨询公司的新员工和新客户一开始都会认为这种方法让人有些想不通，但很快便会发现这种方法的强大之处，甚至大呼过瘾。

然而，若想运用以假设为驱动的问题解决方法，实践者必须克服一个困难。逻辑限定，我们要能以独立于假设的方式来对某个假设进行测试。从原则上讲，无论你假设“此产品的销售额将超过 1 亿美元”还是“此产品的销售额达不到 1 亿美元”，都不会有什么区别。不管你的思路是怎样的，同样的证据都应该能让你得出同样的结论。证明一个假设和反驳该假设的对立面，在逻辑上是等价的，在实践上应该毫无二致。

可惜，这样的中立态度很难实现。正如弗朗西斯·培根在 1620 年所言：“人们喜欢相信他们希望为真的事物。”[2] 威廉·詹姆斯（William

James）在他的文章中也表达了同样的观点："很多人都认为他们在思考，实际上只是在重新排列自身的偏见。"这就是认知科学家所说的证实性偏差（confirmation bias）。[3] 由于证实性偏差的存在，我们更有可能去寻找那些能证实自己的假设的证据，而且一旦我们找到了这样的证据，便更有可能去相信它们，而不是去寻找和注意那些与假设相悖的证据。例如，证实性偏差解释了为什么支持对立党派的选民在观看同一场政治辩论之后，会自信地得出"自己的"候选人获胜的结论：他们下意识地更关注自己喜欢的辩方的得分，而忽略了其对手的得分。这种现象可能严重扭曲我们对事实的评估，误导我们得出假设有证据支持的结论。

咨询顾问也不能免于受这种偏见干扰的困惑，但他们至少想出了三种防范措施。第一，作为局外人，他们在原则上对任何建议都不存在既得利益。可能已经有一个假设摆在桌面上，但这个假设不会是他们提出来的。保持中立，并不能消除证实性偏差，但若在政治或经济上存在利益牵扯，则会让情况变得更糟。第二，咨询顾问在工作中采用团队协作的方式，他们所接受的培训就是团队成员间互相挑战，互相质疑。例如，麦肯锡的核心价值观就包括"非层级化的氛围"和"持不同意见的义务"。这些指导原则有助于确保团队成员在忽视自身的证实性偏差时，能够被同事及时发现。这种价值观所培养出来的协作精神，是问题解决机制之中不可或缺的组成部分。第三，咨询顾问在 PSAC 方面要不断学习，坚持实践。职场新人会在前辈的带领下明白一个道理：只要有了假设，他们的任务就是埋头苦干，要么证明它，要么推翻它，对最终的答案不带任何先入之见。有经验的顾问也会就此时常自我提醒。这些保障措施无法确保咨询顾问不会沉迷于自己的假设无法自拔。但若是没有这些保障措施，风险则会更大。我们的经验表明，如果那些曾有咨询方面的工作或培训经历的企业高管尝试将 PSAC 应用于自己的公司，那么他们就要常常与证实性偏差及其造成的后果作斗争。

举例来说，回想一下我们在上一章中讲过的达能和格莱珉银行的案例，站在执行两家公司首席执行官愿景的管理者的角度试想一下，你能看出解决方案中存在的缺陷吗？也许吧，但可能性真的不大。首先，你可能并不是在偶然情况下才成为这个团队的一员的。被选为这个项目的长期员工，你很可能也笃信新鲜乳制品是改善儿童营养不良的不二之选。其次，即使没有马基雅维利般的政治头脑，你也能意识到，首席执行官的愿景并不是可供你去怀疑和挑战的假设。许多组织中根本不存在需要被证实或证伪的假设，每一份提案都有其支持者、成功的先例和发展历史，对其进行评估的人也是心知肚明。再次，作为负责贯彻领导所提愿景并实现其效益的人，你承受着巨大的压力，而这种情况会降低你发挥创造性思维的能力。[4] 试想一下，如果你推翻了这个假设，下一步该怎么做？你写不出新的报告，想不出新的行动计划，也不知道该怎样实现分配到你头上的目标。你对老板的解决方案发表的批评意见，甚至可能被当作你为无法达到新业务增长目标而寻找的借口。最后，就算你是整个团队中唯一一位真正的怀疑论者，也很快会发现，去挑战其他团队成员的证实性偏差并不是你分内的事情，尽管你内心存疑，但还是会“随波逐流”。这种影响深远的现象，就是群体思维。[5]

结论就是，以假设为驱动的问题解决方法，的确是一个强大的工具，强大到甚至有点危险。从本质上讲，这种方法风险颇高，会将我们推向原本就想要前往的方向。在咨询公司之外（有时是在咨询公司内部），这种方法很有可能将人们直接领进第 1 章中讲述的陷阱里，特别是“采用潜在的解决方案”陷阱。

这是一个很难克服的挑战，但我们有解药，而解药也是 PSAC 的一部分。除了以假设为驱动的问题解决方法之外，许多战略顾问还会利用以问题为驱动的问题解决方法。这种依循逻辑的问题解决方法可以让人们绕开假设，将问题视为“开放性问题”。这种方法不能保证避免证实性偏差：你头脑中的假设可能会渗入你对问题的定义和建构，导致问题的定义过于狭隘，对解决方案产生束缚。这就是第 1 章中提到过的“将问题狭隘化”陷阱。但是，若能避开假设的明确表达，就不会掉入深不可测的“采用潜在的解决方案”陷阱。因此，这种方法虽然更难掌握，但也更为可取。我们将在第 4 章讨论什么时候应该使用以问题为驱动的方法，什么时候可以更加安全迅捷地使用以假设为驱动的方法。

解决方案生成与设计思维的运用

PSAC 的局限性还表现在某些问题似乎对这种方法具有“抗药性”。一些针对咨询方法和咨询行业的批评者认为，“抗药性”的存在，是因为解决问题的方法以及使用方法的人缺乏创造性。他们认为，PSAC 是一个机械化的过程，通常由具有相同背景、穿着相同的灰色西装、有着相同想法的咨询顾问所使用，并产出千篇一律、毫无灵感的公式化解决方案。难怪那些能孕育出新颖解决方案的灵光乍现，从来都不会发生在咨询公司。

在我们看来，这种批评意见存在偏颇之处，也过于宽泛。虽然头脑聪明、极具创意的顾问不在少数，但很多问题并不需要顾问发挥太多的创造力。尽管当代商业文化似乎认为创新是个绝对值得不惜一切代价去追求的宝贝，但在解决问题方面，创造力并不是随时随地都能派上用场的。我们期望医生、空中交通管制员或汽车机械师等专业人士能够识别问题、解决问题，但我们并不期望他们发挥创造力。有时，创造性甚至会触犯法律，这一点，我们从“创造性会计”这个说法的讽刺意味中便能体会得到。许多商业问题的解决方案，都是在为复杂问题确定经过试验和测试的解决方案，而不是为它们寻找前所未有的全新解决方案。经验丰富的 PSAC 实践者将这种凭空创造的诱惑称为“重新发明轮子”，即针对那些存在可接受的现成解决方案的问题，去不惜一切代价地寻找全新的、“不走寻常路”的答案。

但是，对 PSAC 持批评意见的人士有一点说得没错，有些问题并不适合按照咨询顾问给出的线性思路，用逻辑和事实来拆分和解决。有些问题很难得到精确的表述，因为试图解决问题的人对问题并没有深刻而全面的理解。有些问题很难从逻辑上进行建构，因为试图解决问题的人并不了解造成问题的原因。还有一些问题，由于非常复杂，人们对其理解不够充分，所以很难仅凭事实找到答案，而解决方案必须为人而设计，也必须为人所使用。上一章讲到的约翰逊重新设计杰西潘尼的客户体验，就是这类问题的一个生动案例。

过去 20 年来，“设计思维”这个学派为应对此类问题提出了一套很有意思的思路。虽然设计思维存在很多个版本，但其核心流程都与硅谷设计公司 IDEO 和斯坦福大学哈索·普拉特纳设计学院（Hasso Plattner Institute of Design at Stanford University）紧密相关。设计思维是一种将创造力与分析方法相结合的十分强大的问题解决工具。虽然设计思维源自设计人工制品的过程，但如今亦可应用在无形的理念之中，比如服务、流程、大型组织系统与战略等。[6]

为什么设计思维的应用范围越来越广？其中有几个原因。一是因为有越来越多的组织使用设计思维，包括营利性组织和非营利性组织、教育机构、政府部门等。这些组织中负责解决问题的人士，发现了以人为中心的设计理念在材料制品之外存在全新的用途，这反映出设计思维的广泛适用性。举例来说，澳大利亚新南威尔士州司法部和悉尼科技大学（University of Technology Sydney）共同成立的犯罪设计研究中心（Designing Out Crime Research Center），就在利用设计思维为解决复杂的犯罪和社会问题添砖加瓦。二是因为设计思维的确能发挥作用，能帮助解决问题的人士以传统分析方法无法破解的方式去处理高度复杂、难以理解的问题。公司用上设计思维之后，业绩也越来越漂亮。设计管理协会（Design Management

Institute）的设计价值指数显示，16 家以设计为中心的公司的股票投资组合在 2006—2016 年间的表现比标准普尔 500 指数高出 228%。许多组织专门设立了设计思维服务部门，还有一些组织，比如 IBM 和财捷，正在利用设计思维去重塑企业文化和运营风格。管理咨询公司也通过收购设计服务公司的方式积极在相关方面做储备。过去几年，德勤收购了德布林（Doblin），埃森哲收购了峡湾（Fjord）和第二大道（2nd Road），麦肯锡收购了月球（Lunar）。

设计思维关注的是人们对人工制造出来的物品所产生的体验，因为这些物品代表的是问题解决方案。从最基本的层面来看，问题的存在表明人们的需求和欲望没有得到满足，表明现有解决方案没能满足人们的需要。诺贝尔经济学奖得主赫伯特·西蒙（Herbert Simon）在他关于问题解决和设计的里程碑式著作《人工智能的科学》（*The Sciences of The Artificial*）中指出，设计的关注点在于事物应该是怎样的，如何设计出人工制品来满足需求。[7] 设计人员构思出一套行动方案，刻意创造出全新的人工制品作为解决方案，将现有的情境转变成为理想之中的情境。对于每一个需要解决的问题，都存在一个需要设计出来的解决方案。

从逻辑和哲学的角度来看，设计思维不同于我们讨论过的其他方法。以假设为驱动和以问题为驱动的问题解决过程，都属于演绎推理。这两种方法都要求人们对待解决问题的一般原因找出相应的因果关系理论。相反，设计思维属于溯因推理。正如美国哲学家查尔斯·桑德斯·皮尔斯（Charles Sanders Peirce）所定义的那样，溯因推理就是我们利用有限的观察结果为数据生成最合理、最简洁的解释，这种解释可能并不正确，必须经过检验和论证。运用设计思维的人们，会压制他们自身对问题的假设，利用在观察用户的过程中产生的理解，来提出有关解决方案的假设。随后，人们会以原型的形式对这些假设进行迭代测试，使其收敛为最合适的解决方案。正如罗杰·马丁（Roger Martin）[①] 在《商业设计》（*The Design of Business*）一书中所言："设计师生活在皮尔斯的溯因世界之中。他们积极寻找新的数据，挑战被广泛接纳的解释，并从中推断出可能被塑造形成的全新世界。"[8]

对于某些问题而言，设计思维是一种非常强大的方法。但设计思维并不适用于所有问题，这正如传统的 PSAC 在许多情况下都有效，但并不适用于所有情况一样。其中的关键之处在于知道何时应该选择何种方法，而问题解决 4S 法可以为我们提供参考。

问题解决 4S 法

图 2-1 对问题解决 4S 法进行了总结。这幅流程图乍一看可能让人感觉颇为复杂，但其实很容易理解。此图以实用的方式对我们前面介绍的方法进行了汇总，能帮助读者在解决问题时做决定，选出三条路径中的一条：以假设为驱动，以问题为驱动，运用设计思维。

一个简单的例子能帮助我们更好地理解这一推理过程。

特蕾西刚刚被任命为太阳公司的首席执行官。这是一家跨行业的家族企业，主要业务为向大企业客户销售包装类产品。多年来，太阳公司收购了许多拥有不同种类包装技术的公司，为企业客户提供全方位的包装解决方案。这是一个以客户为中心实行多元化发展战略的典型例子。当特蕾西加入时，公司总体上是盈利的，但其下属的两个业务单元——"冥王星"和"天王星"，却是入不敷出的状态。管理团队的几位成员对亏损业务有着不同的看法。一

① 罗杰·马丁是著名的管理思想家，创作了《整合思维》《整合决策》等畅销书，集中介绍了领导者制胜的关键思维方式。该书中文简体字版已由湛庐策划，浙江人民出版社分别于 2019 年、2020 年出版。——编者注

些人认为，亏损部门的问题是市场需求暂时下降造成的，他们相信，只要经济情况开始好转，问题就会自行化解。另一些人认为，这些问题完全是由运营造成的，他们坚持认定只要能提高生产效率，就可以恢复盈利。还有一些人认为，扭亏为盈是不可能实现的，他们建议将冥王星和天王星卖掉或关掉，就算这种做法可能会引发劳务纷争也在所不惜。

特蕾西必须确定一项最适用的行动方案（一项问题解决任务），并将解决方案推销给董事会（沟通任务）。她应该如何利用 4S 法来思考整个过程中的各个步骤呢？

问题陈述

问题陈述的重要性是怎么强调都不为过的。爱因斯坦曾说过："如果我有 1 个小时来解决 1 个问题，我会花 55 分钟来思考这个问题，然后用 5 分钟来想解决方案。"正如我们在第 1 章中了解到的一样，"错误的问题陈述"是人们在解决问题的路上需要留意的陷阱。

特蕾西需要迈出的第一步，是将正确的问题陈述出来。在这个阶段，特蕾西心里有一个明确的问题（"该怎么处理冥王星和天王星？"），了解一系列的症结（损失），还大概想出了一些可能的答案。目前这个状态看起来似乎足够进行问题陈述了，但其实还差得很远。若想进行完整的问题陈述，还需要许多其他的元素。第一个问题，可能并不是"问题出在哪里"，而是"我所了解的情况，是否足以将问题说明白"。

在特蕾西面临的情况下，有哪些信息是我们不知道，但在定义问题时又需要知道的？举例来说，我们不了解亏损的程度。冥王星和天王星的损失是威胁整个公司的生存、亟待解决的紧迫问题，还是没什么影响、无关痛痒的小问题？两者完全不属于同一量级。同样，我们也不知道特蕾西的目标：也许家族企业的掌门人希望她来创造最大化的股东价值，就算这样做意味着要收缩公司规模也无所谓；或者，他们会出于社会责任、声誉或其他考虑，更在乎整个公司的完整性。

上面说的只是些假想的例子。我们将在后文中了解到，写出完整的问题陈述，要求我们去明确问题的五个元素（麻烦、所有者、成功标准、约束、行动者），建成 TOSCA 框架（Trouble、Owner、Success criteria、Constraints、Actors 的首字母缩写）。如果特蕾西想要写出成熟丰满的问题陈述（见图 2-1 框 1），她就会发现，自己对这个问题的了解还不够。

意识到这一点，特蕾西就会进行进一步的探索。在探索的过程中，她可以采用两种方法。一是收集基本的数据，二是展开严谨的思考，这足以助人对问题进行正确定义。在此案例中，我们需要一些关于公司近期业绩的数据。特蕾西也需要亲自前往天王星和冥王星的生产基地，在那里花些时间，并与客户见面交流，和董事会成员共同讨论他们的目标。若想将有点复杂的问题说明白，上述活动是必须去做的最基本的调查工作。

但在很多时候，就算做完了上述工作，也不一定足以使我们得出完整的问题陈述。此时，我们就需要从设计思维工具箱中借用一些资源，运用共情等技巧（见图 2-1 框 2）。在设计思维路径上，人们通过对用户进行观察，与之形成共情，进行互动，使自身沉浸在用户所处的情形之中。这就能帮助我们发现用户的需求，了解用户对问题的体验，在用户所处的环境中，在用户所面对的约束下，去体会问题带给用户的想法和感受。在这个阶段，我们能对用户产生深刻的理解，并利用这些理解将问题更好地陈述出来，从不同用户的角度出发来看问题，对问题的理解进行重新组织。

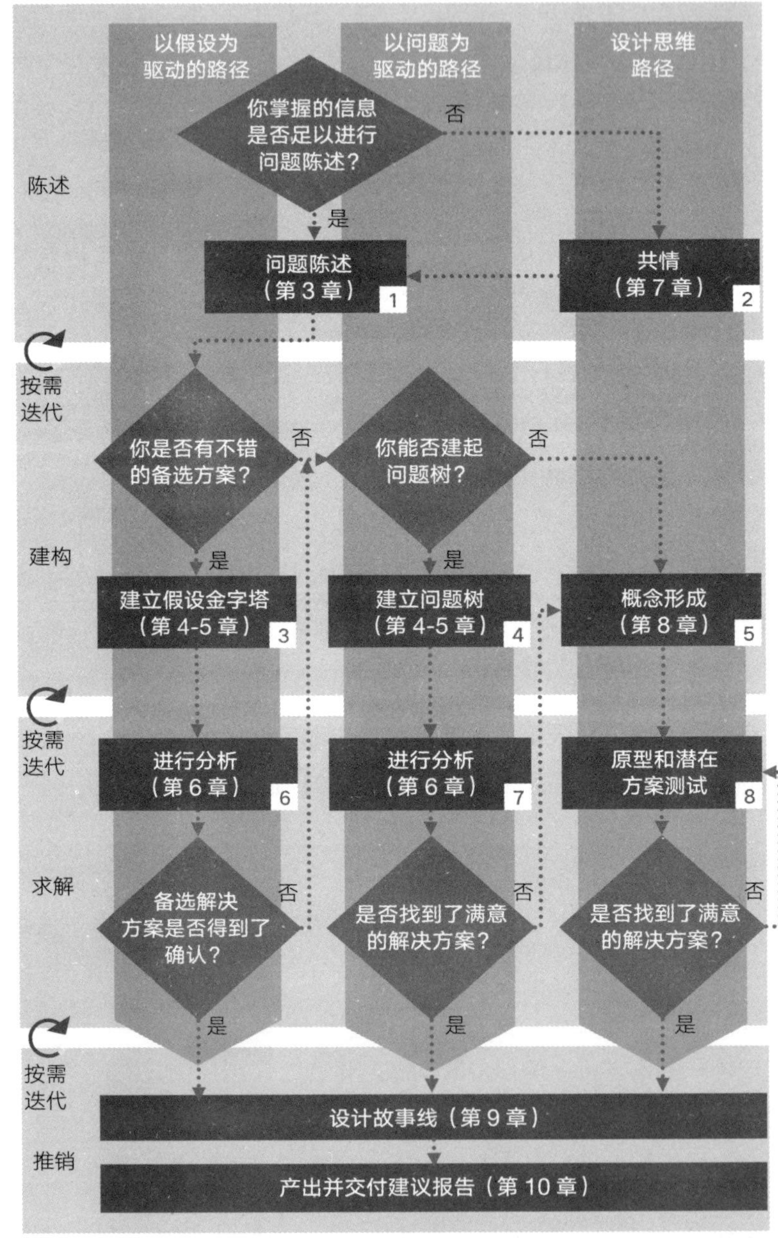

图 2-1 问题解决 4S 法流程图

问题建构

将问题陈述出来之后，很多人都想要立刻将特蕾西的行动方案一一列举出来。她的管理团队成员也提出了同样的建议。这不足为奇。商界人士都拥有知识和判断，也会从自身经验出发去审视当下的情形。

特蕾西可以决定，她提出的某个想法十分可行，并将这个想法作为值得测试的假设。也就是说，她可以采用以假设为驱动的思路（见图 2-1 最左侧一栏）。

以假设为驱动的思路，是从关于解决方案可能是什么的一个假设起步，对其进行测试和验证的过程。举例来说，特蕾西假设太阳公司应该将冥王星和天王星卖掉。从逻辑上讲，这一假设若是真实的，那么许多因素都必须是真实的。比如，即将被卖掉的部门必须可以随时与公司的其他业务拆分开来，必须有一个能给出合理价格的买家，等等。如果特蕾西选择了这条路，那么就应该列出这些条件，并将每一条拆分成更小的要求。这就是我们所说的"假设金字塔"(见图 2-1 框 3)。随后，特蕾西和她的团队便可以进入"求解"阶段，进行分析，并对所有这些假设进行测试。

但正如我们了解到的那样，以假设为驱动的思路，会增加证实性偏差的风险，让我们难免掉进采用潜在的解决方案陷阱。在用上这一思路之前，特蕾西必须想清楚，自己是否有充分的理由能对某个给定假设保持信心满满。在我们这个例子中，特蕾西似乎做不到这一点。几位同事给出了大相径庭的假设，这意味着特蕾西应该在这条路上及时刹车。

在这种情况下，另一种替代方案，就是根据图 2-1 的第二栏，采用以问题为驱动的思路。以问题为驱动的思路，要求我们将问题拆分成由小元素组成的“问题树”（见图 2-1 框 4）。问题树是对问题进行全面建构的一种方法，以系统化的角度来审视问题的不同方面，对解决方案不带任何预设的想法。这种思路的好处，就是可以避免掉进采用潜在的解决方案陷阱。

而其缺点在于，建构问题树比建构假设金字塔难度更高，需要更多的时间。在第 4 章和第 5 章中，我们将介绍一些方法，以帮助读者克服这一难题，我们将特别提到建构问题树过程中模块所发挥的作用。模块是建构问题树过程中不可或缺的捷径，因为模块是关于典型重复性商业问题的一套已拆分出来的元素，并已预先包装完成。举例来说，特蕾西的问题树上可能会有一个分叉，代表的问题是天王星是否处在富有吸引力的行业，这个问题可用波特五力模型[9]拆分。同样，如果特蕾西需要对太阳公司的业务组合进行分析，那么战略业务组合矩阵就能在此发挥作用。模块能加快人们的思考速度。但是，正如我们将在第 5 章中讲到的一样，由此带来的方便也是有成本的：模块会限制你的思路。模块是由能解决一类问题的理论浓缩而成的，而利用一个模块，就等于支持某个理论及其背后的假设。

如果你成功地将某个问题进行了拆分，并将其转变为问题树的形式，那么就可以接着进入求解阶段，对问题进行分析。但你有可能在建构问题树的过程中遇到麻烦。特蕾西所面临的问题，是可以立刻转化成问题树形式的，但并非所有的问题都很容易拆分。解决产品设计问题，构思全新的广告宣传，为每况愈下的公司设计出大胆的新战略，都是棘手的商业难题。而我们也会发现，这些问题很难利用假设金字塔或问题树的思路来进行拆分。

这类问题不能利用传统的拆分手法，而是需要一个概念形成阶段（见图 2-1 框 5）。运用设计思维的人需要利用他们了解到的关于问题是什么（陈述阶段）的知识，去构思应该怎么样。他们要从对问题空间的理解着手工作。在理解的基础之上，他们要合成一套必须通过有效的解决方案去应对的设计要求。这些设计要求，就是解决方案必须为用户提供的好处，它们也是形成概念、建立原型和测试阶段的指导思路。设计要求加总在一起，就构成了应该怎么样的模型，可以为解决方案的搜寻提供指引。设计要求一旦建立起来，设计人员关于解决方案的各种想法就会喷涌而出。

问题求解

现在我们知道了特蕾西为走到求解阶段可以选择的三条路：以假设为驱动，以问题为驱动，设计思维。接下来的步骤，将取决于她的起始点。

我们先来假设特蕾西采纳了以假设为驱动的思路。她接下来的任务，就是利用必要的分析（见图 2-1 框 6）对假设进行测试。如果她假设应该卖掉天王星，那么她就需要找到实实在在的证据来支持由她的中心假设拆分而成的每一个说法，随后会产生两种可能的结果：

- 第一，特蕾西发现了证明假设错误的明确证据，可能会将假设彻底推翻。在这种情况下，她会自然而然地想出另一个不同的假设："如果 X 不对，那就试试其他想法。"但是，由于以假设为驱动的推理存在缺陷，这种做法风险很大。更好的策略是换个方向，采用以问题为驱动的思路（移到流程图第二栏）。有时，我们有必要回到问题解决流程的第一阶段，对问题陈述进行重新思考。
- 第二，假设得到了确认。但全盘接纳、整体确认的情形十分少见。更多的情况是，在对假设进行分析的过程中，人们也会对假设进行改造或打磨。举例来说，特蕾西可能会认定公司应该将天王星卖掉，但不应该将冥王星卖掉。特蕾西必须回答的问

> 题是，这个经过打磨得到的假设，能否满足她在最初问题陈述阶段所列举的成功指标。如果不能，她就要考虑是否要将假设推翻，得到与第一种结果相同的结果。如果由此得来的解决方案能满足成功指标，那么她接下来就要走到推销阶段。

我们要考虑的第二种情况，是特蕾西从一开始就选定了以问题为驱动的思路。这样，她就需要将问题拆分成亟待独立分析的离散元素，由此构成问题树，并进入求解阶段。举例来说，她的问题树可能包括这样一个问题："天王星的市场前景如何？"回答这一问题，需要进行特定的分析，也许还要进行市场研究。问题树也可能包括这样一个问题："天王星作为独立实体价值如何？"回答这个问题需要进行一些财务估值工作。总体来看，建构问题树比建构假设金字塔所需的分析工作更多。假设金字塔最终会聚焦在对你的直觉或认定或否定的关键分析之上，而优秀的问题树则事无巨细。

所有这些分析，可能会将特蕾西指引到某个解决方案上。举例来说，如果数据毫不含糊地显示出冥王星的问题是由产品质量下降所导致的，那么我们就能不假思索地提出，冥王星需要制定提升产品质量的方案。方案一旦提出，特蕾西需要自己想明白，这个方案能否满足她之前确定下来的成功指标。如果可以满足，那么她就需要将这套方案推销给董事会。

但是，采用问题树的思路，并不能保证解决方案会以这样的方式浮出水面。问题树可以帮你将问题拆分开来，但并非所有的问题都能通过拆分的方式得到解决。举例来说，问题拆分之后，我们可能会发现，冥王星遇到的困难源于客户日益积累的不满，其中有产品吸引力不足的因素，有客户偏好变化的因素，还有竞争对手发布更优质的产品的因素。在这样的情况下，问题树得出的是一套完整的诊断，但其本身并不能给出有关解决方案的建议。冥王星应该怎么做，才能令其产品再次取得辉煌？我们无法通过将大问题拆分为一堆小问题的方法来给出答案。我们需要的是新点子。

设计思维的长项，就是产出新点子。如果你被卡在以问题为驱动的路径上，说不定从图 2-1 的框 7 迂回到框 5，便能找到新思路。这些新要求、新点子，可以帮助特蕾西总结出冥王星的详细改进方案。

新点子想出来之后必须经过测试。这也是设计师（即设计思维路径上的问题解决者）离开抽象空间，回到现实世界的时候。此时，他要将点子转换为实实在在的原型，供现实世界中的用户来进行测试。在这个原型与测试阶段，设计师要选定靠谱的潜在解决方案，以实体形式呈现出来，供用户与之互动。原型装载着设计师关于理想解决方案的特征的假设，随后会由用户在最终阶段进行测试。用户提供的关于原型的反馈，能帮助设计师选择落地执行的最终解决方案。IDEO 的首席执行官蒂姆·布朗（Tim Brown）以如下方式在其著作《IDEO，设计改变一切》（*Change by Design*）① 中进行了总结："设计思维的使命，是将观察转变为洞察②，将洞察转变为能改变人生的产品和服务。"[10] 最终，会有一个或几个能满足问题陈述中的成功指标的解决方案浮出水面。如果在进行一定量的试错之后，还没有得到达标的解决方案，那么我们可能就需要对问题陈述重新进行思考。

支持利用创意解决问题的人可能会认为，最后这几步才是有价值的工作，建构问题树则纯属浪费时间。对此，我们持有不同意见。首先，当特蕾西开始建构问题树，对问题进行分析时，她根本不知道以问题为驱动的思路

---

① 在《IDEO，设计改变一切》中，蒂姆·布朗带领读者重新认识设计，将设计思维带入生活、组织、产品和服务。该书中文简体字版已由湛庐策划、浙江教育出版社 2019 年出版。——编者注

② 由英文 insight 翻译而来，是行业性通用术语，表示对用户、消费者和客户行为背后所隐藏信息的深度认知。

能否得出达标的解决方案。事实上，正如我们讲到的那样，这种方法经常能帮助人们找到答案。特蕾西在问题树基础之上进行的分析，为她的思考过程提供了信息，也缩小了她随后发挥创造力的空间范围：如果她面临的挑战是让产品重回巅峰，那么她就需要在开发产品方面发挥创造力，而不是将力气用在给员工加油打气上。而且，分析过程中可能会迸发出一些思维火花，点燃随后的创意过程。分析与创意不能彼此替代，但可以互为补充。

总体来看，想要找出潜在解决方案有三条路可走，这三条路也构成了流程图中的三栏内容：

- 特蕾西可以一开始就提出假设，对其进行测试，以确认其可行性。
- 她可以不带任何预想，将问题拆分为问题树，在分析过程中逐渐挖掘出可行的点子。
- 若无法建构起问题树，或建构起的问题树无法产出达标的解决方案，特蕾西可以利用特定的概念形成技巧来生成新点子。

解决方案推销

无论选了哪条路，特蕾西现在都已经得到了一个她认为最好的解决方案，接下来的任务就是去说服董事会，批准她的计划。此时，特蕾西也要调整状态，从问题解决模式转换到沟通模式上来。

我们在前文中讨论无效沟通陷阱时讲到，状态调整这件事也引出了一个非常重要的问题：如果沟通是与解决问题完全不同的两件事，那么我们为什么还要在本书中专门讲到此事呢？市面上充斥着大量书籍和培训项目，不谈问题解决，专讲有效沟通，其中一些非常精彩。[11] 那么，我们为什么不在讲完陈述、建构和求解之后就及时止步呢？务实地说，阅读本书的每一位读者不仅希望能在解决问题这件事上获得精进，而且也需要将解决方案推销给他人。我们这种一站式服务能同时满足上述两个需求。更重要的是，虽然问题解决和方案推销是两个完全不同的阶段，但两者之间应该结合起来，原因有二。

第一，解决商业问题的人士，通常有能力与其受众在问题解决的整个过程中保持互动，而且也应该这样做。在我们给出的例子中，特蕾西不仅要在找到解决方案之后与董事会沟通，而且从问题解决过程的最开始，即正确陈述问题之时起，就应该保持沟通。她也应该在建构和求解阶段让董事会成员参与进来。她可以给董事会递交阶段性进展报告，告知自己的发现，分享关于解决方案的想法，获知董事会的反馈和疑虑。简而言之，她的沟通任务从问题解决过程的一开始就要启动执行。有时，我们需要将已经定型的解决方案推销给一无所知的受众。比如，广告代理为新客户介绍宣传方案就属于这种情况。但是，以这一前提为基础的沟通方法，通常并不适用于组织内部的问题解决者。

第二，在问题解决阶段考虑沟通任务，并且在沟通过程中将问题解决铭记于心，能确保人们明确两者之间的界限，确保沟通中存在的顾虑不会阻碍寻找解决方案的工作。寻找最佳解决方案是一项任务，将解决方案推销出去是另一项任务，后者不应该在你确定问题得到解决之前就抢跑。在前一章讲到的关于脂肪与糖的辩论中，基斯的做法是在反其道而行之：因为他觉得自己知道解决方案是什么，所以并没有将实证作为问题解决的一个环节，对自身的假设进行测试，而是直接将假定的解决方案推销给决策者。这种行为进一步加深了他在“七国研究”中犯下的分析错误，令他将目光专注于支持自身观点的国家，忽略那些可能推翻其观点的国家。证实性偏差导致他将解决问题与推销方案混为一谈。有句谚语说得好：“千万别让事实打扰到一段好故事。”

放任一段好故事去干扰搜寻解决方案的工作，经常会困扰力图解决商业问题的人。无论是谁，只要肩负为难题寻找解决方案的任务，都会因为推销这一关，也就是为整个任务画上圆满句号的最后一场“演讲”而焦虑不已，这也可以理解。无论何时，只要你发现了某些东西，比如一个未经测试的备选解决方案，都会自然而然地想到：“我要如何将此事说明白？”基斯的例子告诉我们，在想法未经测试的情况下就直接跳跃到推销阶段，可能会导致人们接纳一个拙劣甚至有害的解决方案。与此形成鲜明对照的，是拉斯蒂格通过《糖：苦涩的真相》这个片子做到的事。与基斯不同，拉斯蒂格将寻找最佳答案的任务排在前面，将讲述精彩故事的需求放在后面。但和尤德金不同，拉斯蒂格并不想带领受众经历复杂问题解决工作中的所有步骤。在第 9 章和第 10 章中，我们将介绍如何从问题解决模式转换到方案推销模式上来，并告诉你如何为你的解决方案准备高效的、富有说服力的演讲。

和对所有复杂过程的线性描述一样，我们给出的概述也是一种简化。问题解决 4S 法的四个阶段是有顺序的，但在实践中，读者不必一丝不苟地严格执行。有时，我们可能需要回到之前的阶段。从本质上讲，解决问题的过程是迭代的。比如，我们常常会根据建构过程中收获的心得体会来修改问题陈述。对问题陈述的打磨，是建构和求解过程中不可或缺的一部分。同样，经过一定程度的分析之后，我们建构问题的方式也可能会发生变化。在以假设为驱动的思路中，事实会引导我们对假设进行修正；而在以问题为驱动的思路中，事实则会引导我们去思考怎样用不同的方法来对问题进行拆分。问题解决 4S 法流程图（见图 2-1）中还标明了其他一些反馈回路。

从本质上讲，问题解决 4S 法鼓励我们在解决问题、推销方案时，从直观的、非正式的、自动自发的思路，转换到理性的、结构化的、精心安排的思路上来。我们不能无视沿途的各个陷阱，凭本能想到的东西来解决问题，而是要刻意地、严格地去进行问题的陈述、建构、求解和推销。

本书的目标，是帮助读者更好地解决富有挑战性的商业问题，并有效地将解决方案推销出去。在接下来的章节中，我们将向读者详细介绍问题解决 4S 法，以及说明如何利用该法来解决问题。

小结　Cracked It

1. **4S 法以战略咨询的问题解决思路为基础，同时存在两个局限性：**
    - 人们更有可能去寻找能证实自己的假设的证据——证实性偏差的风险，群体思维。
    - 并非所有问题都能用拆分的方式来处理——一些问题需要创造性思维。
2. **4S 法有三条路径可选：以假设为驱动、以问题为驱动、设计思维。**
3. **每条路径都包括四个阶段：陈述、建构、求解、推销。**
4. **要在对问题进行足够的了解之后进行问题陈述：**
    - 当我们了解到的信息不够充分时，需要借助共情技巧。
5. **根据你选择的路径进行问题建构：**
    - 假设金字塔（如果你对备选解决方案抱有很大的信心）。
    - 问题树（虽然你还没找到靠谱的备选方案，但是可以对问题进行

    拆分）。
  - 以解决方案要求为基础，进行概念建构（如果用于拆分问题的方法不奏效）。

6. 问题求解：
   - 进行所需的分析（前两条路径）。
   - 建立原型，对解决方案进行测试（设计思维路径）。

7. 推销解决方案的重点要放在答案和受众上，不要放在寻找答案的过程上。

8. 4S 法是迭代的，没有严格的排列次序。

第 3 章

问题陈述：TOSCA 框架

4S 法中的第一个 S，代表着问题陈述。为了将这一概念讲清楚，我们先暂时抛开虽然激动人心，但有时也略显枯燥直白的商业问题，来看看歌剧爱好者非常熟悉的一个情形：在贾科莫・普契尼（Giacomo Puccini）的杰作《托斯卡》（*Tosca*）的第二幕中，主角托斯卡面临着一些挑战。

事实如下：

- 托斯卡的情人马里奥被逮捕，即将被处决。
- 托斯卡忧心忡忡。
- 她此刻最想做的事，就是将马里奥从大牢中救出，与他一起逃亡。
- 但托斯卡是位道德标准很高的女子，有些事情是她不可能去做的，就算能救下情人的性命也是一样。
- 警察局长斯卡皮亚从中作梗，他想要从托斯卡身上得到的东西，也是托斯卡不愿意付出的。

托斯卡面临的问题非常棘手，但也一目了然——要如何在不屈服于斯卡皮亚的前提下，将马里奥从大牢中解救出来，关于这一问题的思考和解决方案其实属于博弈论理论家口中所说的囚徒困境，其中两位对手可以从合作中受益，但又禁不住互相背叛的诱惑。在普契尼的歌剧中，托斯卡向斯卡皮亚承诺，如果他能用一场虚假的死刑处决救下马里奥的性命，那么她就与他发生关系。但当时机到来时，马里奥杀死了斯卡皮亚。可叹的是，斯卡皮亚也背叛了托斯卡：他对马里奥的处决是真实的。一个灾难般的解决方案，塑造出了一部伟大的悲剧。

许多商业问题都不会有如此明晰的定义，也不会有如此可悲的结局。但能将问题陈述得如此鲜明而犀利，是一种极富价值的做法。在将核心问题陈述出来之前，我们需要提出托斯卡的故事反映出的五个问题，而这五个问题亦可简称为 TOSCA 框架：

- 麻烦（Trouble）：是什么令问题真实地摆在眼前？（马里奥被逮捕。）
- 所有者（Owner）：这个问题是谁的问题？（托斯卡的。）
- 成功标准（Success criteria）：成功是什么样子的，会发生在什么时候？（逃跑。）
- 约束（Constraints）：限制是什么，资源、时间线、背景环境？如何权衡？（高尚的道德。）
- 行动者（Actors）：谁与此事利益相关，他们想要什么？（斯卡皮亚，他想要与托斯卡共度良宵。）

只要我们能回答上面这五个问题，就有可能将核心问题陈述出来，为解决问题的工作提供指导。

为了将这个过程说明白，我们不妨回想一下第 1 章中提到的案例——面临数字化盗版的音乐行业。此案例反映了有缺陷的问题定义存在的问题。

麻烦：是什么令问题真实地摆在眼前

我们之所以踏上问题解决的征途（这可能也是读者选择本书的原因），是因为在我们的理解中，存在一个问题或机会。我们将这种最初的理解称作“麻烦”，以此来与即将历经问题陈述阶段浮出水面的真正问题进行区分。

麻烦的基本定义，是期望与结果之间的差距。如果你希望收入增长，而收入出现了下降，就是一个麻烦。但是参照同样的定义，麻烦在我们的理解中也可以是一个机会。举例来说，如果你的收入以每年 10% 的速度在增长，而你有理由认为增长速度可以翻倍。此时，定义麻烦的，就是愿望与现实之间的差异以及你心中因此而产生的不满。

这一定义也意味着“愿望”与“现实”这两个说法，同样需要我们进行认真的定义。来看看音乐行业的案例，那里的麻烦似乎不言自明——人们都在通过非法途径下载音乐文件。但是此处人们的愿望是什么？是禁止一切非法下载的行为，还是将非法下载行为的数量缩减到合法下载行为的数量之下？这个问题看起来有些古怪，而原因也很直白：无论是合法还是非法下载，音乐行业的大佬都不会以下载量，而是以收入来对愿望进行定义。1999 年，音乐行业的收入依然保持健康向上的持续增长状态。非法下载行为并没有形成多大的影响，而是一种症状，更准确地说，是未来麻烦的先兆。因为非法下载会导致音乐行业的大佬未来收入下降。音乐行业可能已经达成了收入增长的愿望，但也因为非法下载行为对未来收入的影响而产生了顾虑。

正如此案例一样，麻烦并不总是如表面看起来那样一目了然。为了将麻烦阐述明白，下面列出几个能派上用场的提示：

- 具体地陈述问题。不要接受虚假的问题，即我们根本不可能解决的含糊不清的抱怨。如果你负责运营一家客户服务中心，那么“我们必须创建起以结果为导向的文化”并不算麻烦，也不是可以解决的问题。“20% 的客户呼叫尚未得到答复”是麻烦，可能是（也可能不是）公司文化问题的一个症状。
- 不要让理解（或关于解决方案的想法）渗入你对麻烦的定义中。举例来说，如果某人说“我们的产品丧失了对客户的吸引力”，那么他是在说明自己的理解，而不是对某个症状进行描述。保持在症状层面的描述，应该是“我们产品的市场份额在过去一年间掉了 5 个百分点”。这很重要，因为问题不一定出在产品的吸引力上：市场份额下降可能是由多个因素导致的，比如竞争对手的举措，或分销力度的降低。
- 提问“为什么是现在”。如果现实与愿望之间的鸿沟是个固有的不可化解的存在，比如“我们想要增加收入”，那么我们就很难找到问题陈述的坚实基础。当提出的麻烦在 5 年前就存在，5 年之后依然会存在时，那么提问为什么之前没有采取行动，为什么现在情况变得如此紧迫，我们常常能从中得到极富价值的洞察。

当我们针对麻烦提出问题时，往往会聚焦于症状之上。一些读者，包括在商海中打拼的实战派和象牙塔中的专家在内，都可能因为这一思路而颇感奇怪：问题解决中最常见的处方，就是跳过症状，直接去理解问题背后的原因。在许多问题解决的类型中，诊断这一步都至关重要：医生在给出处方之前，要对疾病进行诊断；而顾问也常常借用医疗专用词汇，以诊断作为项目的起始点。

但这一思路并非唯一可行的方法。认定我们可以做出诊断，就相当于采用了以假设为驱动的问题解决路径。诊断的内涵远远大于问题陈述：提供诊断的人，可以说他仅仅是对问题进行了定义，但他实际上已经给出了解决方案。

对于医生来说，这种做法是有道理的。各种疾病都会被归入已经存在的类别，医学参考书目会不断对类别进行更新。医学院培训的一部分，就是要教会学生识别疾病类别。通过临床检查或测试对自身的判断进行核实之后，医生会给出治疗建议。在医学领域，模式识别和假设测试，是非常常见的问题解决思路。

但商业领域是否也是如此呢？当我们试图对商业问题进行诊断时，实际上就是假设这些问题和疾病一样，而我们就像医生一样，能将问题归类到已经存在的、普遍适用的“病理学”之中。很多时候，这样的假设都能够得到证实。比如，银行账户中突然出现一笔无法解释的支出，可能是病理学中被称为“偷窃”的疾病所表现出来的症状。同样，制造流程中出现计划之外的上下浮动，是个非常明确的、可测量的问题，而导致这一现象的可能因素的数量也是有限的。但是，当问题变得更加复杂之后，用医学做类比就存在误导性，而以假设为驱动的思路也会带来不利影响。在商界和其他领域，复杂问题的一个决定性特征，就是并不总能利用可识别的症状和经实践检验的治疗手段，归属到经过明确定义的、已经存在的类别之中。

这一区别对于力图解决问题的人们来说至关重要。对麻烦的观察，是问题陈述的第一步。此时，我们要向自己提问，思考我们正在处理的问题是否为人所熟知，是否能归入可识别的情境类别之中，是否可以通过标准化的处理手段进行应对。如果答案是肯定的，那么我们就能继续带着头脑中预装的清晰明确的备选解决方案来进行问题陈述。我们将采用以假设为驱动的思路，沿问题解决 4S 法流程图（见图 2-1）的第一栏走下去。如果对自己所理解的麻烦背后可能存在的原因并没有一个强大的假设，那么就应该保持开放的心态。

此处的风险，就是错误地认为我们已经看明白了一个自己了解的问题，就像医生对疾病的错误诊断一样。这也是音乐行业从业者掉入的错误的问题陈述陷阱：整个行业错误地将非法文件共享诊断为盗版这个为人所熟知的病理学之中的一种情况。整个行业没法看清问题中的哪些方面是前所未有的，想不出来如何应对。许多在解决问题方面经验丰富的老手，都会掉进这个陷阱之中。有时，我们的经验越是丰富，就越容易将一个新情况归类到某个熟悉的类别之中，并据此做出错误的诊断。

因此，以假设为驱动的思路，门槛要设得很高。我们应该将麻烦定义为一种症状，而不将其归类到已知的诊断之中，除非我们有理由信心满满地认为自己可以给出合理的诊断（并提出备选解决方案）。简单来说就是，有疑问，就将思路拉回到麻烦上来。

所有者：这个问题是谁的问题

对症状的观察会引出有关所有者的问题：谁应该负责应对这些症状？这个问题有时非常明了：除了托斯卡之外，没人会愿意费心费力地去救马里奥。相反，有些问题，包括一些非常严峻的问题在内，都无法对应到任何人身上。举例来说，许多人认为当下的全球商业环境被短期主义的文化所主宰，而这种文化对资本主义和整个社会构成了严峻的威胁。但这个问题并没有一个明确的所有者。通常情况下，这种类型的政治和社会问题，都没有明确的单方所有者，也找不到彼此冲突、存在无法调和的矛盾的多方所有者。有时，我们将这类问题称作抗解问题，本书所介绍的问题解决思路并不适用于解决这类问题。[1]

但是，很少有商业问题是抗解的，绝大多数问题都能从某个特定所有者的角度出发进行陈述。对所有者的选择会影响到给问题下定义的过程。在我们的案例中，盗版是谁的问题，究竟谁能代表音乐行业？我们说的是美国唱片业协会（RIAA）这个行业组织吗？ RIAA 的使命是发展行业利益。作为中立方，RIAA 理论上不偏不倚地代表着所有从业者。但是，其真正的使命是游说，并无其他，其资源和技能也与这一使命相匹配。如果 RIAA 是问题所有者，那么解决方案的空间就要限定在 RIAA 所能做到的事情之上——游说、广告宣传等。RIAA 完全可以将成功定义为“无论对盗版行为做什么，只要能让会员别再为此事来烦我就行”。

或者，假设问题所有者是各大唱片公司的大佬。这样一来，可能性的范围就变得非常不同了。游说依然是一种选择，但是唱片公司，或单打独斗，或联合出击，完全能做更多的事情，比如改变产品制作策略和定价策略，或采用全新的商业模式。如果我们与他们讨论对问题的定义，那么他们很可能会将成功定义为“做些事情将我的生意从盗版的致命威胁中拯救出来，不管行业中的其他玩家是否跟进”。

如这一案例所示，关于谁是所有者这个问题，我们完全可以展开一场大讨论，从中获得许多启迪。问题所有者的身份塑造了解决方案的空间，也指明了问题定义的方向。在实践中，我们很少能遇到选择的机会：要么你对问题负责，要么某人将挑战摆在你面前，要你负责。但在所有的情况下，将问题所有者的身份摆在桌面上都是至关重要的。

搞清楚问题所有者是谁，还会带来另一个非常重要的结果。我们随后将了解到，问题定义是个迭代的过程，只有当我们做出了足够好的问题定义时，迭代才会停止。同样，在问题解决过程中的后半段，只有解决方案足够好时，我们才会认为问题得到了解决。但是，谁才有资格来评判问题陈述或解决方案是否足够好呢？这个人就是问题所有者。如果我们不知道谁应该对解决问题这件事负责任，就永远无法定义或解决问题。

成功标准：成功是什么样子的，会发生在什么时候

找到问题所有者的一大好处，就是可以直接向他提出问题解决过程中最关键的问题："你想要什么？"

提出这个问题，我们不见得能直截了当地从答案中获得自己想要的内容，有时还需要继续追问。我们不妨假设，音乐行业的问题所有者是一家唱片公司的高层管理团队。如果我们在 1999 年时向他们提问"你们想要什么"，他们估计会给出"禁止盗版"之类的答复。但这个答复只不过是换了种说法来形容"麻烦"，也就是引发问题的情境，并没有触及问题所有者想要达到的实际目标。

若想透过表面深入探索，那么标准的建议就是尽可能多地提出有关为什么的问题（通常需要提出 5 次）。这里面就有些学问了。如果我们用这种方法来与一位 1999 年的音乐行业高管交流，可能会展开如下这段对话。

"我们想要禁止盗版行为！"

"为什么？"

"当然是为了保护我们的业绩。"

"为什么？"

"因为有免费音乐下载了，人们就不会再来购买我们的 CD 了。你傻呀？"

"为什么？"

"滚！"

这并不是说对现象背后的原因进行探索是无关紧要的：人们为什么更喜欢下载免费音乐，而不是去购买 CD，这是一个关键的问题（价格并非唯一的答案）。但是，追问为什么并不总是能帮助我们足够精确地找准正确的问题所在。

比以“为什么”来提问的一种更有成效的方法，就是提出“成功是什么样子的”这个问题。有效的提问方式如下：“假设我们走入未来，看到问题解决的任务获得了巨大成功，那么这一天是哪天？我们会看到一幅怎样的景象？”这就开启了一场关于成功标准的开放式讨论。让我们与同一位音乐行业高管以这样的方式来进行一场角色扮演。

“我们走入未来，共进晚餐，一同回顾这个项目，庆祝成功。这一天的日期是几月几日？”

“嗯，我想至少要 3 年以后。我们没法一夜之间就将问题解决掉，是不是？”

“我想也是。我们怎么知道已经成功了呢？”

“如果我们能坐在一起共进晚餐，就说明我还有工作！”

“那好，说明这顿晚餐要由你来埋单了。还有什么？”

“我们将盗版这个问题解决掉了。”

“当然，但你是怎么知道问题已经解决掉了呢？如何对此进行衡量呢？”

“肯定是我们的收入再次出现了增长。如果我们制止了盗版行为，就能重新回到盗版出现之前的增长曲线上面。”

通过几个简单的问题，我们便可以取得一些初步的成果：关键的评判标准是收入，不是人们下载了多少文件，也不是有多少人因分享文件而被关进监狱。这条思路为我们打开了一扇大门，通往另一场更富有成效的讨论。

用这种方式提问的另一个好处，就是能及时暴露“以解决方案来定义问题”这种时常出现且颇为拙劣的错误。这位高管可能会说：“问题就在于我们需要提升下载盗版文件的难度”，或是“我们需要在预防盗版方面加大力度”。这种十分常见的错误会直接将我们带入第 1 章中格莱珉银行与达能的故事，那个故事反映出采用了潜在的解决方案陷阱：当我们以能引出解决方案的方式来进行问题定义时，就是在冒着盲目确认这一结论的巨大风险。

和许多错误一样，犯下这一错误的问题所有者通常也是怀着良苦用心的。你可能会问，这不就是我们常说的以结果为导向吗？优秀的老板不是经常告诫员工，要“带着方案来找我，不要带着问题来找我”吗？尽管如此，若想使问题获得恰当的定义，我们必须抑制住匆忙下结论的冲动。若想专注于问题陈述，我们首先需要忽略那些可能的解决方案。提出成功标准的问题，就是帮助我们这样做的一个工具。

在思考成功标准的过程中，一个重要关注点就是要看到其中是否包括明确的可量化目标。我们在选定这样一个数字时，通常会针对此事展开大量讨论，而且也完全有理由这样做：我们很难在问题定义过程的开头就设定一个充满野心但又不脱离现实的目标高度。在我们的例子中，如果继续与这位音乐公司高管进行对话，那么他就有可能在一连串的询问下不得不给出年收入增长 5% ～ 7% 的具体目标。这一愿望是可以理解的，但很可能并不现实。事后想来，在数字化颠覆大潮的席卷之下，没有什么战略可以使音乐行业的发展维持以前的增长轨迹。

由于目标量化的难度很大，关于这一问题出现了两个思想流派。一条思路是放弃量化，在问题中体现出能包容不确定性的开放式目标。在音乐行业的案例中，这样一个目标可能是“保持 ROS 的同时将收入最大化”（ROS 即销售回报率，指利润占销售额的百分比）。

但也有人认为，在组织环境之中，这种提问方式不足以给问题解决团队带来足够的动力。选定一个目标数字，就算是凭空拍脑袋定下来的，也能带来实实在在的好处。这个数字能帮助人们集中思路，绞尽脑汁，名正言顺地将资源分配到解决问题的工作之中，而且还能在总体上提高标准。只要你随时准备在发现新情况时对目标进行调整（最初的目标可能定得太高或太低），那么这种方法就非常有吸引力。

约束：限制是什么，如何权衡

假设我们已经识别出了麻烦、问题所有者和成功标准。现在，关于你想要解决的这个问题，全盘图景正在慢慢浮出水面。但是，在解决任何问题的过程中，你能做到的事情都是有限定条件的。我们需要意识到这些约束的存在。

我们应该从问题所有者的角度出发，来对约束进行定义。但问出"你是否面临什么约束"这样的问题，估计得不到什么有用的答案。现实可行的方法，是去考虑三种类型的约束。

第一，永远都存在的对成功标准的约束。这些约束源于此问题与其他目标和承诺的冲突。虽然取得你定义之下的成功是你的首要目标，但很可能并非你的唯一目标。举例来说，当唱片公司将收入定义为关键的成功指标时，实际上就是在假设，公司必须保持最低水平的盈利能力。在当年和接下来的一年，唱片公司可能会专注于获得既定收入和达成利润的目标上。这样的专注度就是对解决方案的一个约束。这些约束可以令成功标准更加落地——成功就是成功，但不能不顾一切、破釜沉舟地去争取。我们应该尽早识别出这些权衡因素。

第二，问题所有者的资源和能力，可能也会形成对解决方案的约束。我们之前讲道，如果问题所有者是 RIAA，那么其有限的能力就会将某些类型的解决方案排除在外。如果某家唱片公司是问题所有者，那么其能力约束就变得不一样了，而且非常重要。能力欠缺的原因之一，就是组织中数字化技能的缺位。

第三，经常会存在对问题解决流程本身的约束。举例来说，时间、预算限制，保密约束，都不允许你去接触某些你希望接触的人和信息。将解决问题的整个过程公开，有时可能会因为这个公开性而令问题进一步恶化。“恐慌之中的音乐行业拉起紧急特遣部队来应对猖獗的盗版行为”，这样一个新闻标题，是问题所有者无论如何也不想看到的。

在问题解决工作的早期针对约束进行讨论，可以节省许多时间和精力。埋头研究解决方案，结果后来才意识到方案与此前没发现的约束有冲突，简直是巨大的浪费。但是，在关于约束的最初讨论过程中，我们要保持半信半疑的态度。如果我们找到了太多的约束，最后可能会将问题定义为在什么都不改变的情况下让麻烦从眼前消失。这是不可能完成的任务。如果问题所有者不在某些情况下松开面前的约束，那么基本不会有什么问题得到真正的解决。

举例来说，音乐行业应该认识到，使收入增长以及盈利能力恢复到之前的水平，是不现实的。但是，我们很可能不会在第一次讨论中就产生这样的认识。对约束进行重新评价的需要，以及适当放松约束的可能性，是我们在问题解决的整个过程中定期回顾问题定义的原因之一。

行动者：谁与此事利益相关，他们想要什么

问题所有者通常并不是应对问题并享受成果（或承担后果）的唯一责任人。问题所有者必须与其他利益相关者展开竞争，而其他利益相关者很少会与问题所有者秉承相同的目标（即成功标准）。这可能是我们需要去处理的另一个约束，但由于这是问题定义中一个至关重要的元素，所以值得我们将其摘出来区别对待。约束通常是稳定的，至少是可预期的，而行动者则是会做出反应的：对于我们的建议，他们既能刻意地给予支持，也能蓄意捣鬼。由此可见，搞清楚这些人的目标和他们与问题之间的利益关系，是必不可少的一步。

分析利益相关者，是用来系统地识别利益相关者及其目标的有用方法。举例来说，音乐行业投入了大量的时间和精力，想要说服美国国会通过立法来打击非法文件共享行为。如果进行利益相关者分析，我们就会发现，国会中没有哪个人想要被公众视作这样的人：他坚持要让音乐行业继续以 14 美元一张的价格出售 CD，为此不惜用法律惩罚青少年、遏制技术创新。还有一个因素，就是音乐行业以前曾奋力抵抗立法者对露骨歌词的监管，双方之间的关系一直就不好。

找到答案的核心问句

现在，我们已经完成了 TOSCA 框架的五个步骤，可以写出这个需要找到答案的核心问题了。这句话应该是个问句，而非陈述句。“我们必须制止盗版行为”不是一个问题。除了必须是问句这个简单要求之外，我们有充分的自由来造句，没有单一的最佳方法来进行问题定义。

在这一阶段，我们必须做出的关键选择，就是问题范围。和所有问题一

样，这个定义可以是开放式问题（“我们应如何制止盗版行为”），也可以是封闭式问题（“我们是否应停止音乐下载服务”）。但是，关键的选择并不在于其语法形式，而是问题的范围。

举例来说，一家公司正在考虑为进入新市场而进行收购。一个最直白的封闭式问题就是：“我们是否应以目前的价格和条款继续进行这笔交易？”范围稍宽一些的另一个封闭式问题是：“我们准备为这家公司支付的最高价格是多少？”但我们也可以通过提出下面这样的问题，来打开探寻的口径：“若想进入这个市场，有哪些可以选择的路线，包括但不限于收购某公司？”无论是以这样的开放式问题来提问，还是封闭式问题来提问（“收购某公司是不是进入这一市场的最佳途径”），我们都极大地扩展了问题的范围。

问题难度越大，我们在问题解决流程中所处的位置越靠前，将问题范围设定得越宽泛就越有优势。这里唯一的绝对性要求，就是问题范围要遵从我们列出的 TOSCA 框架。这些步骤可以作为参照列表，来核对我们给出的核心问题是否满足优秀的问题定义的要求：

- 提出的问句能否应对一开始让我们意识到问题存在的那个麻烦？在音乐行业的案例中，症状包括下载盗版的行为，也包括日益普及的互联网宽带和不断涌现的数字播放设备供应商。如果问题定义中没有提到上述症状，那么这个问句就会是关于增长和盈利能力的一般性问题，而非对我们所面临的紧迫难题的陈述。
- 提出的问句是不是从问题所有者的角度来构思的？举例来说，“为什么青少年会下载盗版音乐文件”是一个宽泛的、有趣的、重要的、回答起来难度相对较高的问句。我们在讨论问题建构时会了解到，这样的问句将在问题解决的过程中发挥一定的作用。但这个问句并不是从音乐行业高管的角度来提问的，因此不能作为我们的问题陈述。

- 为这个问句找到答案能否满足成功标准？这就相当于询问，此问句能否反映出你设定的成功标准之中所包含的特定指标和时间线。举例来说，“我们该如何面对数字音乐的威胁”并没有明确指向成功标准。若想将成功标准纳入问题，我们提出的问句要有如下结构：“我们该如何在 3 年时间内恢复 x% 的收入增速？”
- 问句是否考虑到了约束的存在？比如，上一条中举过的例句并没有将约束考虑在内。CD 大减价，很可能会换来收入的增长，却违背了一个关键的约束。在问题定义的问句中增加一个对盈利能力的约束，就可以满足要求。
- 问句是否考虑到了相关行动者？将所有利益相关者在这个核心问句中一一列举出来并不现实，但我们必须识别出其中至关重要的玩家。比如，音乐行业的案例中，一个举足轻重的行动者，就是下载盗版音乐的互联网用户。

按照上述要点来构思核心问句，可能会得到如下结果：“年轻消费者日益频繁地下载盗版音乐文件，而促成这种行为的关键因素——互联网宽带和数字播放设备，注定会越来越普及，在这样的大环境下，我们应该采取什么样的行动，才可以在 3 年内恢复 x% 的收入增速，并保证至少 y% 的销售回报率？”

图 3-1 给出了一张工作表样式，可供我们在应对问题时将 TOSCA 框架单运用起来。

麻烦

令眼前的问题真实而迫切的症状有哪些？（注意要具体；避免混入自身的理解或解决方案；提问“为什么是现在”。）

所有者

目前的问题是谁的问题？

成功标准

成功是什么样子的，将在何时达成？（如果可能，请将量化目标包括在内。）

约束

是否存在先前的承诺或与此相冲突的目标，是否存在对解决方案的资源约束以及对问题解决过程的约束？

行动者

还有哪些利益相关者在这个问题中有话语权，他们想要什么？

需要找到答案的核心问句

能反映出清晰明确的选择范围，与 TOSCA 框架相一致，也就是说，可以应对“麻烦”，从“所有者”视角来造句，阐明“成功标准”，认识到“约束”的存在，并识别出相关“行动者”。

图 3-1 TOSCA 框架工作表样式

问题陈述所需的心态：共情

在讲解问题定义过程之中的各个步骤时，我们的思路是线性的，比较直截了当：指出麻烦，确认所有者，定义成功标准，认识约束，列出行动者，然后写出问句。在现实情况下，这个过程会更加复杂。

原因一目了然，现实中的步骤并不是线性的，而是相互重叠的。我们很难在没有找到问题所有者的情况下，就对麻烦给出正确的定义。我们也很难在没有认清约束的情况下，就确定成功标准。找到我们一开始忽略的行动者，可能会引发对成功标准的调整，等等。在写下核心问句时，我们很可能要调整好几次，还要反复回到问题所有者那里，对核心问句进行测试。当问题所有者认为，如果能为此问句找到答案，那么问题就能得到解决，我们才能确定得到了成熟而全面的问题陈述。

但是，反复重写问句，并不会因为走到了问题陈述阶段而停止。由于我们会不断找到全新的信息，而问题所有者可能会从不同的角度去理解相同的事实，进而中途改变想法。问题陈述，是发现问句、塑造问句的迭代过程，就算已进入求解阶段，问题陈述也不会停止。

这一迭代过程，并不是手拿问题陈述工作表和铅笔的问题解决者一个人的事。针对 TOSCA 框架的每一个元素，许多人都能贡献出不同的看法、见解和视角。这些观点可能相互补充，也可能针锋相对，但无论如何，都注定彼此不同。若想将问题陈述清楚，我们必须将这些不同的视角囊括到问题陈述之中。

这些并非问题陈述流程中的额外步骤。这是一种心态，一种开放的态度，一种同时从多个角度看待同一个问题的能力。设计思维专家将其称为共情（即从不同利益相关者的视角来看待问题）：若想将有意义的问题陈述出来，我们必须让自己戴上包括问题所有者和其他行动者在内的各位人物的眼镜。这些人的世界观、选择和行为塑造了当前的问题，也很可能会对问题的解决方案做出贡献。

让我们不妨再次回顾一下音乐行业的案例，以体会共情的重要性。从唱片公司高管的角度来看，问题的定义非常明确。但是，将下载的盗版文件存在寝室电脑硬盘中的大学生又会怎么看待这个问题呢？提出这个问题，我们就能搞清楚，CD 价格虽然是问题的一个原因，但并非全部。Napster 和其他文件共享网站在最辉煌的时刻，曾提供过即时、便捷、激动人心的用户体验。当时的消费者还因为找不到无须电脑就能播放数字音乐的设备而郁闷不已。后来，苹果公司的 iPod 和 iTunes 取得了巨大的成功，就是因为这些设备能提供极富吸引力的用户体验（而音乐行业提供的合法下载服务又非常不好用）。没有与所有行动者的共情，问题陈述不可能做到完整。

在问题陈述阶段，做到共情的一个现实可行的方法，就是与不同的利益相关者建立联系，询问他们究竟如何看待手头的问题。通常情况下，这意味着要展开问题定义访谈。在问题解决过程的早期，我们可以与多位利益相关者见面，向他们提出 TOSCA 框架包含的问题——从“你的”角度来看，麻烦是什么？“你”认为这个问题是谁的问题？“你”觉得成功应该是什么样子的？等等。受访者的身份和视角越是千差万别，问题陈述就越全面。

但是，仅凭访谈，有时并不足以触及对方最真实的需求与渴望，而且有些利益相关者并不愿意倾诉心声，或是做不到直截了当地将想法说明白。以第 1 章中罗恩·约翰逊的故事为例，后来他也承认，自己并没有真正理解杰西潘尼的顾客内心的需求和偏好，尤其是没有搞清楚他们对促销的看法。在这样的情况下，仔细观察行动者的举动，就有可能从中发现他们的需求和期望。设计思维实践者将这种方法称为沉浸（immersion）。只要我们在进行问题陈述时，对行动者的了解还不充分，就可以考虑让自己设身处地从对方的角度来想问题，或是使自己沉浸在对方面临的情境之中。我们将在第 7 章进一步探讨共情和沉浸技巧。

与利益相关者实现共情，无论是通过问题定义访谈还是沉浸技巧来实现，都能带来多方面的好处。共情能帮助我们对问题陈述进行打磨，而这也是我们最主要的目标。共情还能让我们针对问题解决过程下一阶段产生一些想法，因为受访者总是会主动谈到他们对解决方案的思考。同时，共情也是与利益相关者搞好关系的捷径。

如果要总结我们从本章内容中获得了哪些认识，那么就应该是：虽然有许多错误的问题定义，但并不存在正确的问题定义。每一个连贯的问题陈述（即与 TOSCA 框架相吻合的每一个问题定义问句），都是建立在该问题之上的一个结构，而不同的结构可以同时存在。打造问题陈述是一个迭代的过程，也是需要将有着不同视角的诸多利益相关者整合起来共同工作的过程。随着问题解决的工作不断向前推进，我们将获得大量事实性信息，产出选择，同时深入地打磨我们的问题陈述。我们将在下一章详细解读的问题解决过程建构阶段，它对于问题陈述的反思和打磨而言至关重要。

小结 Cracked It

1. **在陈述问题时，利用 TOSCA 框架来得出核心问句。**
2. **麻烦（Trouble）——理想情况与实际情况之间的差距（问题或机会）：**
   - 以具体语句来定义，包括“为什么是现在”这个问题的答案在内。
   - 通常是一种症状，而非理解或诊断。
   - 音乐行业：麻烦是销售业绩下滑，而非盗版。
3. **所有者（Owner）——提出要将此问题解决的人，对问题定义和解决方案的优劣做出判断的人。**
   - 音乐：所有者是整个行业，还是某家唱片公司的首席执行官？
4. **成功标准（Success criteria）——说清楚成功将是什么样子的：**
   - 不应预先对解决方案下定义。
   - 可能包括量化目标（如果我们准备好随时对其进行修正）。
   - “未来的某一天问题会得到解决。某一天是哪一天，你眼前看到了一幅什么景象。”
5. **约束（Constraints）：**
   - 对成功标准产生约束前就存在的目标和承诺。
   - 对解决方案范围产生约束的资源和能力限制。
   - 对问题解决过程中产生约束的时间、预算、技能或保密问题。
6. **行动者（Actors），是重要的利益相关者，他们的目标是我们必须弄明白的。**
7. **核心问句的形式可开放亦可封闭，其范围可狭窄亦可宽泛，但必须与 TOSCA 框架相符。**

8. **问题陈述是迭代的，是通过协作进行的：**
   - 与利益相关者通过问题定义访谈和沉浸而形成共情。
   - 将多位行动者的视角集合在一起。
   - 贯穿问题解决的整个过程，坚持定期回顾问题陈述。

第 4 章

问题建构：假设金字塔和问题树

2007 年，亚马逊在美国发布了 Kindle 直接出版（KDP）业务。利用这一服务，作家可以在 Kindle 上发布自己的作品，既可以选择免费，也可以在 0.99 美元到 200 美元之间任意定价。kindle 直接出版业务一经问世，立即取得了巨大的成功。数字化自出版时代正式到来。

作家们纷纷利用这一平台，将自己的手稿制作成电子书或按需印刷的纸质图书，在互联网上进行销售。成千上万的著作从前根本没有问世的机会，如今在数字化自出版的帮助下，纷纷上架，供读者选择。事实上，传统出版商每年都会收到数以千计的手稿，只会从中选择很少的一部分来出版。虽然甄选过程极为严苛，但出版商根本不知道哪本书能成为未来的畅销书，这导致整个行业都很恐慌，生怕错过下一部“哈利·波特”。在布鲁姆斯伯里出版集团（Bloomsbury）决定出版这部著作之前，“哈利·波特”系列曾被数十家出版商拒绝过。

Librinova 是一家创业公司，2014 年在法国成功发布数字化自出版平台。[1] 任何一位作家都能付费加入 Librinova 平台，获得诸如编辑、出品等一系列服务，将著作以按需印刷和电子书的形式放到市面上。读者可以通过像亚马逊这样的在线平台来购买这些著作。出版商可以利用这一平台，发掘未来的畅销书，并将这些作品带入传统出版模式之中。Librinova 的竞争优势，就是针对那些在平台上销售超过 1 000 册的自出版著作，担任其版权代理，帮助作者以传统方式进行出版。其他平台只是单纯地在编辑和营销方面为作家提供支持，而 Librinova 则是向作家销售一个梦想，让他们相信，终有一日，自己的作品也能获得名头响当当的正规出版社的青睐，在巴黎拉丁区的书店橱窗中得到展示。

到了 2018 年，有 1 000 多名作家加入了该平台。传统出版商从平台上选择了 40 本著作进行出版。经过两轮成功的融资，投资者都在敦促 Librinova 将业务推广到其他国家。诸如优步和爱彼迎等数字化平台，都走上了激进的国际扩张路线，它们的目标是快速扩大平台规模，利用网络效应，触发“赢者通吃”模式，令平台成为消费者的首选，令竞争对手失去生存空间。[2]

我们不妨来假设，Librinova 的创始人兼首席执行官请你来给出关于国际化扩张的思路和建议。为了应对这一任务，我们首先需要对问题进行定义和陈述。上一章中讲过的 TOSCA 框架可以提供帮助：

- 麻烦：股东想要国际化，而出版业务基本都存在本土局限性，在国与国之间几乎不存在协同增效。由于语言和文化差异，每个国家都拥有自己的出版行业，包括本地作家、读者和出版商，国际玩家数量极少甚至没有。
- 所有者：是 Librinova 的创始人兼首席执行官。
- 成功标准：是通过可以营利的方式来满足投资者对公司实现国际化发展的渴望，例如，在未来 12 个月内在某个国家发布全新可用的自出版平台。
- 约束：存在于战略、财务和组织层面。自出版很难做到国际化，公司规模较小，对本土依赖性强，人力和财务资源十分有限。

- 除了首席执行官之外，关键的行动者是喋喋不休的投资者和潜在的国际合作伙伴。目标国家的传统出版商至关重要：如果他们不接纳 Librinova 的平台，那么后者的竞争优势就不存在。

我们可以这样陈述核心问句：Librinova 应采用怎样的国际扩张战略（时间、地点、方式），才能对股东的压力做出回应？

根据 4S 法的步骤，在问题陈述之后，我们将在以假设为驱动的方法和以问题为驱动的方法之间二选一，来对问题进行建构。让我们不妨先来深入探讨一下这两种方法。

以假设为驱动的问题建构

国际化扩张并非什么新鲜事。许多创业公司，包括将供应商和买主联系在一起的数字化平台，都经历过国际化的过程。其中最典型的障碍，是某些活动本身就非常本土化，每个国家都需要从头做起，才能将运营活动开展起来。举例来说，在每一个国家和地区，优步都需要吸引到司机和乘客，而司机和乘客都是当地人，需要进行当地化的交易。虽然算法和平台架构可以平移，但其中的跨国协同效应非常薄弱，这对国际化步伐造成了阻碍。这一问题在图书出版行业尤为突出。

Librinova 对各种可能的国际化战略都进行过研究。其中一条思路，是与一家名为侯爵（De Marque）的加拿大公司合作。这家公司的主业是电子书的制作和分销。侯爵公司和 Librinova 已经建立了一些合作关系：通过欧洲、加拿大和美国的在线书店，侯爵公司负责 Librinova 的电子书分销。

Librinova 还知道，侯爵公司有考虑过在加拿大发布自己的自出版平台。但由于缺乏必备的技术，这一项目迟迟未能开工。若它们能联合起来，就可以解决这个问题，并发挥各自的优势：Librinova 在自出版领域的技术，可以帮助侯爵公司在这个快速发展的新领域开展业务；而侯爵公司与当地出版业的关系，也能帮助 Librinova 在加拿大创建起一个姐妹平台。

对于 Librinova 所面临的问题来说，上述思路听起来颇具吸引力。现在，如果我们选择接受这一计划，那么接下来的任务是搞清楚与加拿大的侯爵公司达成合作，究竟是不是一个好的选择。由于我们找不到什么特别的原因来证明首席执行官的想法是错的，因此这次调查中最有意思的部分，并不是确认这个点子的可行性，而是对其进行深入探索，从而产生一些别具一格的洞察和建议。这样真是让人松一口气！因为我们不必再纵览全球各个国家和地区了（为什么不去欧洲或亚洲呢），也用不着试遍所有可能的进入战略（为什么不找加拿大或其他地方的公司来收购呢），我们已经站在了随时可以出发的起跑线上。

这是一个非常典型的情形。问题所有者在给出问题的同时，通常会指出潜在的解决方案在哪个方向，至少能提供一些宽泛的思路。许多人都已经对手头的问题进行过一定的思考，也开展了初步的研究。人们的经验也能发挥作用：如果以前解决过类似的问题，他们就能直截了当地抓住要点，识别出高质量的备选解决方案。在这样的情况下，问题解决者的任务就是对解决方案进行验证，对其中的方方面面进行检查、打磨，并给出实际执行时需要采用的建议。

但我们在实践中究竟应该怎么做呢？

打造假设金字塔

利用这一思路，我们可以将潜在的解决方案视为一个假设，从所有可能的维度对其进行挑战。我们仅仅是有了个点子，并不意味着这个点子是正确的，而我们现在要去做的工作，其意义就在于对点子的正确性进行验证。为了做到这一点，我们需要从上至下打造一座假设金字塔：将已有的点子作为总假设，并将其拆分为数个令其能够成立的子假设。我们可能还需要对这些子假设进行再次拆分，列出二级子子假设，直到所有假设都足够具体，可以通过分析、事实和数据进行证实或证伪（见图 4-1）。当做完所有的分析时，我们可以沿着金字塔再次爬到顶端，判断总假设是对是错，或是判断出总假设中有哪些方面是对的，哪些方面是错的，其对错的程度是怎样的。

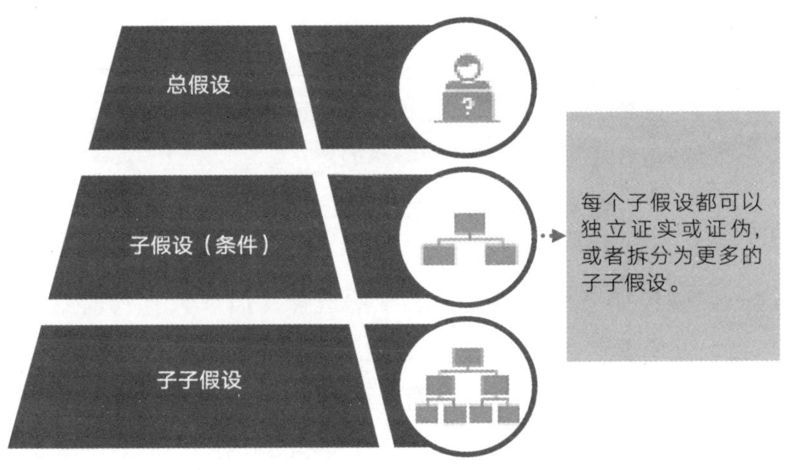

图 4-1　假设金字塔

如果我们有一个团队，那么打造假设金字塔的思路，就是在团队中进行分工，这是一种非常有效率的分析方式。本章内容只聚焦在如何打造出一座假设金字塔上，我们将在第 6 章讨论怎样收集数据、进行分析。

Librinova 的案例，能帮助我们看清这一思路。我们可以围绕首席执行官正在考虑的解决方案来进行问题建构：Librinova 应该与侯爵公司达成合作，在加拿大推出一个姐妹平台。这一备选解决方案是金字塔顶端的总假设（见图 4-2），那么使其成立的条件有哪些呢？

图 4-2 Librinova 案例假设金字塔的子假设

这一假设包括三个子假设：国家的选择（加拿大）、开拓模式的选择（与当地公司建立合作关系，创建姐妹平台，而不是单打独斗或进行收购）、合作伙伴的选择（侯爵公司而非其他公司）。我们必须检验这三个子假设是否正确：加拿大必须是一个富有吸引力的市场；在姐妹平台上达成合作，必须是最佳的进入模式；侯爵公司必须是一个优秀的合作伙伴。否则，Librinova 就应该重新考虑这个总假设的可行性，转而去考察其他国家、其他开拓模式、其他合作伙伴。若想要总假设成立，那么这三个子假设都必须成立。

假设金字塔中的必要条件和充分条件

Librinova 的案例，指向了打造假设金字塔过程中的一个关键原则：在金字塔的任何一个层级，某假设必须得到下一层级子假设的支持。我们所说的支持，是指每一个子假设都是总假设成立的一个条件。为了避免在这里犯错误，我们需要复习一下数学课上曾经讲过的必要条件和充分条件之间的区别。

必要条件是假设为真时不可能出错的条件。例如，“苏格拉底终将逝去”是“苏格拉底是人”的必要条件。同样,“通过销售获得净营业利润”是“实现经济利润”的必要条件。但是，即使必要条件是真实的，假设也可能是错误的：就算苏格拉底不是人，“苏格拉底终将逝去”也可以是真实的，比如你家狗也叫“苏格拉底”。同样，营业利润为正是获得经济利润的必要条件，但并不能保证你的公司产生的回报高于资本成本，而这才是经济利润的定义。在 Librinova 的案例中，加拿大必须是一个富有吸引力的市场，我们才有理由进入，这是一个必要条件。但如果 Librinova 发现在加拿大找不到理想的合作伙伴，就可以决定不去加拿大。

充分条件与此相反。一个充分条件足以证明某假设是正确的，但即使假设是正确的，其充分条件也可能是错误的：“苏格拉底是人”是“苏格拉底终将逝去”的充分条件，但并非必要条件。扩大公司的海外客户群，是提升其出口销售额的充分条件，但出口销售额的增加也可能有其他原因，比如货币汇率的变化等。

只要我们能搞清楚必要条件和充分条件的区别，就可以在假设金字塔中应用它：证明一个充分条件是正确的，就足以对某假设进行确认；而证明一个必要条件是错误的，就足以对该假设进行证伪。

从纯逻辑的角度来讲，我们会特别想要找到一个绝杀技般的充分条件，来彻底证明总假设，要么就是个“一棒子打死”的必要条件，来彻底推翻总假设。在 Librinova 的案例中，我们列举出的三个条件，都是必要条件，证明其中一个是错的，就能推翻总假设。相反，如果能找到单一证据，足以证明与侯爵公司达成合作的可行性，我们就能节省下许多时间和精力。

但是，在实际工作之中，我们会遇到两个挑战。第一个挑战，即“对总假设进行证实或证伪，并非我们的唯一目标”。通常，证实或证伪这项工作，不过是我们尽可能翔实地解决某个商业问题的一种途径。就算我们能验证某个充分条件，而这个充分条件又能立即确认备选解决方案，我们的工作也不能停止，还要尝试去发现其他一些充分条件，这些充分条件可以引领我们找到解决问题的替代性、可兼容的方案。举例来说，我们可以通过增加本土市场的客户群、提高客户平均收入或是进入全新的国外市场等方法，来实现提升销售额。上述三个条件中的每一个，都是提升销售额的充分条件，但我们需要对这三个条件进行深入研究，如果可能的话，还要去寻找其他充分条件。如果能以恰当的方法利用以假设为驱动的思路，我们虽然不一定能很快得出证实或证伪假设的结论，但可以扩大解决方案选择的范围。

第二个挑战，即“在商业问题之中，充分条件极为少见”。在 Librinova 的假设金字塔中，我们找不到任何一个充分条件，但能列出一连串的必要条件。这种现象非常典型，因为用单一的充分条件来验证某个复杂的计划，基本是不可能的。随着我们将总假设拆分成为更多可搜寻（足够确凿和具体，可通过证据验证）的子假设，我们将发现许许多多的必要条件，但其中没有一个是充分条件。这些必要条件，就是侦探口中的线索，医生口中的症状。耳后或颈部的红疹子，是麻疹的症状。此症状是一个必要指征，作为疾病的一个表现而出现，但单凭该症状本身，我们无法对诊断进行确认。我们还需要更多的条件，来确定麻疹这个诊断的正确性。

如果我们在考虑收购一家公司，就必须去检验至少两个必要条件：第一，期望之中的协同效应所创建出来的价值要足够大，能抵消收购溢价。第二，目标公司的股东将以该溢价出售股票。这能帮助我们识别出需要获得的两个证据来源：（1）我们需要对两家公司之间的潜在协同效应进行评估，并估算出此效应带来的价值能否抵消预期溢价；（2）我们需要对目标公司股东可接受的最低收购溢价进行估算。这两个必要条件之中，任何一个不成立，都足以令这笔交易失去吸引力。这些条件是必要条件，不是充分条件。

当我们在假设金字塔中写下一系列必要条件时，无法完全确定对这些条件进行验证是否足以对总假设进行验证。我们有很多线索，但其中很可能缺少某些东西。用假设金字塔的思路来工作，既是寻找事实的过程，又是迎接逻辑挑战的过程：我们必须确保必要条件得到验证，而当所有的必要条件整合为一体时，又足以对总假设进行验证。

MECE 问题拆分原则

回到 Librinova 的案例上，若想验证总假设，我们必须对所有三个必要条件进行确认。但这还不足够，我们还必须检验这三个必要条件加总在一起，是否足以对假设进行验证。否则，我们就有可能遗漏掉某个能推翻全盘逻辑的条件。作为一个逻辑要求，这些条件应该是完全穷尽的。

完全穷尽的意思是说，我们已经找到了为假设提供逻辑支持的所有可能的条件。确定一系列要点是做到完全穷尽的一个小妙招，就是去确定是否有个名为“其他”的类别存在。如果我们想要将轿车分成五个类别（厢式轿车、客货两用车、敞篷车、双门轿车、厢式旅行车），那么就要想一想，“其他”这个类别里面是否为空。若想完全穷尽所有类别，我们必须能将任意一辆轿车分配到其中一个类别之中。检验完全穷尽的另一个方法，就是假定我们列举出的所有条件都成立，但依然要尝试着去推翻总假设：我们能找到哪些反对的理由？假定我们为 Librinova 与侯爵公司合作列举出来的三个子假设都得到了证实，有没有什么 Librinova 不应这样做的理由？也许还有更加明智的选择：向邻国扩张，比如到比利时、德国或西班牙寻找机会，而不是一上来就远渡重洋。

除了完全穷尽之外，各个条件之间必须不能有重叠。换句话说，条件之间必须是相互独立的。如果轿车的类别是相互独立的，那么一辆轿车就不能被分配到多于一个的类别之中。我们在 Librinova 金字塔中列举出来的三个条件，就是相互独立的。事实上，其中每一个都是完备的，可以供我们逐一进行调查研究。证明其中任何一个不成立，都足以全盘否定整个假设；没必要再去探讨其他条件。相反，证明其中任何一个条件的正确性，只能为假设提供一部分支持，一部分坚实而独立的支持。我们只要完成了对一个条件的检验，就能接着去检验下一个，去评估其是否成立，而不用进行两次同样的分析。

两个检验——相互独立（Mutual Exclusivity，没有重叠）和完全穷尽（Collective Exhaustiveness，加总为一体即充分），常常缩写为 MECE。MECE 属于基本概念，是优秀的问题解决与推销的支柱。一个 MECE 列表，就像一幅已经完成的拼图：每一片都严丝合缝，没有重叠，而片与片紧密结合就构成了整幅图画。在本书随后的内容之中，我们还会继续提到 MECE 这个概念。

根据 MECE 问题拆分原则进行检验就能发现，我们为 Librinova 与侯爵公司的合作给出的三个条件，并不是完全穷尽的：我们并没有将备选解决方案与其他可能更具吸引力的替代方案进行对比。我们必须补上第四个子假设：与侯爵公司合作，在加拿大发布姐妹平台是最佳选择（见图 4-3）。现在，我们已经将总假设拆分成为四个完全穷尽的子假设，也找到了四个（而非三个）研究线索：一是评估加拿大市场，二是分析在姐妹平台上达成合作的优缺点，三是评价侯爵公司作为合作伙伴的利弊，四是发掘其他具有替代性的国际化扩张战略。如果我们是一个团队，共同工作，就能将这些主题分配给不同的团队成员，不用担心其间会有重叠，因为主题之间是相互独立的。

接下来，就是通过将子假设拆分成为可通过数据收集和分析来进行检验的基础假设，来实现每一个子假设的可检索性。这项工作得到的结果，就是图 4-3 呈现出来的假设金字塔。

为了对第一个子假设（加拿大是一个富有吸引力的市场）进行测试，我们必须深入研究决定某个市场对 Librinova 是否有吸引力的各项因素。我们可以借助波特五力模型[3]这个战略框架，列出五个必要条件：

1. 市场足够大：假设加拿大与法国的市场渗透率相同，Librinova 可以在合理的时间段之内实现收支相抵。
2. 分销渠道可进入：Librinova 能以合理的成本将图书放在书店中进行销售。
3. 竞争不算太激烈：竞争对手的数量越少，图书价格越高，合作的效果越好。
4. 能以合理的价格找到可靠的供应商（印刷厂、编辑服务、网络顾问等）：加拿大的平台若想为作家提供一系列的服务，那么这一因素必不可少。

5. 加拿大出版商对自出版平台持开放心态：相较于当地出版商，Librinova 的文学代理角色至关重要，因为这才是它们的主要竞争优势。

这些都是必要条件，若证明其中任意一条是错误的，就说明向加拿大扩张并非理想选择。上述条件是相互独立的，因为彼此之间没有重叠，可以由我们单独拿出来判断对错。但是，这些条件是完全穷尽的吗？由于我们利用了评估行业吸引力的现成标准框架，所以并没有遗落至关重要的内容。我们将在下一章内容中讨论到，利用框架的关键优势就在这里。但是，我们并不能完全确定没有忽略任何东西。在面对复杂的拆分过程时，我们很难确保自己识别出来的条件是完全穷尽的。

图 4-3 给出了对金字塔中三个支柱条件的拆分。在这一案例中，基础假设是必要条件，令 MECE 问题拆分原则显得尤为重要。在此，我们想请大家评判一下，这座假设金字塔是否在所有层级都遵从 MECE 问题拆分原则。我们从经验中可以了解到，永远都存在提升的空间。如果我们有一个团队共同工作，就让每一位团队成员都来挑战假设之中的 MECE 问题拆分原则。这种做法大有裨益，可以防止我们犯下一些重大错误。

假设金字塔中的逻辑，是通往目标的途径，而非目标本身。我们不能像做数学题那样，仅用纯逻辑的形式来确认或推翻总假设的真实性。我们的目标是去评估假设成立的范围，以及由假设带来的建议将会形成的相关商业影响。在实践中，我们将进入不断迭代的循环之中，以问题建构和通过分析得出结论而发展出来的逻辑为基础，将对总假设进行持续的修改和打磨。

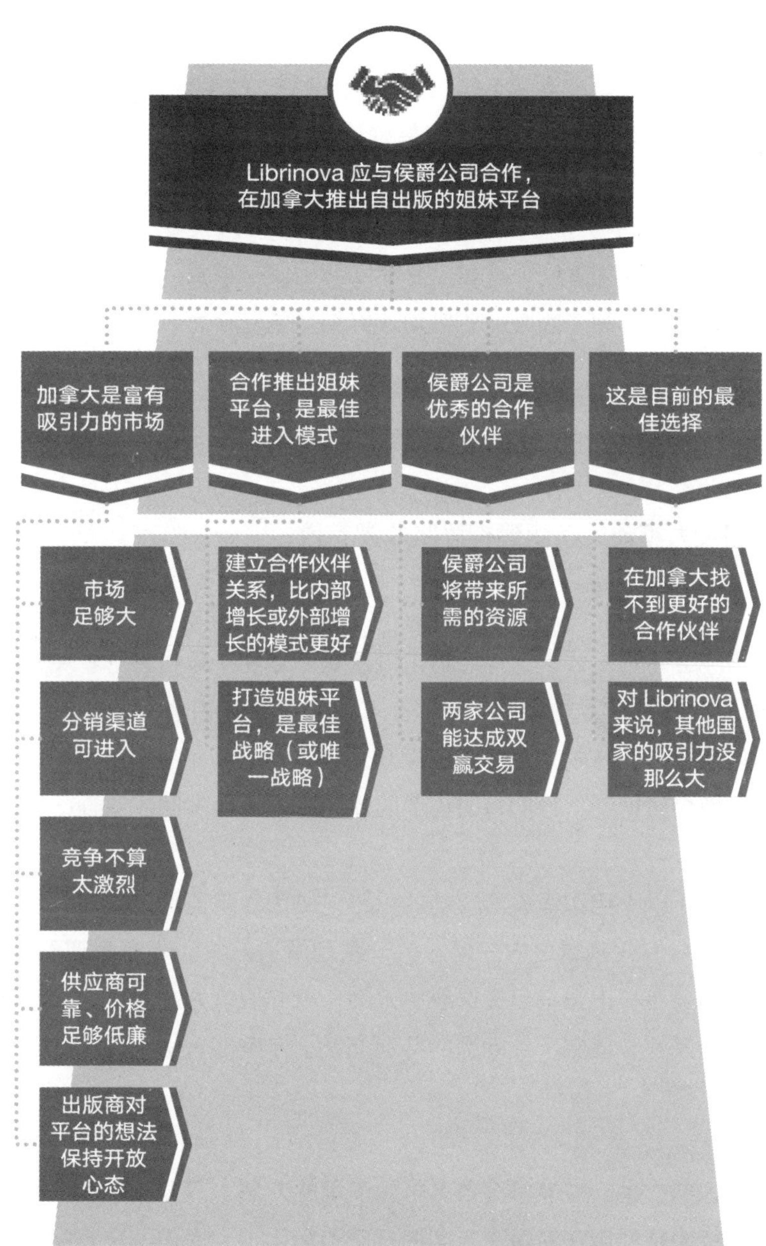

图 4-3　Librinova 案例更完整的假设金字塔

如果我们找到了 Librinova 案例总假设的支持因素，这一支持因素也很可能仅适用于局部。整座金字塔的各块“砖头”，都需要各自的支持性因素。这是个好消息，如果你能做的仅仅是确认 Librinova 的首席执行官给出的备选方案，那么他就什么都学不到。但如果你能就执行该计划将产生的期望成本和收益给出富有说服力的观点，他就能有很多收获。在分析加拿大市场、评估竞争情况、发现哪家加拿大出版商会使用这一平台、完善准备提交给侯爵公司的协议等方面，问题解决过程将产出非常有意思的心得。

以假设为驱动的问题建构思路利与弊

以假设为驱动的问题建构思路非常有效

如果我们能从一个靠谱的假设着手开始工作，那么以假设为驱动的问题解决思路就会非常有效。这种思路可以让我们专注于寻找备选解决方案或一系列彼此相关的解决方案，从而节省下大量的时间和精力。专家与商界高管，常常用这样的方式来进行问题建构。他们也总是能得到正确的结论。但我们随后就会讨论到，他们有时也会因此而犯下不可挽回的错误。

专家之所以采用以假设为驱动的思路，是因为丰富的专业知识已经为他们提供了针对专业领域之内的问题的一系列解决方案。当专家遇到问题时，他们会从自身专长出发得出备选解决方案，以此假设为起点，尝试对其进行验证，并令其逐步适应手头问题的特别之处。专家能识别出规律，并从规律着手展开工作。

规律识别，是一种非常高效的解决问题的方法。只要我们能识别出一个规律，就能将精力用在对解决方案的打磨和量化上，使该解决方案更加现实可行。就像病人希望知道怎样才能治愈自身疾病一样，决策制定者也只对听取解决方案及其对问题可能产生的影响感兴趣。

以假设为驱动的思路，不仅能帮我们节省大量用于探索的时间和精力，而且还能预期到解决方案的推销方式。当我们从备选解决方案下手时，用来明确该解决方案可行性的论证，也是可以用来说服问题所有者接受解决方案的要点。在生成解决方案的同时，也得出了推销解决方案的说明要点，可谓一举两得。在 Librinova 的案例中，我们可以利用假设金字塔来向首席执行官推销解决方案，而首席执行官也能利用同样的论证去说服投资人。关于这些，我们将在第 9 章中进行深入讨论。

政治和组织环境也对以假设为驱动的思路有所偏好。当问题解决者面对压力，又不可能当众承认自己的无知时，利用这一思路快速找到备选解决方案，就是找到了问题解决和方案推销之间的捷径。发布业绩预警的首席执行官，不可能公开承认自己不知道如何应对业绩下滑的问题。在这样的情况下，我们不能从一张白纸着手，而是要通过快速找到备选解决方案，来证明自己思维敏捷、反应迅速。

出于所有这些原因，问题解决者的任务，有时就是对足够好的解决方案进行确认，而这些方案是已被问题所有者所接纳的。在这样的情况下，若还是去寻找其他选择，以此来证明我们能找到更好的点子，很可能事与愿违。举例来说，如果 Librinova 的股东深信公司应迅速走上国际化路线，首席执行官深信与侯爵公司的合作是最佳选择，那么我们还会将时间浪费在琢磨其他点子上吗？对已经被接纳的解决方案进行分析调查，能帮我们节省下大量时间，不用再去自发地寻找调查方向，思考如何进行方案推销。但这并不是说，如果我们发现总假设是错误的，依然需要睁一只眼闭一只眼地对其进行验证，只不过是说我们可以将工作范围限制在对总假设的挑战和打磨上。

以假设为驱动的问题建构思路存在的风险

以假设为驱动的问题建构，并非完全没有风险。这一思路会让我们至少面临五种潜在的错误，即第 1 章中讲到的五大陷阱。第一，以假设为驱动的思路，有可能在问题陈述阶段就开始萌芽。我们很可能在自身并不擅长的领域，或是根本不可能发展出真正专业知识的领域，采用专家的思维模式。[4]随后，我们可能会错误地识别问题规律，错误地认为一切尽在掌握，并错误地利用这些规律来快速得出备选解决方案。正如我们在第 1 章音乐行业的案例中了解到的一样，虽然这样做非常高效，但会让人得出关于存在缺陷的备选解决方案的假设。即使往好里说，由此得出的结果也纯属浪费时间。而往坏里说，就像我们在错误的问题陈述陷阱中讲到的一样，这样做甚至可能导致严重的错误。

第二，一旦我们将假设陈述出来，问题框架就会立刻缩小。以假设为驱动的问题建构，可能让我们在自己一手造成的将问题狭隘化陷阱面前不堪一击。我们会专注于头脑之中的解决方案，只有在备选方案被证明不足以解决问题时，才会转而去寻找替代方案。我们在第 1 章中介绍过的“眼前即世界综合征”，会让人产生错觉，误以为假设能应对整个问题，而除此之外，其他都无关紧要。

在 Librinova 的案例中，假设 Librinova 与侯爵公司达成合作，共同在加拿大发布平台，就会阻碍我们对其他同样可以解决所陈述问题（如何回应投资人因国际化扩张而施加的压力）的行动方案进行检验。虽然我们可以去考虑替代行动方案（见图 4-3），但许多以假设为驱动的问题解决者都可能会将关注点局限在与备选方案直接相关的前三个子假设上，而忽视掉第四个子假设，并由此限制了他们对问题的理解和对解决方案的搜寻。

而且，就算我们将第四个子假设考虑在内，也错过了另一个问题：在出版行业本土化特性的前提下，国际化扩张是不是一个富有吸引力的战略。管理者可能有其他更好的方法来满足股东对发展的诉求，比如收购本土的竞争对手，或扩张到相关行业。对这些替代方案进行思考，能通过将思路扩大到国际化扩张之外，来帮助我们对问题进行重新定义。而这正是我们需要强调的要点：从假设着手，会导致我们对问题形成狭隘的定义。由此，如果我们的总假设得到了验证，就永远也无法知道是否存在一个更加高效而可行的方案，此即“眼前即世界”。

第三，我们为了理解和分析问题所使用的工具，可能会在暗中限制我们提出的假设。当问题所有者请来专家时，就有可能发生这样的事情：对专家的选择，决定了假设的大方向，还会在无形中排除掉其他相关视角。举例来说，被指责对排放测试结果做手脚的汽车公司首席执行官，可以仰仗不同的专家来应对同一个问题。他应该去找汽车工程师、律师、管理顾问、沟通大师，还是应该把四人全部请来？关于对问题加以理解并给出假设，每位专家都有不同的思路，都有适用于其专长领域的思维框架。我们拿到的备选方案，将取决于所选专家和他所采用的框架。如果选错了人，就很容易掉进套用错误的框架陷阱。

第四，以假设为驱动的思维，可能会让我们在解决问题之前就开始沟通解决方案。假设金字塔的很大一部分吸引力，就在于其逻辑与推销备选方案时所讲述的故事结构完全相同。但是，这一混淆会带来风险。在一个政府的战情室和新闻中心，会出现同样的思维模式吗？在战情室中，人们的关注点在于（或应该在于）找到应对危机的最佳方案。在新闻中心，新闻发言人会将方案推销给众多媒体以及全世界。仅以什么样的解决方案能让受众埋单为思路，去决定备选方案，是非常危险的做法。这也是我们在第 1 章中讨论过的无效沟通陷阱的一种表现形式。

第五，以假设为驱动的问题建构，可能会让我们难免落入采用潜在的解决方案陷阱。一个看似可行的假设，可能会令我们更倾向于去搜寻并接纳那些能确认该假设的信息，而忽略掉那些会推翻我们的信念的信息。就连经验最丰富的问题解决者，也可能掉进这个陷阱之中。人们的经验越是丰富，成功纪录越是壮观，就越容易相信自身的直觉，从而提升证实性偏差的风险。

以假设为驱动的问题建构的逻辑问题

以假设为驱动的问题建构存在的另一个麻烦之处，就是需要更为严谨的逻辑推理才能达到要求。虽然这种方法看似对用户很友好，与我们的直觉相符，却会创造出一个由众多子假设和支持条件所构成的复杂网络，让我们面临逻辑错误的风险。

最典型的谬误，就是将充分条件和必要条件与因果关系相混淆，得出含糊不清的结论，造成逻辑缺陷。虽然寻找问题的潜在原因，可以帮我们对问题进行陈述和建构，但将可能的原因误认为假设的条件则会形成误导。人们常犯的一个错误，就是认为一个貌似说得通的原因就是一个必要条件，因为“显而易见”。“无风不起浪”这个说法，就是这一谬误的反映。因为风会生浪，所以看到浪就认为一定有风。但是，浪也可以从不是风的其他源头而生，比如电锅炉或内燃机。在现实情况中，风是生浪的充分条件但非必要条件。因此，“无风不起浪”这个说法从逻辑上说就是错误的，就算是拿来作比喻，也是漏洞百出，因为流言蜚语本身就站不住脚！在商业环境下，诸如盈利预警、收购项目或裁员计划等公开发布的信息，都可能会导致公司股价的下跌。虽然上述所有因素都是说得通的原因，但其中任何一个都不是股票下跌的必要条件。

在 Librinova 的案例中，加拿大市场富有吸引力的一个必要条件，就是这个市场必须足够大，有数量众多的作家会愿意来使用这个平台。我们可以通过对加拿大那些苦于作品无处发表的作家数量进行估测，来对这一条件进行检验。但是，这一必要条件只不过是加拿大市场富有吸引力的一个原因，而不是其吸引力的原因或结果。很明显，此条件并非结果。认为市场富有吸引力，所以加拿大有许多作品无处发表的作家，整个逻辑是说不通的。但是，有意思的是，此条件也不是一个原因：认为作品无处发表的作家数量令市场更富吸引力，也是错误的，虽然这个说法听起来貌似很有道理。就算加拿大满大街都是作品无处发表的作家，加拿大市场也可能毫无吸引力。举例来说，如果当地自出版平台业务激烈竞争，那么进入该市场的这个行为就压根儿完全无法盈利。

许多战略失误都源于这类将因果关系与充分条件和必要条件混为一谈的逻辑缺陷。我们是不是经常听到一些公司因为某个市场规模庞大、增速可观，就迅速进军其中的故事？市场的规模和增速并非市场吸引力的充分条件。有限的竞争是另外一个必要条件，除此之外还有许多其他条件需要考虑。

另一个逻辑敌人，是对相关性的误用。如果我们将相关性与逻辑链路混为一谈，就会引起误导。相关性完全可以是建立在错误理念之上、毫无逻辑可言的关系。虽然在游泳池溺亡的人数与冰激凌的消费量呈相关性（因为两者都会随夏季气温的升高而增加），但是禁止售卖冰激凌并不能拯救游泳池溺亡者的生命。虽然我们不能在问题建构阶段以相关性为参考，但可以谨慎地利用相关性，在随后假设验证阶段进行数据分析时，将其作为实证。我们将在第 6 章讨论怎样处理相关证据。

打造假设金字塔的过程难度可能会很高。虽然假设金字塔的视觉呈现貌似清晰合理，但必要条件和充分条件、逻辑和因果关系、因果关系和相关性之间的含混不清，会令整座金字塔的逻辑拖泥带水、似是而非。以假设为驱动的思路，在简洁和高效的外表之下，潜藏着大大小小的逻辑陷阱。我们自然而然的倾向，就是跟随直觉进行快思考，而这种行为很容易让我们掉进逻辑陷阱之中。我们总是忍不住对相关性进行过度解读，将其视作因果关系，又将因果关系当成逻辑链路。我们可能会认为，只要给出一堆必要条件，就是在应用 MECE 问题拆分原则，而这一堆必要条件就能凑成一个充分条件。我们可能会在最薄弱的线索中发现对假设的支持性证据，与此同时忽略掉那些更强大的、能将假设推翻的信息。

战略咨询行业的从业者对于以假设为驱动的思路存在风险的说法可能并不认同，因为这种思路在实际工作中是被人们广泛采用的一种工具。当我们有效利用这一思路时，能避免证实性偏差、逻辑缺陷和其他陷阱。但在实践过程中，当我们选定以假设为驱动的思路时，就有可能在毫无意识的情况下掉进这些陷阱之中。避开这个错误的一种方法，就是转而选择以问题为驱动的思路。

以问题为驱动的问题建构

和以假设为驱动的思路相比，以问题为驱动的问题建构思路可能看起来有些单调乏味。其背后的支持理论要简单得多，但在商业环境中并没有那么受欢迎，因为这种思路需要我们投入更多的时间，调查更加透彻，想象力更加丰富，批判性思维更加敏锐。

笛卡尔的 4 条原则

以问题为驱动的问题建构，利用了对事实进行系统化搜索的笛卡尔法。法国哲学家、数学家笛卡尔于 17 世纪初著成的《方法论》（*Discourse on the Method*）一书中[5]给出了 4 条原则。我们完全可以利用这 4 条原则来描述以问题为驱动的问题建构思路：

1. 在彻底完成质询之前，不会认定任何现象为事实。
2. 将每一个问题拆分成多个组成部分，直到我们为每一个基础问题找到足够优秀的解决方案为止。
3. 从最简单的问题着手进行分析，一步一步向上走，逐步抵达复杂性更高的问题，与此同时始终保持对顺序和优先级的关注，尤其是在思考彼此毫无关联的问题之时。
4. 确保毫无遗漏。

第二条原则告诉我们，解决问题的例行方法，是将同一个问题拆分成为不同的问题和子问题，不附加任何想当然的想法，直至我们抵达简单到能获得可靠回应的基础问题层面。绝大多数问题都具有一定的复杂性，无法直接解决。单凭直觉的拍脑袋式的解决方案存在误导性。笛卡尔对问题的分析，就像化学家对化学物质的分析过程一样，要将其基础元素逐一分离开来。他的方法是将一个问句拆分成多个更加具体的问句，直到问句简单到可通过分析进行搜寻的程度。批判性思维（第一条原则）是整个过程的关键所在。

后两条原则，就是我们所谓的 MECE 问题拆分原则。基础问题必须是相互独立的，这样我们才能对其逐一击破。如果全部基础要点能凝聚为一个覆盖问题所有方面的组合，那么我们就能确保做到毫无遗漏。

以问题为基础的问题建构，需要将问题拆分成为可供我们逐一解决的一系列子问题。一个实用工具，就是问题树（图 4-4）。

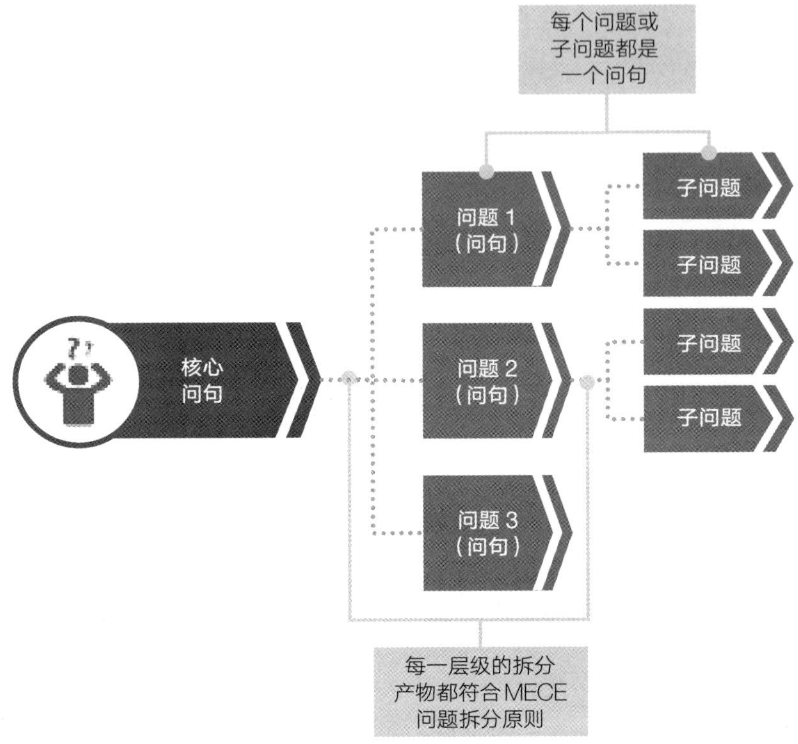

图 4-4 问题树结构

问题树与假设金字塔

利用假设金字塔还是问题树，完全由你来决定。我们将两种思路的视觉呈现方式进行了区分，是为了对其概念上的差异进行强调。假设金字塔由假设型陈述构成，而问题树由问句构成。树上的每个分支，都是一个问题，而这个问题又可以通过更细的枝杈划分为更具体的问题。细枝上的具体问题是可以通过分析进行检索的，加总在一起，便能帮我们找到粗壮枝条上的更为宏大的问题的答案。

虽然笛卡尔提出上述原则，是为了引导个人在独立思考时的推理过程，但咨询顾问也会利用问题树作为协作工具，来协调整个团队的行动。整个顾问团队共同着手搭建问题树，这种做法既能鼓励批判性思维，也能促进成员对问题结构的共同理解。

在现实环境中，特别是当我们面临时间压力时，建构问题树的做法可能看上去有些浪费时间。一开始只有一个问题，到头来眼前摆着一堆问题，简直是适得其反。我们可能会认为，建构问题树就是在白忙活，因为我们不可能将这样的分析过程拿给问题所有者去看（因为问题所有者只想听到解决方案，不想听到问题）。我们还可能会认为，以问题为驱动的建构需要的只是常识和批判性思维，而以假设为驱动的思路需要的则是领悟力和商业常识。

这就好像是说，问题树是给新手用的，只有高水平的问题解决者才能用得上假设金字塔。这种理解是不正确的。建构起一棵与问题解决紧密相关的问题树，同样需要强大的领悟力和商业常识。经验能帮上大忙。以问题为驱动的思路，其中的一个优势就是更加彻底，可以避开以假设为驱动的思路沿途的诸多陷阱。

不断成长的问题树

回到 Librinova 的案例上，我们的问题陈述如下：Librinova 应采用怎样的国际扩张战略（何时、在哪里、怎么做）才能对股东压力做出回应？

若想利用问题树的思路对问题进行建构，我们必须将这一核心问句拆分为多个子问题。由于我们的问题陈述方式是将其作为多个可能选项之中的一个，因此对问题进行建构的方法之一就是将其想象成一个表格，其中横排是可能的选项，竖排是评估标准。我们可以给表格中的每一个小框定一个分数，以评估标准为基础对不同的选项进行排名。由此，我们便可以将核心问题拆分为两个子问题：

- Librinova 的国际扩张选项是什么?
- Librinova 及其股东的评估标准是什么?

回到具体案例之中，我们必须对侯爵公司这个选项予以特别关注。一个现实可行的方法，是围绕侯爵公司来建构第一个子问题。图 4-5 是一棵问题树的初稿。我们在树上将第一个子问题拆分为三个分支：（1）对侯爵公司这一选项进行分析；（2）寻找替代方案，包括其他进入模式（在加拿大或其他地方）、其他国家以及潜在合作伙伴（在加拿大或其他地方）；（3）考虑推迟国际扩张战略。

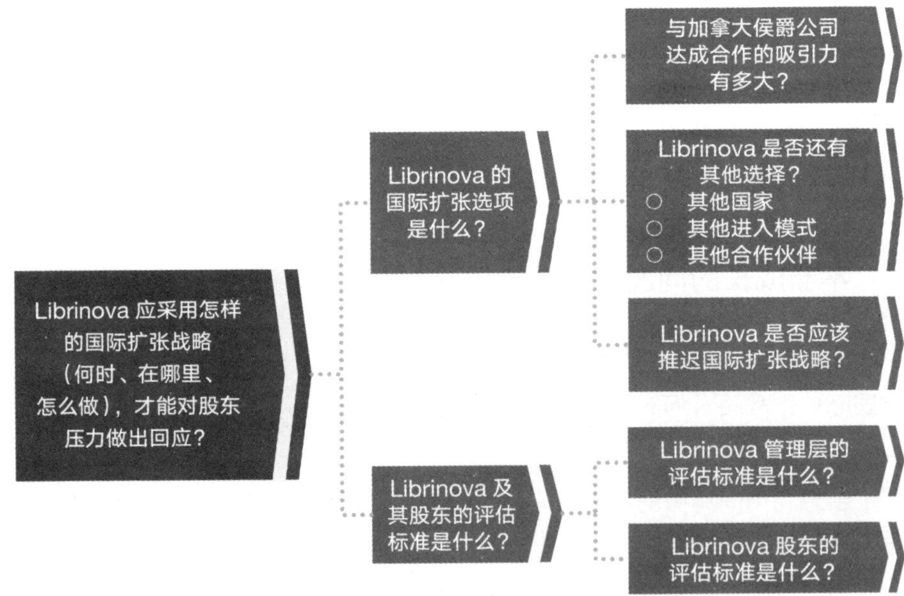

图 4-5 Librinova 案例的问题树初稿

若想使拆分之后的结果符合 MECE 问题拆分原则，就必须抵御股东的压力，考虑将推迟海外扩张作为一个选项来对待。选择这条路，Librinova 可能也有站得住脚的原因，无论我们最终给出怎样的建议，都最好对这些原因进行深入分析。但是，这条调查思路，与基于不同国家、进入模式和潜在合作伙伴进行国际化扩张的选项，有着巨大的差异。这一思路要求我们对 Librinova 的商业模式进行分析，并对公司将商业模式复制到其他国家的能力进行评估。我们认为，将这一调查思路列作一个子问题是合理的。

侯爵公司这个选项同样需要我们投入特别关注，所以也可将其视为一个子问题。对侯爵公司这个选项进行深入分析，以及针对是否存在其他可用选项进行发掘，是两条完全不同的思路。举例来说，若想找到其他适合国际化扩张路线的国家和地区，就需要发掘不同国家自出版领域的聚合数据，而对加拿大这个选项进行分析，则需要关于本地市场环境的更加精练的信息。而这就引导我们走向了图 4-6 所示的完整问题树。[6]

80/20 原则

我们面临的挑战，就是在保证全面彻底的前提下，让问题树处在可掌控的范围之中。令问题树尽可能详尽、事无巨细，在问题解决过程的一开始是有帮助的，但我们迟早都要对枝杈进行修整，明确优先顺序，去除那些找不到出口的选项。一个经验之谈，就是 20% 的问题会产出 80% 的洞察。

百分比会随情况而不断变化，而我们需要记住的一个要点，就是在绝大多数问题中，少部分关键因素发挥着重大作用。举例来说，在一家公司的业务中，20% 的关键客户通常能带来 80% 的销售额，20% 的产品线能产出 80% 的利润。

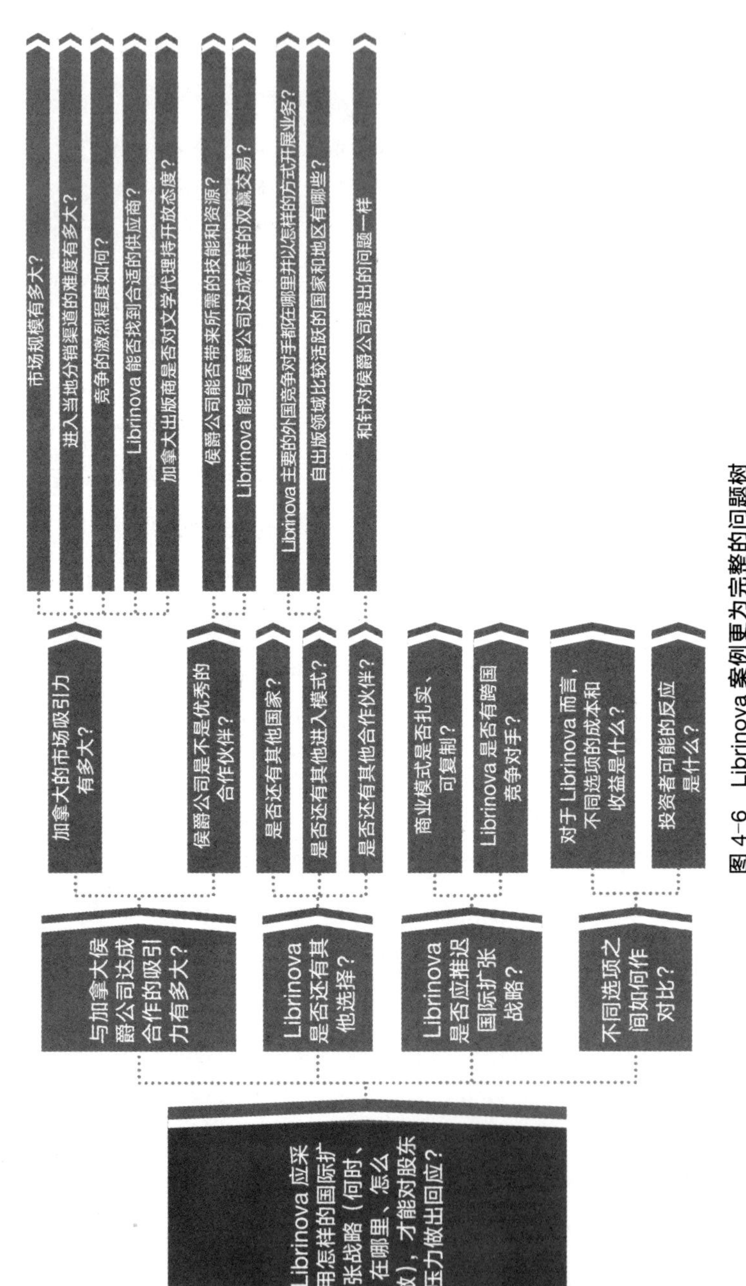

图 4-6　Librinova 案例更为完整的问题树

将关注点集中在那些能形成较大影响的问题上，是更有效率的做法。我们可以在早期阶段将影响力较弱的选项放在一边，暂时搁置，而集中全力去研究那些最具影响力的问题。但是，对枝杈的修剪必须以问题的影响力为依据，而不能因为某些部分比其他部分研究起来更轻松就投入进去。

在 Librinova 的案例中，寻找证据，证明 Librinova 能够抵御股东的压力，不走国际化路线，可能是我们的重中之重。从中，我们可能会对公司战略产生更加深刻的理解，从一个不同的角度去看待其他子问题。当我们采取以假设为驱动的思路时，总是会在不经意间忽略这一选项（见图 4-2 和图 4-3）。从开放式问题着手，以符合 MECE 问题拆分原则的方式对其进行拆分，可以通过挖掘原本意识不到的子问题，来帮助我们将初始问题扩展开来。

假设金字塔还是问题树

对于定义较窄的问题，特别是只需回答是或否的问题，以假设为驱动的思路和以问题为驱动的思路，作用是相同的。举例来说，有一个问题陈述是提出是否要收购一家特定的目标公司。问题树会提出只需回答是或否的问题，而假设金字塔则会从“应该进行收购”这一假设着手。从本质上讲，两个思路没什么区别。问题树看起来也和假设金字塔十分相似，只不过所有的内容都表现为问句的形式，而非假设陈述。以问题为驱动的思路的唯一好处，就是能帮我们避开采用潜在的解决方案陷阱，因为在这条思路的指导下，问题解决者更有可能保持开放的心态。

但在绝大多数情况下，我们必须在假设金字塔和问题树之间二选一。我们在此给出的建议非常简单：除非有特别强烈的原因，让你坚信能通过假设金字塔找到答案，否则默认选项就是问题树。

我们了解到，以假设为驱动的思路更快，感觉上更加自然。如果我们之前从未思考过自己是如何解决问题的，那么我们很可能一直在遵循以假设为驱动的思路。而以问题为驱动的结构，可以帮助我们避开假设思维的许多常见陷阱，得出更有深度的结论，就算当时头脑中已经有了备选解决方案也不例外。只要我们拥有足够的时间和空间去对问题进行深度调研，问题树就应该是我们的首选。

我们应该将以假设为驱动的思维局限在两种情况之下：

1. 我们有足够充分的理由去相信自己的假设。如果你拥有深度的专业知识，或问题非常简单，那么就可能处于这种情况。在这样的情形下，问题树就有些过犹不及了。我们也可以将举证责任转移出去：在接受任何一个备选解决方案作为首选假设之前，将这项工作职责分配给提出这条思路的人，请他们来证明假设的合理性。
2. 没有建构问题树所需的充足资源。这可能是由于时间限制，也可能是因为你身负压力，需要传达出头脑中已有的解决方案（而且你也准备好了去接受现有的问题定义，不打算对其进行挑战）。这是一条风险重重的道路，有时却是唯一选项。

图 4-7 对假设金字塔和问题树的优缺点进行了总结，并列举了两者各自适用的场合。

总体来看，在问题建构过程中，我们推荐问题树，而不是假设金字塔。问题树能帮助我们避开证实性偏差和其他问题解决过程中会遇到的陷阱。但

是，问题树最大的麻烦之处在于要将问题和子问题拆分为符合 MECE 问题拆分原则的元素，这是个漫长而艰难的过程，尤其是当我们遇到并不熟悉的问题时，而我们不熟悉的问题又恰好是以问题为驱动的思路最适合去解决的。下一章，我们将讲述怎样利用框架来克服这一障碍。

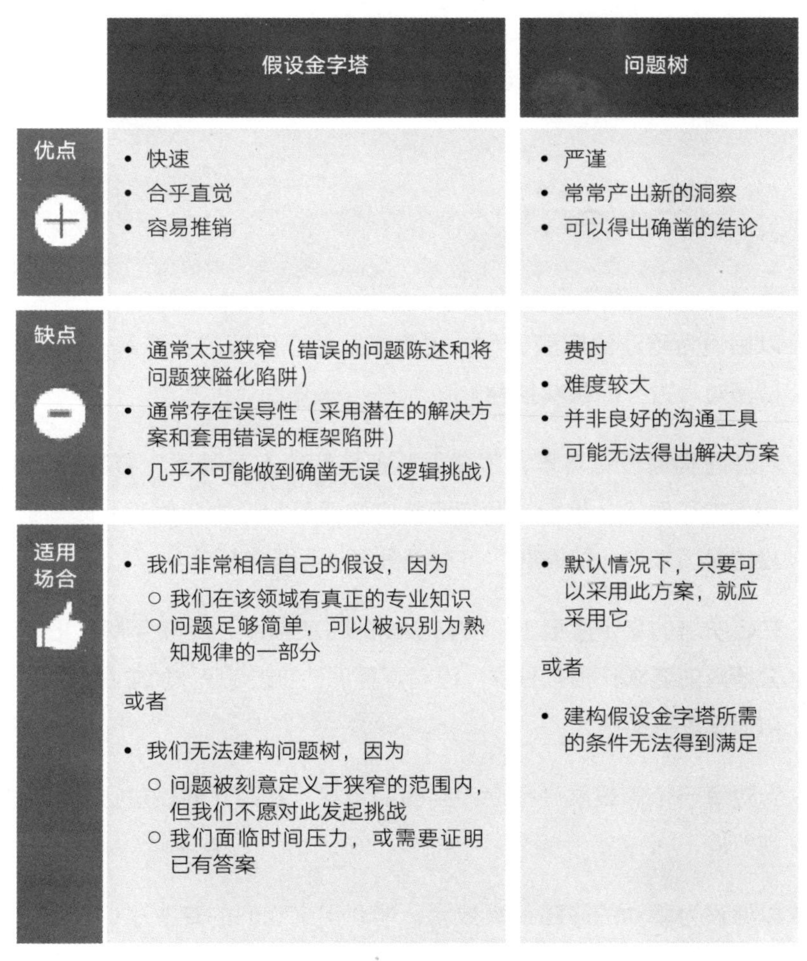

	假设金字塔	问题树
优点	• 快速 • 合乎直觉 • 容易推销	• 严谨 • 常常产出新的洞察 • 可以得出确凿的结论
缺点	• 通常太过狭窄（错误的问题陈述和将问题狭隘化陷阱） • 通常存在误导性（采用潜在的解决方案和套用错误的框架陷阱） • 几乎不可能做到确凿无误（逻辑挑战）	• 费时 • 难度较大 • 并非良好的沟通工具 • 可能无法得出解决方案
适用场合	• 我们非常相信自己的假设，因为 　○ 我们在该领域有真正的专业知识 　○ 问题足够简单，可以被识别为熟知规律的一部分 或者 • 我们无法建构问题树，因为 　○ 问题被刻意定义于狭窄的范围内，但我们不愿对此发起挑战 　○ 我们面临时间压力，或需要证明已有答案	• 默认情况下，只要可以采用此方案，就应采用它 或者 • 建构假设金字塔所需的条件无法得到满足

图 4-7　假设金字塔和问题树的对比

我们讨论过的两种问题建构方法存在一个局限性，即它们本质上是分析性的，不能促进创造力的发展。这两种方法能告诉我们应该进行哪种分析，才能在逻辑推理的基础上找到解决方案，或对解决方案进行确认，却无法让我们得知怎样才能想出富有创新意味的解决方案。如果手头的问题需要我们跳出盒子去思考，创造出全新的解决方案，那么这两种方法可能都派不上用场。这时，如果我们想要找到创新的解决方案，就要转而去利用即将在第 7 章和第 8 章讨论到的设计思维。

小结 Cracked It

1. 以假设为驱动的问题建构，主要是从核心问题的备选解决方案着手，试图对其进行确认或推翻。
2. 若想建构假设金字塔，就需要从备选解决方案着手，将其置于顶端，作为主导假设。接着，我们要将备选假设拆分为子假设，即令假设成立的各项条件。如需要，可对子假设进行再次拆分。
3. 在金字塔的每个层级上，支持假设的各项条件必须符合 MECE 问题拆分原则的要求：相互独立（没有重叠），完全穷尽（加总在一起，足以对假设进行确认）。
4. 针对每一个假设展开彻底而全面的挑战，从而对假设进行确认、推翻或打磨。
5. 以假设为驱动的思路很有效率，能利用上我们的专业知识和规律识别能力，而且还有助于推销解决方案。但这个思路本身也存在严重的局限性：

- 无法避免第 1 章讨论过的全部五个陷阱。
- 会造成逻辑挑战：必要条件和充分条件≠原因与结果；相关性≠因果关系。

6. **若想利用以问题为驱动的思路，就要从核心问句着手，对其进行拆分：**
   - 拆分为一系列问句，而非陈述句或假设。
   - 符合 MECE 问题拆分原则的标准：每个层级的子问题之间必须既相互独立，又完全穷尽。
   - 利用 80/20 原则（20% 的问题产出 80% 的洞察）。

7. **默认情况下，一律采用问题树。只有当我们对自己的假设抱有强烈的信心，或当我们没有条件建构问题树时，才会选择假设金字塔。**

第 5 章

问题建构：分析框架

上一章，我们讨论了问题建构的两种方法：假设金字塔和问题树。两种思路都能让我们将庞大而复杂的问题（或主假设）拆分开来，变成一系列范围小一些的组成部分，之后再次拆分为更小一些的元素，一直拆分到我们可以逐一解决的基础问题为止。每一次拆分，都必须符合 MECE 问题拆分原则，每个问题（或假设）必须被拆分成子问题（或子假设）。

从原则上来看，将一个大问题拆分为多个小问题是很简单的事。举例来说，如果有人问你："销售额为什么下降了？"你可能很快就能想到，要按不同区域、产品线、客户类型或其他任何一种现成的数学拆分方法将总销售额分开来看，从中识别出究竟是哪个类别出现了下降。以这样的方法对基本逻辑加以利用，就体现了 MECE 问题拆分原则，而且通常情况下也是合理的。

但是，当我们面对更加复杂或范围更广的问题时，问题建构过程的难度就会大很多。举例来说："某公司在近期的业绩会如何变化？"当我们必须应对这类问题时，又该如何将其拆分成符合 MECE 问题拆分原则的一系列小问题呢？

所幸，我们有一个解决方案，或者说是一个装满解决方案的工具箱。这是因为，许多问题从本质上讲并不是完全独一无二的，而是与类似问题同属一个类别。某公司的确独一无二，但提出一家公司在近期将取得何种业绩这样的问题，则是许多人每天都要面对的。

举例来说，一位股票分析师面对类似的问题，可能会这样回答（见图 5-1）：“简单。拿出最近的一份能反映市场共识的预测，如果有公司公告和能反映公司业务情况的相关新闻报道的话，再进行相应的调整，这样就得到了一份新的预测。”

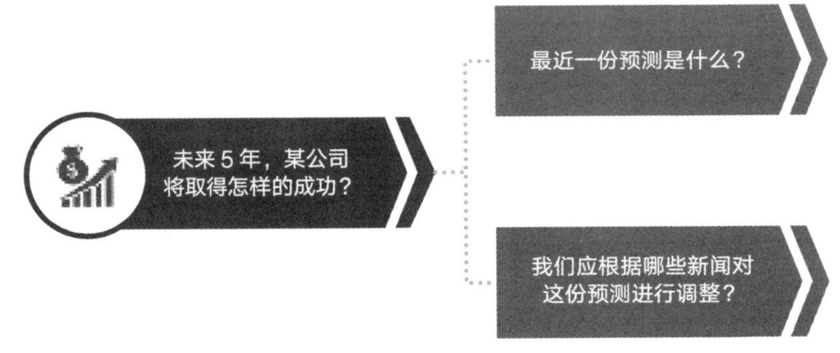

图 5-1　股票分析师的分析框架

这位股票分析师虽然可能没有意识到这一点，但他所使用的正是一个分析框架（或简称框架）。分析框架是针对典型问题预先制定好的符合 MECE 问题拆分原则的工具，比如我们刚刚讲过的案例就属于这一类。分析框架对于需要建构问题的人来说，是非常宝贵的捷径。我们在这里是在顶层问题上利用了框架，我们还可以在问题树或假设金字塔任何一个层面的问题拆分过程中运用框架。

在本章中，我们将讨论框架的作用，介绍可以在问题建构过程中加以利用的框架，并给出一整套现成的顶尖框架，也就是经过精挑细选，由我们主观选定的一系列可供读者了解和运用的框架。我们还会对框架的局限性进行讲解，以便读者恰当选用。

利用框架对问题进行拆分

框架，是建构问题树和假设金字塔的砖瓦。就像玩乐高的孩子一样，一位技巧娴熟的问题解决者，会在问题建构的过程中以符合 MECE 问题拆分原则的方式将框架融入进来。

举例来说，请看图 5-2 中的简单问题树。这里需要解决的问题，是一家私募公司[1]是否应该对某公司进行收购。

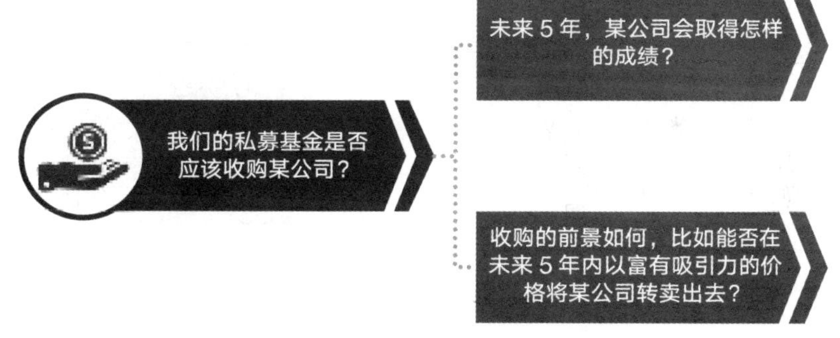

图 5-2　私募公司的基本问题拆分

数字是沿时间轴给出的基本问题拆分：这里存在两个问题，一个是私募基金收购某公司后，此公司将表现如何的短期问题；另一个是私募基金将公司卖掉时能获得多大价值的长期问题。请注意，此问题树的第一个分支，是我们在图 5-1 中见过的问题。从理论上来讲，我们可以在对私募基金的业务一无所知的情况下到达这一分叉口，而只需了解私募，包括公司的收购、持有和转卖。从逻辑上讲，收购与否的这个决定，取决于我们对以下两个问题的看法：（1）持有期间将会发生什么；（2）未来能以什么样的价格卖出去。

但是，如果我们是在为一家私募基金做分析，就会对私募的模式有一定的了解，用不着从一张白纸开始，每次都完全依赖纯粹的逻辑，去思考是否应该对某家公司进行收购。这是我们以前遇到过的问题，也已经有了成型的处理方式。举例来说，一位私募分析师可能将问题做如下拆分（见图 5-3）。

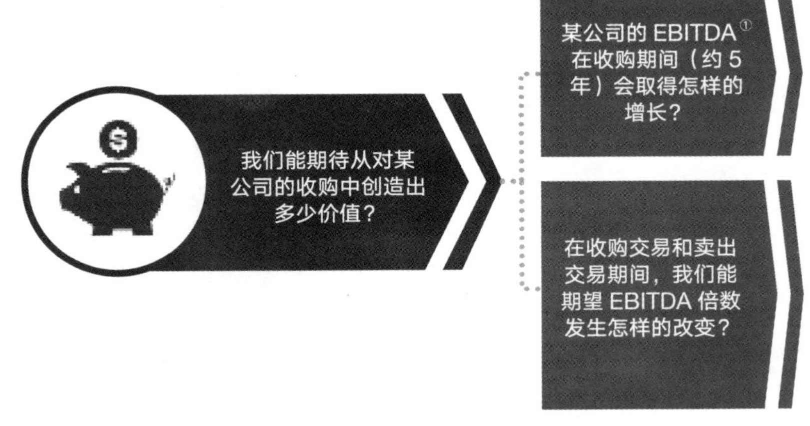

图 5-3 私募基金的问题树

正如我们所见，这些问题与图 5-2 中的问题颇为相似。实际上，两张图中的问题如出一辙，只不过后者是利用财务概念以更加精准、量化的方式提出问题的。私募分析师利用了一个分析框架，即一个简单的公司财务公式：EV[②] = EBITDA × (EV / EBITDA)。[2] 从公式中可以看出，价值创造（EV 的改变）是由等式中两项变量之一的改变而驱动的，这两项就是 EBITDA 和

① 指税息折旧及摊销前利润，是 Earnings Before Interest, Taxes, Depreciation and Amortization 的首字母缩写。——编者注

② 指企业价值，是 Enterprise Value 的首字母缩写。——编者注

交易倍数。私募基金现在便可以利用其他框架来解决每一个子问题，比如，是什么驱动着 EBITDA 的增长？图 5-4 是将这一问题逐个拆分成小问题可能采用的一个框架。

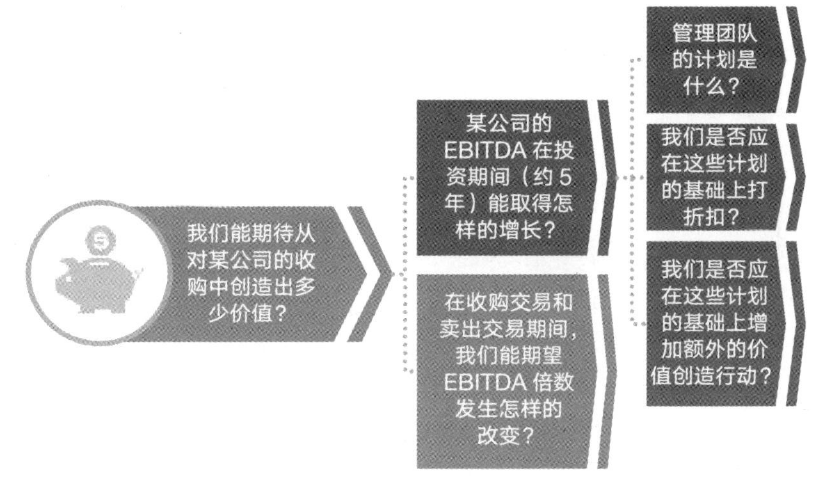

图 5-4　私募基金的问题树（续）

在这一层面，我们看到，直接分析可以解决一些问题。举例来说，拿到管理团队的计划，就能找到第一个问题的答案。这就意味着，在这个分支上，我们完成了问题建构，接下来就能进入分析阶段。

这些例子反映出我们利用框架将问题拆分成子问题的两种方法：

- 图 5-3 的拆分，便是我们所谓的功能性框架（随后我们将了解到，这也是功能性框架中的一个特定类型：公式）。这类框架的优势，就是普遍通用。任何一家公司的价值都能拆分成利润指标和该指标的倍数。功能性框架是搭建起商业推理的核心砖瓦。如果我们去翻看市场营销、金融或其他学科的教材，或是去商学院读书，就会学到许多功能性框架。

- 如果对私募行业不熟悉，那么图 5-4 中体现的第一分支的第二层拆分会令你觉得颇为诧异。当我们审视由此得来的树形图时，会发现这是一个符合 MECE 问题拆分原则的拆分，也是对这一问题展开思考的一种现实可行的方法。但是，除非我们心里有数，否则根本没办法预先得知会获得这样的结果。这就是行业框架的一个案例。功能性框架和行业框架不同。功能性框架是从课堂和书本中学来的，而行业框架则是商界人士在工作实践中摸索出来的。每个行业的人在分析经常会遇到的关键问题时，都有自己的捷径，而行业框架则嵌入在该行业所使用的工具、方法和决策原则之中。举例来说，绝大多数私募基金在对投资机会进行评估时，都会在其模板和指标中嵌入一个类似图 5-4 的复杂版框架。

框架的风险

功能性框架和行业框架的便捷性，也会带来一类风险：由于框架假设其所面对的问题是通用的，因此就相当于同时假设该问题属于框架适用的那一类问题。利用框架，就相当于采纳了该功能或行业的心智模型，并接纳了该功能或行业默认的所有假设。

举例来说，对比图 5-1 和图 5-4，股票分析师和私募基金投资人都想要对某公司在未来 5 年获得成功的可能性进行预测。但是，他们所使用的不同框架，也反映出了各自不同的假设。

股票分析师的框架是对股价进行评估的模型。该模型依赖于几个非常重要的假设。举例来说，该模型假设，股票价格能在任何时间点上正确地反映公司前景和关于该公司的公开信息。

私募基金投资人则假设管理行为能创造价值。他们还假设一位新的所有者（比如私募基金）能给出更多行动建议，并对这些行动进行监督，从而带来价值的提升。

这两个框架反映了两种不同的世界观。一家公司的真正价值，是由公司股票供需变化所设定的价格来决定的吗？还是通过对未来现金流进行计算所得出的价值来决定的？也许，读到此处时，你已经在股票分析师或私募基金投资人两者之间做出了自己的选择。如果你本人在两个领域之中的任何一个领域有切身经历，那么就会被相应的框架所吸引，并可能被我们在此做的大幅简化而吓到，在头脑中逐渐形成一个更为详尽的版本。但是，我们在此想要说明的，并不是对两个观点的优劣对比进行讨论，而是想要强调不同的框架会反映出不同的世界观和不同的假设。

危险之处在于，当我们频繁而不存质疑地对框架加以应用时，就会忽视嵌入框架之中的假设。正如我们在第 1 章中讲到的，“选择某个审视的角度，也意味着对其他角度的忽略”。[3] 当框架所包含的假设条件无法得到满足时，危险便会浮出水面。举例来说，股票分析师的审视角度，会对市场效率和流动性同时做出几个假设。如果没有这些假设，那么定价模型就无法成立。相反，私募基金投资人的世界观假设，信息不对称使他有可能在别人没有发现的情况下及时抓住机遇。两者的假设在通常情况下都是合理的，但没有哪个假设能在任何时间地点都成立。一个明智的做法，就是利用多重框架将复杂问题拆分开来。我们将在本章末尾继续讨论这一话题。

现在，我们首先需要建构起自身的心智模型库。如果我们对各类模型并不熟悉，就很难对多重模型加以利用。我们可以先从最为强大的行业模型着手，功能性模型是紧随其后的第二选择。如果所有其他方法都失败了，我们还是不知道应该怎样将一个问题拆分成一系列小问题，那么就只能放弃框架，纯粹凭借基本逻辑进行分析。图 5-5 对问题拆分的三种主要方式进行了对比。

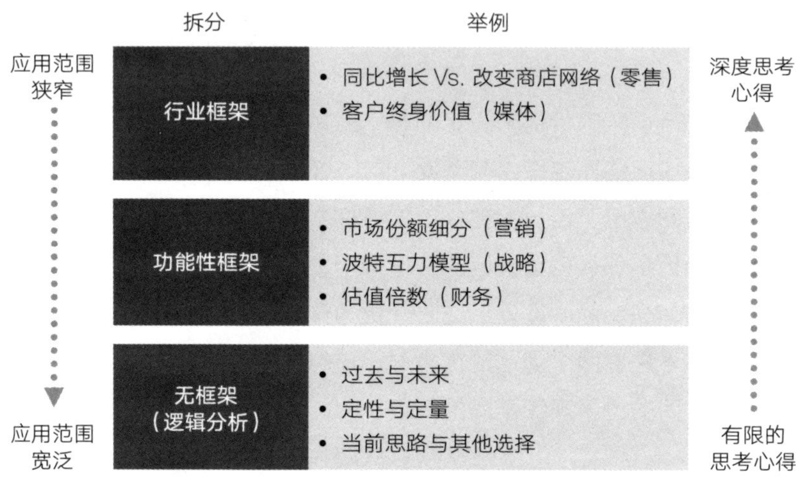

图 5-5 拆分问题的三种方式

行业框架：价值创造的驱动器

为了对行业框架进行深度理解，我们来想象一下，法国星巴克的首席执行官聘请你做顾问，就一个经典而简单的问题请教你的意见：怎样才能提高盈利能力？[4] 如果让你自己来思考如何将这个问句拆分成几个组成部分，那么你首先想到的应该是将利润拆分成收入和成本，如图 5-6 所示。这一思路很简单，也很受欢迎，很多学生也会将其作为第一选择。而且，这个思路很明显也符合 MECE 问题拆分原则，利用与损益表相同的细化方式，会计的 MECE 精神肯定值得信赖。

可惜，这种拆分思路基本毫无用处。原因很简单，虽然收入和成本是符合 MECE 问题拆分原则的利润拆分方法，但收入和成本的变化并非如此。

当其他因素保持不变时，价格上涨会导致销量下降。在不涨价的前提下增加收入，就意味着要增加销量，而销量的增加几乎永远意味着会出现额外的成本。相反，降低成本的许多方式早晚都会对收入产生影响。从统计的角度来看，成本和收入是独立的，也是符合 MECE 问题拆分原则的损益表细化方式。但从动态的、管理的角度来看，这样的拆分方式并不合理。

如果读者心存质疑，就请想一想，这幅树形图的下一个层次会包括哪些内容。在树形图的收入分支上，我们可能会问："通过增加员工数量的方式来减少店面顾客的等候时间能否增加收入？"但在成本分支上，我们可能会问："星巴克如何降低店面的员工成本？"我们在成本和收入分支上挖掘出来的想法是相互矛盾的，以这样的方式打造出来的问题树，并不符合 MECE 问题拆分原则。

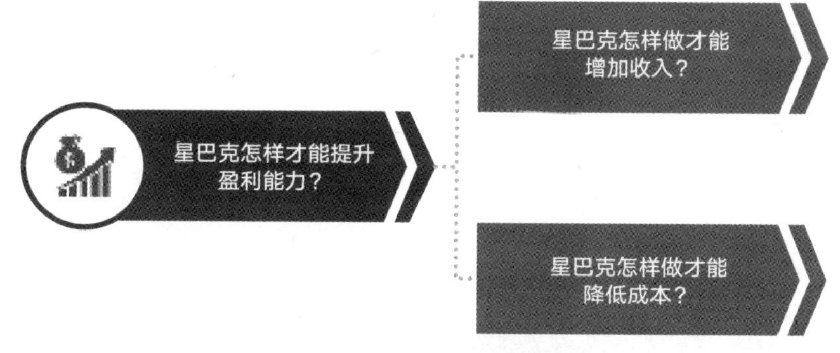

图 5-6　星巴克问题的简单拆分

我们需要的细分方法，不是盲目遵从会计模板，而是对能去做的那些可以提升盈利能力的事情进行分类。我们需要一个框架，从中可以看出如星巴克这样的零售商的举措是如何创造价值的，或是怎样没能实现价值创造的。每个行业都有这样的框架，框架能反映出该行业的价值驱动因素，也就是商业价值创造的重要杠杆。[5]

快速识别这些价值驱动因素的一个方法，就是观察每个行业的公司对其结果进行分析和解释的方式。不要看他们的会计报表，因为各个行业的会计报表都是标准化的，而应该去研究一下他们呈递给股东和财务分析师的财务报告中的那些对管理层行为的具体解释。例如，星巴克像大多数零售连锁店一样，报告了一个非常重要的指标："可比店销售增长"，也被称为"同店销售增长"或"同类销售增长"（Line-For-Line，简称 LFL）。LFL 增长衡量的是公司上一年度开业的商店销售额的变化，并表明了如果没有开设或关闭商店，连锁店将经历的增长或下降。这个指标很重要，因为它衡量的是一种零售模式吸引和服务消费者的内在能力。这一指标还抓住了一个具有资本效率并且更具盈利能力的增长来源，因为同店销售增长通常比新开店所需的投资要少得多。经营连锁商店的企业经常将收入拆分成 LFL 和其他增长来源两类进行相关分析。

将这个框架应用到我们的问题上，就意味着对问题树进行不同于收入和成本方法的拆分（见图 5-7）。

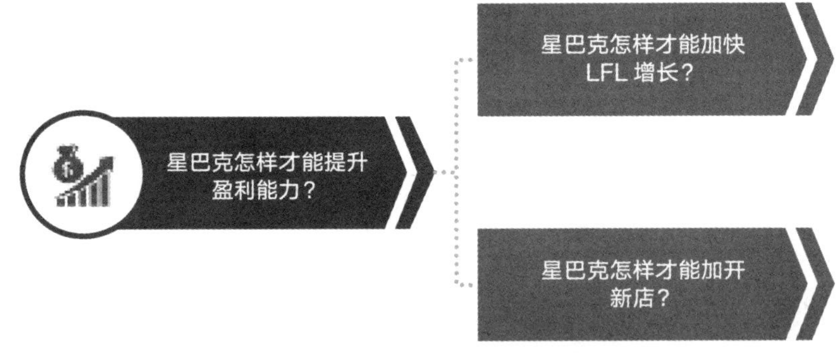

图 5-7 星巴克问题树的第一次尝试

但是，这个问题树存在一个显而易见的问题：拆分之后得到的分支是文不对题的。我们采用的拆分视角是增长，而不是利润。如果我们想要针对问题进行适用的拆分，就可以使用 LFL 和加开新店作为灵感，但是还需对其进行加工。

在图 5-8 中，我们从盈利角度出发，对问题拆分进行了调整。现在，我们将利用 LFL 业绩和店面组合变化之间的区别来对盈利进行分析，而不是仅着眼于销售。为了保证完全穷尽，我们还添加了第三个分支：零售框架，但是我们的问题陈述并不局限于将增长锁定在当前的零售业务模型上。如果我们不增加这个分支，就排除了星巴克寻求其他收入来源的可能性，比如在超市销售星巴克的产品或发展线上业务等。

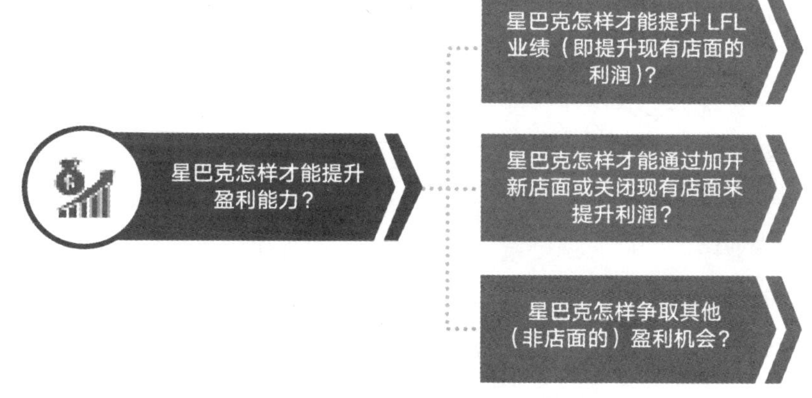

图 5-8 套用行业框架的星巴克问题树

选择正确的行业框架

上面的三个分支，对于零售咖啡店的价值创造而言，是个还不错的首层框架，值得继续深挖，但这一框架是否适用于其他行业的企业呢，比如汽车企业？从原则上讲，答案是肯定的，因为相应的问题树依然符合 MECE 问题拆分原则的标准。但这样挪用过去，我们就可能会错过汽车公司盈利能力的一些关键驱动因素，比如开发什么样的车型，如何定价，或者融资服务的盈利能力等。汽车行业的价值驱动因素不同于连锁餐厅，而且，如果我们所关注的行业没有面向消费者的实体销售点，我们在这里使用的框架就是无效的。

这说明了问题建构的一个基本原则：要选择正确的框架，我们必须对这个行业有所了解。从一个行业空降到另一个行业的高管，有时很容易忽视这一原则，并给自己日后的职业生涯埋下祸端。因为他们的思维模式以及他们用来分析问题的框架，都与他们面临的新情况不同步。

行业框架并非永恒不变的真理，从另一个行业直接导入框架永远都是不对的。当行业发生变化时，对框架进行调整就尤为重要。例如，当电话服务从受管制的公共事业转变为允许竞争的商机时，各家电话公司就开始从用户平均收益、客户终身价值和收购成本的角度来考虑价值创造了。电话公司从保险和旅游等行业借鉴了这些概念（还从其他行业挖掘人才），在这些行业中，客户忠诚度是理解价值创造过程中需要进行分析的一个至关重要的框架。但这一事实并非偶然，而是反映了该行业价值创造的实际驱动因素发生的变化。当消费者可以在不同的电话服务商中进行选择时，电话公司就需要改变他们考察的业务杠杆。全新的框架则能反映出这些变化。框架是思维对现实的映射：当现实发生改变时，对框架进行调整就是合理的。

然而，有人可能会认为，这种关于如何进行框架选择的观点有些太过狭隘。就算现实没有发生改变，重新思考框架难道不是一件好事吗？每当我们说到需要用全新的眼光来解决战略问题时，我们的意思难道不是说，利用从不同行业中学来的不同框架，可以帮助我们获得全新的洞察力吗？

这个反对意见是正确的。举个例子，曾就职于宝洁公司的员工，就会以不同的方式来看待我们在星巴克的案例中提出的问题。他们可能会利用对营销人员来说最为熟悉的框架，提出问题，询问哪些品牌和产品线推动了现有店面的销售。这个角度可能会令他们注意到茶饮产品线表现良好，并考虑进行营销活动，以进一步提高这些产品的知名度。或者，他们可能会根据消费场合来分析店面的销售情况，注意到顾客的消费行为在上午很活跃，下午相对较平缓。这一发现将促使他们提出建议，对产品线的下一步改良进行测试。他们对这个问题的看法，与零售业管理者有着很大的不同。

想象一下，星巴克刚刚聘请了一位在丰田公司拥有多年成功经验的运营主管。若是看到店面里排着长队的顾客，也许这位主管会立刻将注意力集中在提高点单速度上。食品准备台的布局是否可以优化？在不失去星巴克标志性的成品定制特点的情况下，生产过程中的某些部分是否可以实现标准化？是否可以通过诸如让消费者使用手机 App 的方法，实现提前下单并加快支付速度？

其中一些想法可能确实很有价值。这种新颖的思维方式，是对行业所依赖的核心框架的有益补充。但是这些框架及其所反映的思维模型，并不是只适用于某个行业的。我们想象中的宝洁和丰田的两位主管在星巴克的案例中所利用的，是他们在之前行业中所获得的深层次的功能性知识。宝洁公司主管带来的，并不是他在快消行业所积累的经验，而是品牌管理框架。品牌管理框架，是快消品营销人员熟悉的营销工具之一。同样，丰田公司主管则带来了精益生产的心态。实践证明，这种心态能很好地服务于汽车公司和其他行业。这些例子想要说明的，就是功能性框架的价值。

功能性框架：问题解决的基本技能

回到星巴克的案例上，假设你并不熟悉零售行业及其价值驱动因素，但你是一位经验丰富的商界人士，对市场营销、财务等方面的核心概念了如指掌，你会怎么看待这个问题？

我们可以从一些基本的收入和成本细分开始，不是一开始采用的简单的“增加收入，降低成本”的思路（因为这种思路不切实际），而是稍微复杂一些而同样普遍为人们所接受的盈利细分方法，如图 5-9 所示。

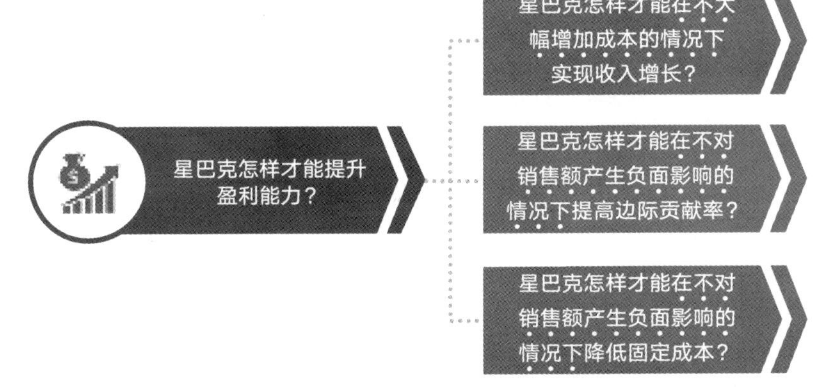

图 5-9 套用功能性框架的星巴克问题树 1

这种思路可能没有图 5-8 中的那么简洁，却是个很有用的开始。通过对盈利等式进行调整，这一思路在尝试着解决成本和收入杠杆之间的重叠问题，“所有其他因素保持不变”（如图 5-9 中加下标点部分所强调的）。如果我们站在财务主管的位置，就能一眼看懂这种拆分方法的逻辑。财务主管擅长对过往财务结果的变化原因进行分析，他们的专长就在于理清那些对财务结果产生影响的因素。

让我们进一步对第一个分支进行分析——怎样在不增加成本的情况下提高收入。针对这个问题的一个符合 MECE 问题拆分原则的首层拆分，就是要区分新客户和现有客户。在有市场营销背景的人士看来，这一拆分是自然而然的事情。而在第二层拆分中，将购买频率和单次消费额拆开来看，也是专业营销人员对收入进行拆分的另一种经典方法（见图 5-10）。

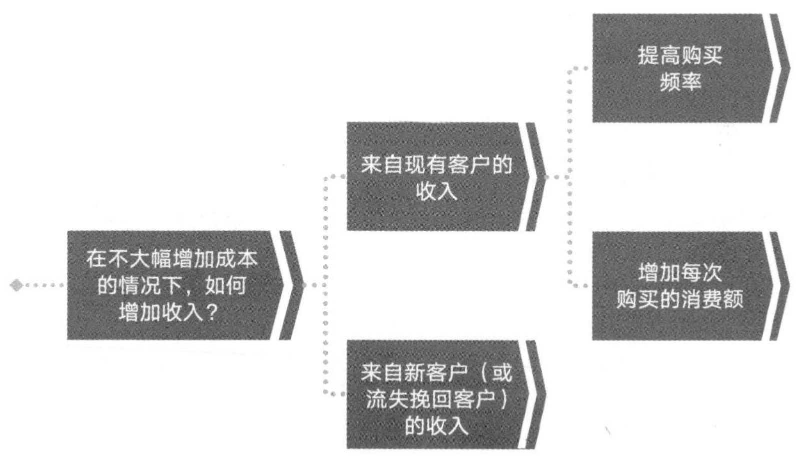

图 5-10　套用功能性框架的星巴克问题树 2

这些是分别来自财务和营销领域的关于核心功能性框架的示例。对这些专业领域中的资深人士来说，这些框架就相当于第二天性。但就算读者没有从事这些领域的工作，上述框架也非常重要、普遍适用，值得我们去了解和学习。大多数问题树都要求我们在核心问题拆分的某个层次上使用多个功能性框架。因此，对主要的功能性框架有所把握，是所有问题解决人员的基本技能。

但是，就像行业价值驱动因素一样，我们在利用功能性框架之前，也要留意一些注意事项。

首先，我们不能将从商学院或其他地方学到的所有东西都用作解决问题的框架。例如，竞争优势的概念无疑有着极高的重要性（有些人可能称之为战略思考框架），但这个概念无法帮助我们建起问题树。类似的概念可能在问题解决的早期阶段有所助益（特别是在问题陈述阶段），在问题建构过程中却派不上用场。许多基本的商业概念和工具都不是分析框架：只有那些能针对通用问题进行符合 MECE 问题拆分原则拆分的概念和工具才够格。

其次，由于框架是对某类特定问题的拆分，因此我们不能用针对某类问题的框架去拆分另一类问题。无论是像波特五力模型这样经久不衰的经典模型，还是炙手可热的新兴模型，很多对某类商业框架有所把握的人士，都会跃跃欲试地想要将心目中的框架应用到任何一个突发的问题上。举例来说，波特五力模型只适用于一个问题："这个行业是否对投资有吸引力？"而如果你面临的问题事关一个品牌的未来或是在讨论收购的好处，那么用波特五力模型来分析，只会徒增困惑。[6]这个道理说起来直白，却经常在问题树中看到错误的案例。

再次，功能性框架和行业框架一样，都反映了功能性的思维模式。但是，绝大多数商业问题都并非仅限于狭窄的功能领域。以星巴克的案例来说，这是一个财务问题，还是一个战略问题或营销问题，抑或是三者兼具？很明显，这个问题没有一个简单的答案。在真实世界中，我们遇到的问题不会自带标签，告诉我们它属于哪种类型，应该到哪本教科书中去寻找答案。

导致拙劣的问题建构的原因，最常见的就是人们对某一个框架非常熟悉，总是想要将同样的框架应用到所有的问题上。在广告业人士看来，星巴克的问题可能是一个品牌定位问题。在财务人士看来，同样的问题可能是成本管理问题。而在房地产商眼里，又变成了店面选址问题。试图将我们所知的一种或几种框架运用起来，会导致我们走向第 1 章中讲到过的套用错误的框架陷阱。正如马克·吐温所言："在手拿锤子的人看来，所有东西都是钉子。"

顶级功能性框架

在工具箱中装入除了锤子之外的工具，能帮助我们成为更加优秀的问题解决者。带着这样的理念，我们整理了一系列功能性框架，详见本章末尾的表 5-1 至表 5-5。表中的内容并没有完全穷尽，而是刻意局限在必备框架的范围之内。我们以三个原则为指导，选定了这些框架：

1. 选择经典。举例来说，战略领域中的每一个经典问题，都有许多彼此针锋相对的思想学派，而每一个学派都声称能给出思考问题的正确方式，以及一套思维框架。我们在这里选择了久经时间考验的经典，放弃了那些现在已经过时的经典，比如对优势、劣势、机遇和风险进行分析的 SWOT 战略框架。我们认识到，在某些领域，并不存在对于主导框架的共识。
2. 选择实用。在搭建问题树和假设金字塔的过程中，这些框架非常实用，可以帮助我们将常见问题拆分开来进行分析。对于具有高度确定性目标的问题来说，一定有一套特定的框架可以用来有针对性地解决问题。例如，如果我们的问题是构思出对人们的行为进行修正的助推措施，那么 EAST（Easy, Attractive, Social and Timely，分别代表轻松、有趣、具有社交属性和适时）框架就会提醒我们，要鼓励的行为需要符合轻松、有趣、具有社交属性和适时的原则。[7] 这是个非常有意思的问题，但我们更有可能遇到的是诸如量化市场规模这样的实质性问题。

我们依据自身经验，选定自己认为可以应对常见问题的框架。

3. 与战略框架有关。我们知道，这样的结果反映了我们自身作为战略学教授的思维模式，但同时也反映了我们对综合管理的专注（在综合管理领域，对问题框架进行建构的难度更高）。我们认为，正是这些问题的存在，促使许多读者选择了本书作为参考。如果读者已经认识到自身面临的问题属于营销类问题，那么就会直接去阅读营销类书籍。

我们不会就每一个框架展开详述。如果真的展开来说，这本书要比现在厚得多。但是，我们会具体讲到哪个框架适用于什么样的问题，帮助读者躲开拿着锤子四处找钉子的陷阱。套用框架的切入点，是框架所适用的问题，而非框架本身。这样的叙述方式，并非框架所属的各个功能性学科的常规教学方式。我们对这些工具的理解很可能具有局限性，正如许多框架在除了可用于对问题进行拆分和分析之外，还有其他的应用场景。但是，在问题建构的过程中，我们所采用的简化思路是有用的。

我们也指出了每个框架的类型，并将其分为三类：

- 公式框架，将结果与其各个变量相关联。在我们需要将问题以数字运算的方式进行定义时，公式非常有用。
- 类型框架，将事物的不同类型逐一列出。当我们面临的问题需要给出一系列符合 MECE 问题拆分原则的分项时，比如不同的选项、原因、因素等，需要确保没有遗漏。
- 检查表框架，与类型框架有相似之处，但列出的所有元素必须同时存在才能让某个条件为真。

表 5-1　营销框架

应对的问题	框架	组成部分	框架类型
如何将市场根据某个特定问题来划分成同质的多个群体？	市场划分	划分群体：如人口群体、地理群体、态度群体、过往行为群体，等等	类型
如何实现市场增长（例如烟草、手机等）？	市场规模	渗透率（人群中的用户百分比）× 用户人均消费额	公式
收入来源于哪里？	收入细分（基本）	市场规模 × 市场份额（市场份额细分）	公式
如何实现收入增长？	收入细分（基本）	交易量 × 购买频率 × 每单交易商品数量 × 商品平均价格	公式
如何扩大市场份额？	市场份额细分（高级）	市场份额 = 份额渗透率（%）× 钱包份额（%）× 大量使用指数（I）	公式
如何抵达终端消费者？	营销渠道	抵达市场的渠道	类型
我们能利用什么杠杆来改变我们的营销组合？	营销组合	产品、价格、促销、定位	检查表
对于以回头客为主的业务来说，是否值得在获取新客户上进行投资？	客户终身价值	（源于在回头客身上获得的年收入 × 客户维持的平均年限）－客户获取成本	公式

注：营销框架在诸多教材中均有讨论，包括《营销管理（第 15 版）》（*Marketing Management*，*15th edition*）。

表 5-2 战略框架

应对的问题	框架	组成部分	框架类型
如何在短时间内看懂某项业务？	3C	公司、客户、竞争对手	检查表
某个商业模式是否可行？	商业模式画布	关键合作伙伴、关键活动、关键资源、价值主张、客户关系、渠道、客户细分、成本结构、收入来源	检查表
哪些外部趋势会影响此项业务？	PESTEL	政治、经济、社会、技术、环境、法律	类型
此行业是否有吸引力？	波特五力模型	同业竞争、进入门槛、替代者、供应商议价能力、购买者议价能力	检查表
对于业务部门来说，我们应从哪里寻求优势？	业务部门的一般战略	成本战略、差别化战略、安身战略	类型
我们的优势基于哪些资源？	战略资源	资产、技能、关系	类型
我们的竞争优势是建立在可防御的资源上的吗？	VRIO 资源	有价值、稀缺、难以模仿、为组织所用	检查表
我们如何实现成长？	成长模式和方向（公司战略）	模式：有机成长、联盟、收购 方向：同类业务、国际扩张、垂直集成、多样化发展	类型
成长能带来什么好处？	好处的规模和范围	规模、范围、学习	类型

注：许多教材都讲到了战略框架，包括《现代战略分析（第 9 版）》(*Contemporary Strategy Analysis，9th edition*)。

表 5-3　组织和变革框架

应对的问题	框架	组成部分	框架类型
本组织的各个组成部分之间是否协调一致？	7S	战略、结构、技能、人员、系统、风格、共享价值观	检查表
我们应如何对组织进行建构？	组织建构类型	功能型、分区型、矩阵型、横向型、网络型、水平型	分类
如何在组织中掀起变革？	科特引导变革的八步流程	紧迫性、联盟、愿景、军队、障碍、快速制胜、加速、制度化	检查表
如何让个体改变行为？	麦肯锡影响力模型	示范、理解与信念、人才与技能发展、正规机制	检查表

注：许多教材都讲到了组织框架，包括《组织行为学（第 9 版）》（*Organizational Behavior, 17th edition*）。

表 5-4　运营框架

应对的问题	框架	组成部分	框架类型
如何以利用率和等候时间（或库存）之间的权衡为基础，对生产能力进行优化？	运营管理三角（以排队理论模型为基础）	等候时间 / 库存水平、产能利用率、流程和需求的可变性	公式
重复性供应的最优采购频率是什么？（“我应该多久给汽车加一次油？”）	经济订货量	采购频率、交易成本、存货财务成本	公式
怎样在保证盈利的情况下满足不确定的需求？（“每天清晨报纸小贩应该订多少份报纸？”）	卖报者模型	产能、未来需求、闲置产能成本	公式

注：许多教材都讲到了运营框架，包括《竞争优势的运营管理（第 11 版）》（*Operations Management for Competitive Advantage, 11th edition*）。

表 5-5 财务框架

应对的问题	框架	组成部分	框架类型
此项业务是否会产生盈利？	P&L（盈亏表）	（净）盈利 = 收入 - 销货成本 - 未分配费用（- 税收）	公式
哪些成本与销货量有关，哪些成本与销货量无关？	成本细分	固定成本 Vs. 可变成本	分类
此项业务需要多大的销货量才能覆盖掉固定成本并产生盈利？	保本	保本单位数量 = 固定成本 / 每个单位的贡献边际（注：亦可在给定单位数量的情况下计算保本定价）	公式
某项投资（或某家公司的总投资）产出了怎样的回报？	投资收益率	一部分收益 / 一部分投资（例如：某项特定投资的 ROCE、ROIC、ROI 等）	公式
在经济上获得盈利的最低投资收益率是多少？	WACC（加权平均资本成本）	资本结构中的股权份额 × 股权成本 + 债务份额 × 债务成本	公式
此项目（或公司）现在值多少钱？	NPV（净现值）	现值 + 预测现金流价值 + 终点价值	公式
以公司产生的现金和同类公司估值为基础来看，此公司值多少钱？	以倍数为基础的估值	EV = EBITDA ×（EBITDA/EV 倍数）或以其他结果（EBIT、净收入等）倍数为基础的公式	公式
哪些杠杆可以增加此业务的总价值？	六角估值模型	感知差距、经营改善、新业主、增长机会、金融工程	检查表

注：ROCE 是使用资本回报率，ROIC 是投资资本回报率，ROI 是投资回报率，其他缩写请见注释。[2] 公司财务框架在各种教科书中都有讨论，包括《公司财务（第 4 版）》（*Corporate Finance, 4th edition*），《价值评估：公司价值的衡量与管理（第 6 版）》（*Valuation: Measuring and Managing the Value of Companies, 6th edition*）。

无框架：符合 MECE 问题拆分原则的逻辑拆分

如果你掌握了足够多的行业和功能性框架，就能轻松处理日常遇到的许多经典问题。这就是经验能给你带来的好处：虽然不能直接给出答案，但能让你知道应该提出什么问题——应该利用哪个框架。

但是，当问题较为复杂时，用以解决问题的问题树，就不再是将两三个随手拿来的现成分析框架简单拼凑在一起那么轻松了。在问题建构思路中，我们需要利用牢固的“水泥黏合剂”使这些“砖瓦”结合为一体。在没有现成的框架可用时，我们还需要用基础材料将空缺补上，这也就是逻辑拆分的用武之地。

顾名思义，逻辑拆分，就是从纯逻辑角度对问题进行符合 MECE 问题拆分原则的拆分。假设你正在研究图 5-10 中的一个分支：提出星巴克怎样才能提升顾客每次到店的平均消费额的问题。为了找到问题的答案，你对几个有关新产品的点子做了分析，其中包括茶饮、软饮料、小食甜点等。你怎样才能确保这一连串的点子符合 MECE 问题拆分原则呢？所幸，正如图 5-11 所示，逻辑框架可以帮上忙。

答案就藏在充满魔力的“其他”二字里。若想让问题树符合 MECE 问题拆分原则，我们就要随时随地利用“此类 / 他类”的逻辑区分方法。还有其他一些同样便于使用（也同样符合常识）的逻辑区分方法：“旧 / 新”“过去 / 现在 / 将来”“里 / 外”“蓄意 / 无意”等。我们无法在此将问题拆分的所有逻辑思路都一一列举出来，在实际工作中，你会发现许多拆分都是自然而然的。

逻辑拆分是符合 MECE 问题拆分原则的，而且应用范围几乎涵盖所有领域。逻辑拆分的有效性，以及从中获得的心得，无法与分析框架相提并论，但可以帮助我们在遇到困难时逢山开路、遇水搭桥。

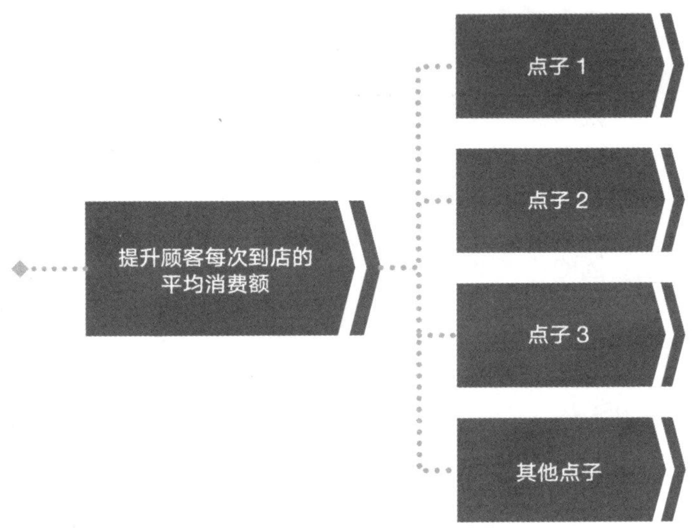

图 5-11 套用逻辑拆分方法的星巴克问题树

伯克希尔·哈撒韦公司的董事会副主席查理·芒格曾为商界新人给出过这样的建议："在脑袋里装上模型……多个模型，因为如果你只有一两个经常使用的模型，人类心理的天性就会让你为了让一切符合自己头脑中的模型而对现实进行扭曲……而且这些模型要来自不同的学科，因为我们无法从一个狭窄的学术领域获得世上所有的智慧。"[8] 芒格对模型的评价是正确的，他所谓的模型，就是我们所称的分析框架。良好的问题解决能力，需要我们具备对许多框架进行调用、整合和对比的能力。正如芒格所言，我们需要持续努力，不断扩充头脑中的"框架图书馆"。

多重框架，也是我们以团队形式共同协作时能更加有效（有时则是难度更大）地解决问题的关键所在。团队之所以比个人更有效率，是因为每个团队成员的头脑中都装着不同的模型和框架可供利用。而有时团队协作比个人工作的难度更大，则是因为许多不同的框架彼此碰撞，增加了沟通的难度。如果你一门心思只想着自己的那个视角，那么其他人的观点就很可能让你觉得无知或与你无关。回想一下我们之前讲到的星巴克的案例：关于咖啡店盈利能力的问题，营销专家和运营专家有着不同的见解，而这种分歧很可能会引发矛盾，而不一定能得出覆盖面更大、更加准确的共识。

框架并不是对问题进行建构的黄金法则，而是建构起整套方法（综合而成的问题树或假设金字塔）的砖瓦。在星巴克的案例中，关于产品线和店内服务运营的想法，都与问题本身相关，属于问题树的不同分支。我们若想对问题进行彻底建构，增加得出有价值的解决方案的机会，就必须主动去利用并整合来自不同人士的不同观点与框架。

有效的问题解决者，并不仅仅意味着要掌握多个框架，而且还要善于将自己头脑中和团队成员探讨出来的多个框架整合为一体，形成综合的问题建构。若想对庞大而复杂的问题进行建构，我们既需要作为砖瓦的框架，也需要将砖瓦堆砌成型的技能，而这就是建构问题树和假设金字塔的艺术与实践。在下一章中，我们将专门对解决问题进行讨论。

小结 Cracked It

1. 分析框架 = 符合 MECE 问题拆分原则的通用问题拆分方法。
2. 框架能反映出人们的心智模型及其隐藏假设：
   - 股票分析师和私募基金投资人利用不同的框架对公司进行估值。
3. 我们必须意识到自己采用的框架中隐藏的假设。
4. 行业框架在应对某行业价值驱动因素时最为强大。
5. 功能性框架是多面性的：
   - 在头脑中建构主要学科公式、类型和检查表的储备库（见表 5-1 至表 5-5）。
   - 不要成为四处寻找钉子的锤子。
6. 当没有框架可用时，可以采用逻辑拆分方式。
7. 建构问题树和假设金字塔可以将多重框架和逻辑整合为一体。

第 6 章

问题求解：八度分析法

还记得我们在第 2 章中认识的首席执行官特蕾西吗？在案例中，特蕾西正在对太阳系公司的两个亏损部门——冥王星和天王星的去留进行抉择。

特蕾西在与团队进行了大量讨论的基础之上，得出了两个假设。第一，她认为冥王星是太阳系资产组合中不可或缺的一部分，其业绩颓势是可以扭转的。第二，她认为应该将天王星卖掉。她还请你——首席财务官团队中的分析师，找出需要去做的分析工作，并将其做完，以确定这条主导假设是否正确。问题已经得到了充分的陈述和建构，现在终于到了着手解决的时刻，而你正是要去脚踏实地做事的幸运儿。此时，你准备怎么做？

从问题建构到分析

你的起点是特蕾西的主导假设：太阳系应该卖掉天王星。特蕾西认为，天王星并非太阳系业务组合中的核心单元，而且还能以富有吸引力的价格出售出去。这两个观念构成了特蕾西的假设金字塔。

由于特蕾西是老板，也是问题所有者，而且她已经在这个问题上投入了大量的时间和精力进行思考，因此，你的任务不是对问题范围进行拓展，而是要深入她的假设中去进行验证。在此，我们认为假设金字塔是适用的，而非问题树（如有需要，请参见图 4-7 对两种方法优劣点的对比分析）。由于以假设为驱动的思路会面临采用潜在的解决方案陷阱，因此你必须小心行事，在问题解决过程中的每一步都对特蕾西的推理（以及你自身的推理）发起挑战。首先，你要确保假设金字塔从逻辑上讲是成立的（见第 4 章）。在听取特蕾西讲述的过程中，你意识到她的思路在逻辑上有问题。特蕾西提出的两个子假设，是保证主导假设成立的必要条件，而非充分条件。为了让假设拆分符合 MECE 问题拆分原则，你立刻加上了第三个必要条件——天王星的售出不会给太阳系公司造成其他问题（做得好，特蕾西已经开始对你的问题建构技巧另眼相看了），即假设金字塔的第一层级，详见图 6-1。

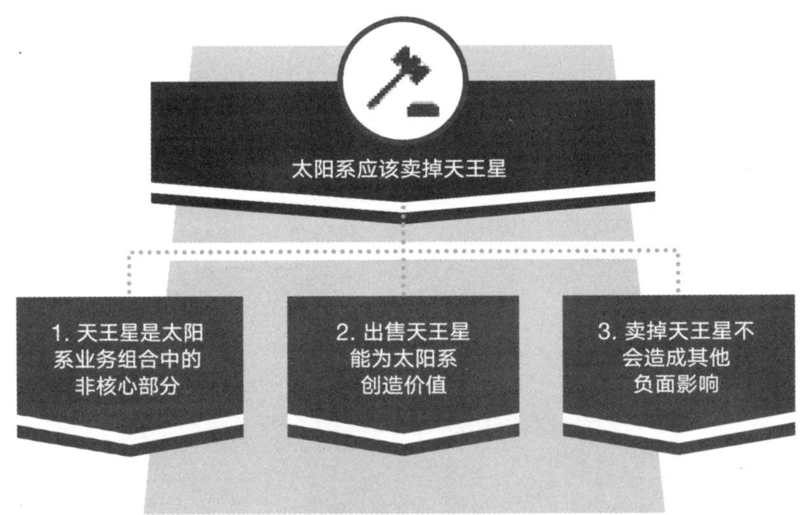

图 6-1　太阳系案例假设金字塔的第一层级

三个子假设中的每一个，都可以拆分成基础假设（见图 6-2）。

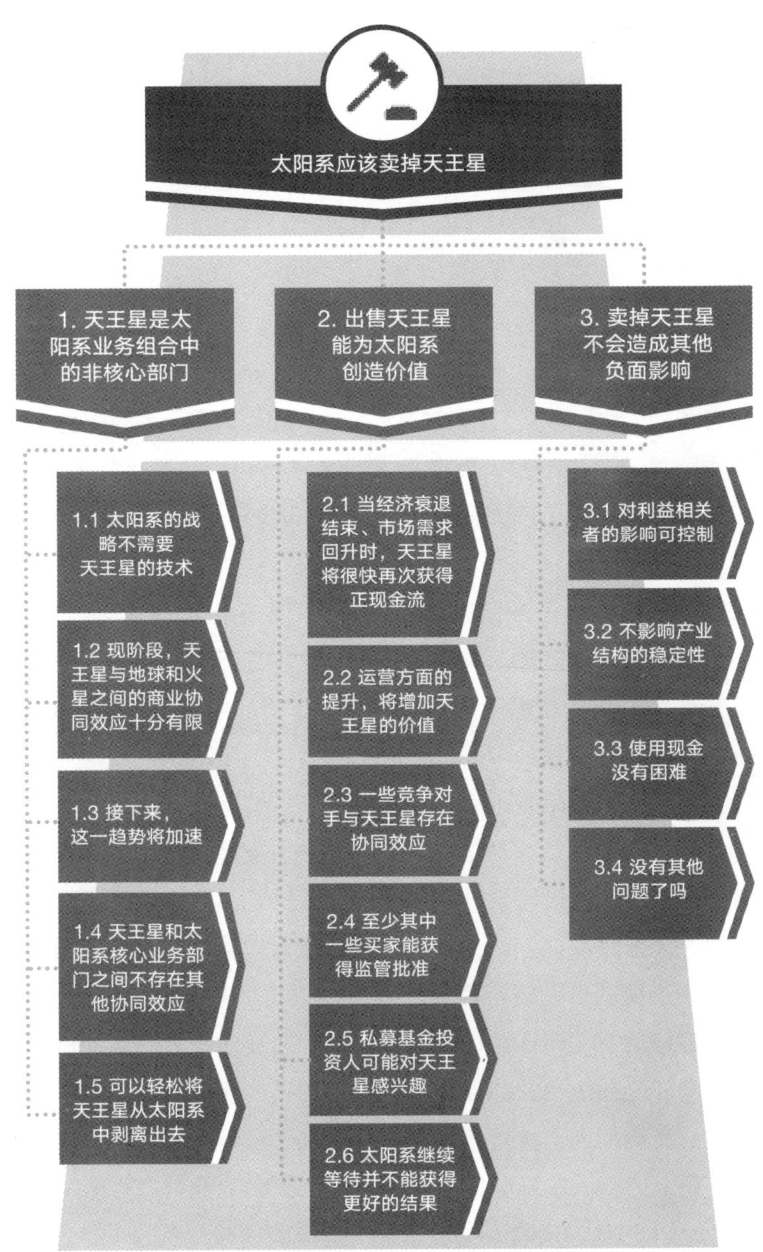

图 6-2　更加完整的太阳系案例假设金字塔

第一个子假设称，天王星是太阳系业务组合中非核心的部分，也就是说，从公司战略角度来看，天王星并非业务组合中不可或缺的一部分。特蕾西的评价以几个基本假设为依据。第一，太阳系的战略，正如特蕾西所言，并不需要天王星的技术（基础假设 1.1）。第二，虽然天王星的产品一直以来都是销售给和地球、火星（太阳系的核心业务部门）一样的同一批公司客户，而这一商业协同性，也正是太阳系当初收购天王星的原因，但是技术上的挑战令天王星的产品与公司核心客户群的相关性越来越低（基础假设 1.2），而且这一趋势会一直持续下去（基础假设 1.3）。天王星与地球和火星之间并不存在其他富有意义的协同效应（基础假设 1.4），可以轻而易举地从太阳系中剥离出去，也就是说，太阳系可以在不造成大规模组织和管理问题的情况下，将主体业务与天王星的业务联系切断（基础假设 1.5）。

第二个子假设称，天王星的出售能为太阳系创造价值。这一推理过程，利用了我们在第 5 章讲到的公司财务框架：这种思路主要是对两种情境进行对比，第一种是太阳系在保留天王星的情况下，从中获得现金流的净现值；第二种是将天王星售出并从中获得盈利。其背后的逻辑是，即使天王星真的并非核心业务部门，太阳系也可以继续持有它。特蕾西认为，天王星的亏损是暂时的，等到经济环境好转之后，就可以恢复盈利能力（基础假设 2.1）。天王星管理层曾经提出过一系列生产效能提升计划，目标就是用两年时间恢复盈利能力（基础假设 2.2）。因此，太阳系应该以符合现实情况的商业计划为基础，对天王星的价值进行估算，其中应该将提升价值的计划包括在内，而天王星管理层也对实现计划信心满满。这一假设对于太阳系的价值，代表的是其将业务部门销售出去的保留价格：太阳系的现金流并不紧张，没有理由将天王星贱卖给别人。特蕾西认为，有买家愿意用比保留价格更高的价格来买下天王星。还有一些行业竞争对手能与天王星的业务产生协同效应（基础假设 2.3），虽然他们还需要向反垄断机构申请批准，而这一点对于一些企业来说，可能是个麻烦事儿（基础假设 2.4）。同时，还可能存在有金融背景的买家，比如私募基金投资人（基础假设 2.5）。最后一个问题是，上述这些买家能否在天王星还不赚钱的时候，就给出一个好价格。如果他们做不到，那么太阳系就应该继续等待，直到情况有所好转再做决定（基础假设 2.6）。

第三个子假设，是在将天王星视为非核心业务部门，并且有买家愿意出一个好价格的情况下，来排除掉太阳系不愿出售天王星的其他可能存在的原因。举例来说，这类原因可能包括，诸如工会或监管机构等利益相关者跑出来拖后腿（基础假设 3.1），或是将天王星卖掉之后，太阳系无意间给核心业务部门地球和火星创造了一个极其危险的竞争对手（基础假设 3.2）。另一个值得探讨的问题，太阳系是否知道怎么将天王星销售出去而获得现金。总体来讲，这并不是什么难题，但对于家族企业来说，就很可能造成复杂的纷争（基础假设 3.3），而且没有人能保证这个列表涵盖了售出天王星将会带来的全部风险（基础假设 3.4）。

我们现在有了一座坚实稳固的假设金字塔。你作为问题解决者的任务可谓十分明确。你必须针对每一个基础假设找到以下线索：（1）为对假设进行测试必须掌握哪些信息；（2）怎样获取这些信息。这两步就是图 6-3、图 6-4 和图 6-5 中的分析和来源两栏。从中得出的分析计划可以告诉你必须做到什么才能对假设进行确认、推翻或修正。

八度分析法

分析这个词，指的是基于事实的定量处理，有时可能会对人产生误导。实际上，我们将通过对这一分析计划的讨论来说明，分析可以是一个连续的整体，以公认的、无可争辩的事实为起点，以精细的判断为终点。在这个连续统一体中，我们可以根据复杂程度由低到高来确定八个分析度：

1. 可以作为给定的、无须进一步分析的假设。天王星不是太阳系公司战略陈述之中的核心业务部门，这是一个真实的假设（基础假设 1.1）。原则上，你可以对这一假设发起挑战，说不定可以围绕天王星建立起另一套可行的公司战略。但既然这份陈述是特蕾西写的，那么把这份公司战略陈述当成既定现实，也是可以接受的。[1]
2. 分析工作需要拿到白纸黑字的硬数据，而硬数据并不一定那么容易获得。举例来说，特蕾西断言，核心业务部门（地球和火星）和天王星之间的商业协同效应十分有限（基础假设 1.2）。若想对这一假设进行验证，就需要对其各自的业务中有多少来自共享客户进行量化分析。要做到这一点很可能颇具挑战，比如，你可能会发现不同的部门对相同的客户使用了不同的代码，或者对同一家客户公司的不同部门运用不同的应对措施。但这是一个就事论事的问题，而你掌握着所有的信息，就算这些信息不那么一目了然，也是有方法获得的。
3. 基于非数字事实进行评估。行业内的技术变革及其对客户需求的影响（基础假设 1.3）是一个重要的问题。举例来说，根据可获得的信息，你可能需要通过与选定的客户进行面谈，来收集这些信息（或请一家市场调研公司，以更谨慎的方式达到同样的目的）。你的客户对他们未来需求的看法，不容易用几个数字来概括，却对你的结论有着至关重要的影响。定性的事实依然是事实。
4. 可通过事实之外的简单分析予以解决的假设。将天王星售出是否会增加共享业务的复杂性或成本（基础假设 1.5），主要是一个基于事实的问题，但也需要一些分析工作。如果天王星的员工数量占全体员工数量的 20%，那么你会让人力资源部缩减 20% 的员工来平衡吗？如果你不这样做，那么余下的业务部门会因此承担多大的负担？

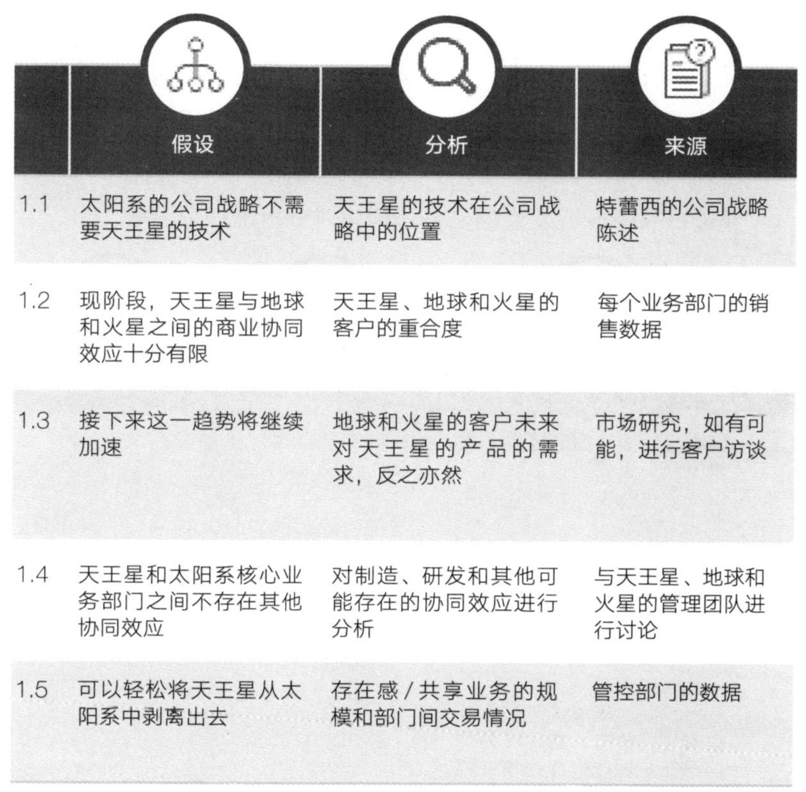

	假设	分析	来源
1.1	太阳系的公司战略不需要天王星的技术	天王星的技术在公司战略中的位置	特蕾西的公司战略陈述
1.2	现阶段，天王星与地球和火星之间的商业协同效应十分有限	天王星、地球和火星的客户的重合度	每个业务部门的销售数据
1.3	接下来这一趋势将继续加速	地球和火星的客户未来对天王星的产品的需求，反之亦然	市场研究，如有可能，进行客户访谈
1.4	天王星和太阳系核心业务部门之间不存在其他协同效应	对制造、研发和其他可能存在的协同效应进行分析	与天王星、地球和火星的管理团队进行讨论
1.5	可以轻松将天王星从太阳系中剥离出去	存在感 / 共享业务的规模和部门间交易情况	管控部门的数据

图 6-3　太阳系案例（子假设 1）的分析计划

5. 假设会迫使你做出一些猜想和判断，因为在理想情况下，提出假设总是需要一些你无法获得的数据。哪些公司会有兴趣购买天王星，与天王星的协同效应对他们来说值多少钱（基础假设 2.3）？这些都是事实性问题，但如果不深入了解这些公司的战略和资产，你就无法给出全面的答案。你应该能够在现有信息的基础之上得出一些稳妥的猜测。太阳系内部可能有人对这个行业比较了解，对主要玩家的战略比较熟悉。你也可以咨询公司外部的行业专家。虽然这种方法并不完美，却可以帮助你建立起合理的判断。举例来说，如果可靠的消息来源证实有三位玩家对收购天王星非常感兴趣，那么就足以为你的判断提供支持性证据。在真正开始天王星的销售流程之前，你不可能确切地知道某个买家会为天王星支付多少钱（基础假设 2.6），但通过行业中最近发生的交易，你可以分析出一个大概。

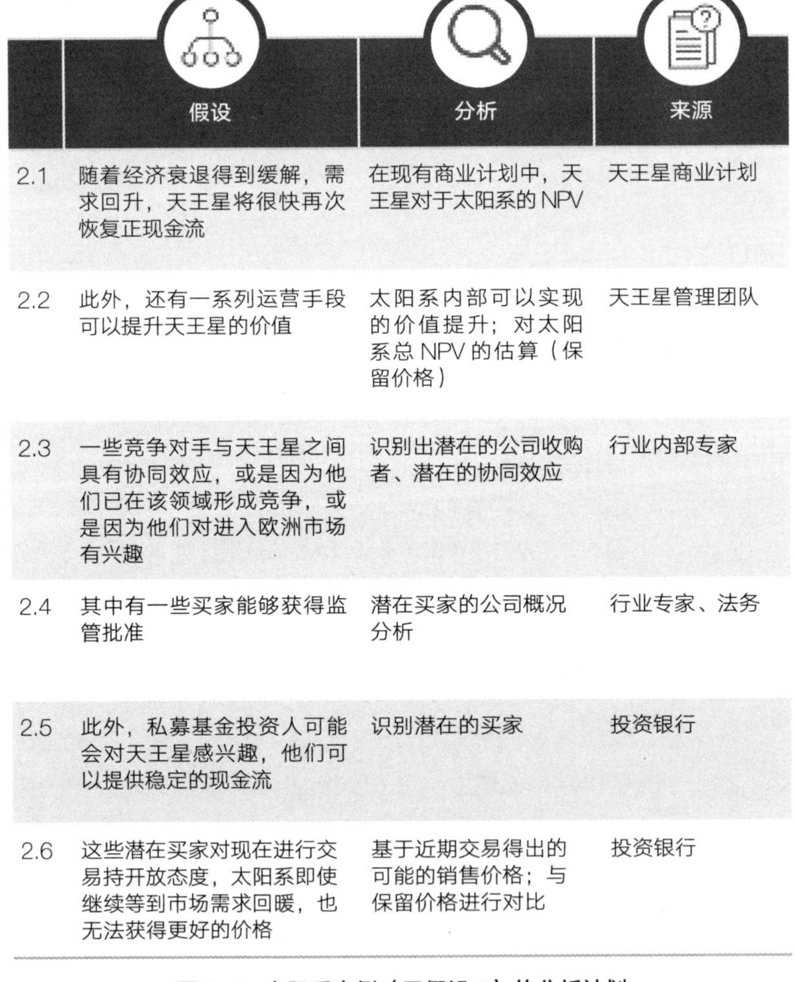

	假设	分析	来源
2.1	随着经济衰退得到缓解，需求回升，天王星将很快再次恢复正现金流	在现有商业计划中，天王星对于太阳系的 NPV	天王星商业计划
2.2	此外，还有一系列运营手段可以提升天王星的价值	太阳系内部可以实现的价值提升；对太阳系总 NPV 的估算（保留价格）	天王星管理团队
2.3	一些竞争对手与天王星之间具有协同效应，或是因为他们已在该领域形成竞争，或是因为他们对进入欧洲市场有兴趣	识别出潜在的公司收购者、潜在的协同效应	行业内部专家
2.4	其中有一些买家能够获得监管批准	潜在买家的公司概况分析	行业专家、法务
2.5	此外，私募基金投资人可能会对天王星感兴趣，他们可以提供稳定的现金流	识别潜在的买家	投资银行
2.6	这些潜在买家对现在进行交易持开放态度，太阳系即使继续等到市场需求回暖，也无法获得更好的价格	基于近期交易得出的可能的销售价格；与保留价格进行对比	投资银行

图 6-4 太阳系案例（子假设 2）的分析计划

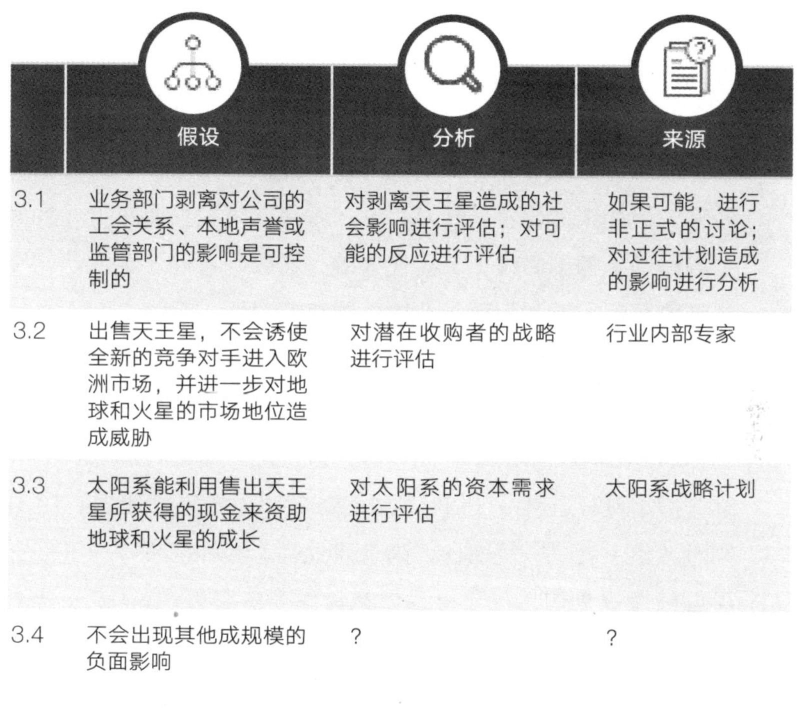

	假设	分析	来源
3.1	业务部门剥离对公司的工会关系、本地声誉或监管部门的影响是可控制的	对剥离天王星造成的社会影响进行评估；对可能的反应进行评估	如果可能，进行非正式的讨论；对过往计划造成的影响进行分析
3.2	出售天王星，不会诱使全新的竞争对手进入欧洲市场，并进一步对地球和火星的市场地位造成威胁	对潜在收购者的战略进行评估	行业内部专家
3.3	太阳系能利用售出天王星所获得的现金来资助地球和火星的成长	对太阳系的资本需求进行评估	太阳系战略计划
3.4	不会出现其他成规模的负面影响	?	?

图 6-5　太阳系案例（子假设 3）的分析计划

6. 基于特定判断的假设：内部计划。在我们的案例中，你将会询问天王星管理层关于恢复盈利能力（基础假设 2.1）和实现生产力改革（基础假设 2.2）的计划。在提高盈利能力的压力下，管理团队通常会对他们的计划过于乐观。[2] 当天王星管理层担心本部门将被卖给可能取而代之的收购者时，这种天生自带的乐观情绪可能会被进一步强化。如果只看这些计划的表面内容，那么你设定的保留价格可能会过高。决定给这些计划打多大的折扣，要看你的判断，而这一判断必须在与特蕾西的讨论中得到确认。

7. 需要技术专长才能得出的判断。除非你是反托拉斯法的专家，否则你个人对竞争对手收购天王星（基础假设 2.4）是否会获得监管部门批准的评估可能一点儿实际用处也没有。你需要得到专业意见。同样，你的同事可能会提供一些潜在行业买家的名字，但如果你想找到私募买家，就应该求助投资银行或其他金融顾问（基础假设 2.5）。优秀的财务顾问可能还会发现你没想到的买家，比如相邻行业的外国竞争对手。
8. 判断是一个不可简化的决断过程。利益相关者对资产剥离的反应很可能是情绪化的、不可预测的。这些反应本来就很难评估，因为在早期阶段不可能对其进行试探（基础假设 3.1）。同样，假定没有遗漏掉任何可能发生的负面后果（基础假设 3.4），判断本质上就是一场赌博，赌注建立在“未知的未知”基础上。尽管情境规划等工具可以降低意外发生的可能性，[3] 专注于对这些未知因素的发掘，可以缓解我们在面对不确定性时过于自信的倾向，[4] 但再多的分析也无法消除重大业务决策中的不确定性。当假设依赖于有根据的决断时（假设我们在分析过程中是严谨和详尽的），我们所能做的就是认识到这是一个需要进行决断的问题，并确保问题所有者能意识到这个决断的重要性。另一种方法（有太多的问题解决者都会选择这条路）是对决断加以利用，但以隐晦的方式让受众相信，这些决断是以事实为基础的，虽然并没有什么事实可供参考。这样的做法很可能会导致令人不快的意外事件。

建立分析的计划

只要确定每个基本假设需要利用哪种类型的分析，就可以开展工作规划并着手进行分析。工作规划超出了本书的讨论范围，因为这取决于你要做的分析处于怎样的大环境下以及分属于哪种类型。以我们刚刚描述的分析计划为例，整个顾问团队的工作组织方式，不可能和特蕾西找来的那位财务分析师的工作方式保持一致。但是，有两点是共通的。

第一，从关键的成败假设开始，特别是当这些假设相对容易进行验证的时候，更应该以此为起点。在我们的案例中，对天王星和太阳系核心业务部门之间没有客户协同效应的假设进行验证至关重要。如果这个假设被证明是错误的，那么整座假设金字塔就会崩塌。优秀的工作计划，应该优先考虑那些能够改变问题整体答案或解决方案的分析。

第二，你识别出来的一些分析工作可能难度太高，甚至根本无法做到。这可能是因为你没有所需的技能，也没有方法掌握这些技能（例如在需要高度专业化的技术专长时）。更常见的关注点是，通过分析，你将对答案进行更改。在我们的案例中，保密性显然是一个问题，在决定进行分析工作时，你需要对此予以考虑。举例来说，如果你正在分析一家工厂的生产力问题，需要对时间和工作过程进行研究。过程中，你站在车间里的工人旁边，手里拿着秒表，而你的存在很可能会影响他们的表现。社会科学家把这种影响称为“霍桑效应”。[5] 只有当你确定了来源，并意识到接近来源将会面临的挑战时，才能完成你的分析列表。

在头脑中武装上这些原则，你就可以建立起一套分析计划，并将其转变成任何一座假设金字塔的工作计划。如果你选择的是问题树，那么情况也是如此：你将为问题树中所需回答的问题列出分析列表，而不是去识别对某个假设进行证实或证伪所需的分析项。这两种思路的许多分析方法是相同的，主要的区别在于，问题树更加开放，因此需要进行的分析也更多。

执行分析的步骤

一旦完成了问题的陈述和建构，有了分析计划和工作规划，就到执行分析的时刻了。数据处理（以及其他形式的分析）在此正式启动。你的解决方案的水平，只能和分析的水平保持一致。如果分析存在缺陷，就算问题陈述再精细，问题建构再巧妙，也得不出令人满意的解决方案。

在任何领域有过实战经验的分析师都会告诉你，没有万无一失的方法可以避免一切分析错误。就算是非常优秀的分析师，也容易犯一些十分常见的错误。以下是一些有关这些分析错误的注意事项。这些是以我们作为顾问和教授的经验为基础，研究了数千名同事和学生的分析工作，并总结了我们自身的错误之后得出的经验教训。

因为我们只关注分析工作，所以在此假设问题的陈述和建构是正确的。此时，你需要关注的是如何寻找正确的数据，在必要时做出合理的假设，准确地对数据进行分析，并从每个分析中得出正确的结论。下面，让我们按顺序对每一个步骤进行深入探讨。

选择正确的数据

优秀的分析始于优秀的数据。

1．拿到正确的数据。我们怎么知道手头的数据是正确的呢？英国广播公司（BBC）蒂姆·哈福德（Tim Harford）一周一期的电视节目《或多或少》（*More or Less*），每期都会对那些看似可靠的统计数据进行深入分析，挖掘出其中存在的严重误导倾向。

以其中的一期节目[6]为例：2016 年英国官方数据表明，英格兰和威尔士警方记录的他杀案件数量增长了 21%，达到 697 起。犯罪率的急剧上升，着实令人不安。

如果你要找的是犯罪统计数据，那么警方的数据是一个很好的起点，这样的假设似乎不无道理，但放在这里则不然。这里他杀案件中的大部分（80%）的增长是由单一事件造成的，如 1989 年希尔斯堡足球场灾难——这场灾难共造成了 96 人死亡。20 多年后，这些死亡人数被修改归类为非法杀害。这种情况通常并非人们能想到的杀人案，也不是在 2016 年发生的。

这类错误在业务分析中很常见。也许你正在寻找某种商品的消费数据（比如白糖），那么你认为，很容易拿到手的生产数据具备足够好的代表性吗？在此请三思。以较长的时间尺度和较大的空间尺度来看，供求可能是平衡的，但如果局限在某个地理区域和某个时间段内考虑，供求关系就不太可能一直保持同步，其中存在着太多的交易和库存变化。还有一个常见的例子，就是假设公司的股价反映了其为股东创造的价值。举例来说，在报告首席执行官的业绩时，观察分析人士通常会对首席执行官上任后股价的变化发表评论。但是，这是一种过于简单化的分析方法。对股东总回报（TSR）的分析，必须考虑到股息、股票回购和股票分割。

2. 调整时间序列的正确区间。以失业数据、新车销售量或房价为例，所有这些类型的数据都是按时间序列排列的。通常，你会想要拿到最新的数据，或者尽可能接近于当前的时间点。但是，时间序列应该在什么时候开始，什么时候结束呢？你的这个选择可能会改变你得出的结论。

以杰夫・伊梅尔特（Jeffrey Immelt）为例，他于 2001 年 9 月 7 日正式执掌通用电气公司，并于 2017 年 10 月 2 日辞去首席执行官一职。在这两个时间点之间，通用电气的股价下跌了 39%。单凭这一点来看，伊梅尔特长达 16 年的任期对通用电气的股东来说似乎是一场不折不扣的灾难。[7] 然而，2001 年 9 月 11 日（凶残的恐怖分子袭击美国世贸中心和五角大楼的那一天）之前的那个周五，对于在一家美国大型公司上任的“新官”来说，可真算不上是个吉日。在伊梅尔特初任首席执行官的头两个星期，通用电气的股票价格暴跌了四分之一。而人们并不能将股价的下跌归咎于伊梅尔特的上任。如果你从那个低点看起，一直看到伊梅尔特掌管通用电气的最后一年——2016 年底的变化，那么通用电气的股价上涨了 4.1%。如果你将这个数字与标准普尔 500 指数在同一时间段的表现进行比较，就会发现这样的表现虽然算不上有多牛，却讲述了一个截然不同的故事。仅仅几天之差，就意味着两个不同版本的故事。并非所有的情况都如此极端，但如果你不假思索地选择一个最容易获得的时间段，那注定会是一个错误的时间段。

3. 获得正确的定性数据。定性数据同样危险重重。举例来说，假设你的分析工作需要与客户进行访谈，以确定他们对公司产品的满意度，你会与哪些客户交谈？通常情况下，如果只去找那些很容易找到的客户（许多实际情况就是如此），那么你的样本很可能会有偏差。举例来说，让销售人员来负责组织访谈，你很可能会见到一群销售人员的好朋友。另一种策略，就是给那些在调查问卷或投诉建议中表示愿意接受访谈的客户打电话，但这也会导致样本偏差（尽管与上述方向相反）。这种抽样偏差在定性分析中经常出现，而且常常被忽视。

一种常见的抽样偏差值得你特别注意。假设你进行客户访谈的原因，是因为业务流失。客户对公司的产品不满意会是原因所在吗？你问客户，他们的回答是“不”。事实上，他们喜欢这个产品，而他们希望公司在其他方面作出改进。可惜，从这个分析中得出的任何结论都具有误导性：你的样本只包含当前的客户，这些客户并不能告诉你有关实际离开的客户的任何信息。已经流失掉的客户可能有着不同的品味和偏好，你必须想到这一点。当我们希望通过变化发生后仍然存在的事物（留下的客户）来理解变化（客户流失）的原因时，我们就遭遇了幸存者偏差。[8]

在大多数例子中，人们选择错误数据的原因很简单：容易获得，而相关性更高的数据则更难找到。对选择危险捷径的风险加以限制的一种方法，就是对数据进行精确标记。糖的消费数据和生产数据是不同的。但有时，就算是一个准确的标签也会产生严重的误导，正如 2016 年英国警方记录的他杀案件数量所体现的那样。

进行严谨分析需要遵循两个基本原则。第一个原则是要耐心阅读细则。在英国国家统计局发布的关于 2016 年英格兰和威尔士犯罪统计数据的报告中，你必须读到这份长达 58 页的报告的第 25 页，才能找到关于希尔斯堡足球场惨案的解释。第二个原则是提问。在过去，收集数据就相当于对那些能够接触到数据的人进行采访，而向他们提出一些与数据相关的问题则是自然而然的事情。如今，全世界的信息都触手可及，我们很容易就会跳过这一步。

做出合理的判断

许多分析工作，不仅需要利用硬数据，而且需要做出判断。如果你正在起草一份商业计划，计算一个未来项目的成本，或只是简单地估算一些没有完美数据可供参考的事项，那么你就是在做判断。

判断的基本规则是其明确性。假设你要进行一项预测，其中一部分要以货币为依据。没人会指望你确切地知道一年后美元兑欧元的汇率是多少，但你究竟选定哪个汇率还是值得讨论的。记住，你做出的判断可能对你而言是显而易见的，但对你的受众来说并非如此。

明确判断还有另一个好处，那就是有助于你与受众进行对话。问题所有者想要知道你的判断，这一点是合情合理的。这并不是说他想对你的分析进行攻击，而是他接受你的结论必须经过这一步。建立这种对话的最佳方式，就是当你的结论依赖于这些判断时，主动提供一份关于关键判断的清单。最好以你自己喜欢的方式开始对话，而不是在设防的状态下被人盘问和质疑。

这就引出了一个难度很大的问题：如何做出符合现实情况的判断，或者说，如何让你的受众认为你提出的判断是符合实际情况的。对于这样一个宽泛的问题，并没有什么放之四海而皆准的答案，但以下四点可以帮助你避开可能会经常犯的错误。

第一，若想贴近现实，就要落到实物。许多判断要用抽象的数字来表示，如百分比、比率或指数等。这些都是有用的参考点（我们将在下面展开讨论），但是在进行判断并与他人共享这些判断时，你最好将判断转化为具体的数值。举例来说，如果你预测新店销售额每月增长 15%，并认为这个判断是合理的，那么就踏踏实实地计算出从现在算起一年后店铺的客流量。这时，你才可能发现这个数字是不可信的。讨论有形的、实实在在的数据，比讨论抽象概念要更加容易。

第二，检查你全部的判断是否彼此一致。同一份报告的不同部分，包括外部事件发生的时间、竞争对手的行为，甚至是大宗商品价格或汇率等基本信息的判断前后不一致，这种情况并不少见（尤其是当内容是由多人提供的信息汇集而成的时候）。更常见的情况是，当你孤立地对某些判断进行考虑时，可能感觉很靠谱，但若将多个判断放在一起考虑，就很难让人信服。例如，在一个商业计划中，受众可能会相信你提出的大胆的收入预测，或是你积极削减成本的计划，但不会同时相信两者。

第三，对你的判断进行基准对比。对判断可信度予以支持的最佳方法，是给出相关的比较。假设你要预测新产品的销售额，就以对消费者产品使用量的估计为基础（这也是上面所说的落到实物原则的实际应用案例）。你的受众可能对这个数字没有直观的感受（你知道自己每年要消耗多少克牙膏、糖或面粉吗），没有上下文，人们可能会质疑这种判断的合理性。但是，如果你的判断是在市场平均水平或相关竞争对手的基础上进行校准的，你的估值就会变得更加可信。这就需要假定，你选择作为基准的竞争对手不是极端案例（例如，不要以脸书作为你的用户增长的基准）。

第四，敏感性测试。对自己提出的判断有信心是很自然的，对估计未知或预测未来的精准度过分自信也是很自然的（这种过分自信通常被称为“校准错误”[9]）。当你以九成信心确定自己估计的数值处在某个范围内时，你至少有 50% 的时候是错的。[10] 即使你对自己的判断非常自信，你也必须问自己：“如果我错了，我的结论会改变吗？”这就是敏感性分析的目的。如果关于某关键输入的判断（如预测和估算）发生了 20% 的改变，你的结论仍然适用吗？如果发生了 50% 的改变呢？更好的方法是，把问题反过来问：无论是单一判断还是多个判断，你的判断需要做出多大的改变，才能让你的结论不成立？当你有理由怀疑消息来源的可靠性或客观性时，进行敏感性测试会显得更为重要。在本章前面的太阳系公司的案例中，天王星的商业计划就包含了相关判断。天王星的管理层比一般的管理团队更有可能产生过于乐观的估计，因此通过改变这些判断来测试结论的敏感性，就是至关重要的。

在受众面前对你的判断进行详细的分析、基准对比和测试，可能看起来不太自然。你可能会认为，应该在计算过程中表现出自信的风度，如果将你的判断与他人分享，就会暴露出自己的弱点。或者你只是担心事无巨细地与受众交流，是在浪费他们的时间。但这难道不是问题所有者委托你进行分析的原因所在吗？这些担心是多余的。佯装出一副自己可以确定一些很难预测的事情的样子，这不是自信，而是愚蠢。将你提出的建议所适用的边界条件分享出来，并不会削弱建议本身的说服力，而是会令这些信息更加可信。一位优秀的问题解决者会给出优秀的判断，最重要的是，他不会羞于解释和分享这些判断。

保持数据精准

现在，你已经获取数据，并明确了判断，是时候让数据“跑”起来了。我们通常不会在这一阶段出什么错，因为计算过程无须借助人工。但是，从作为顾问和教育工作者的经验来看，我们依然时不时地会看到粗心大意的计算错误。以下建议能帮助你降低这一风险：

1. 当心百分比，其中暗藏杀机。你可能早就知道，如果成本飙升了 50%，要令其回到原来的水平，需要削减 33%，而不是 50%。如果 100 欧元的价格包含 20% 的增值税，那么税前价格不是 80 欧元，而是 83.33 欧元。这个简单的算术问题总是会导致大量的错误，尤其是当我们直接用百分比来推理的时候。举例来说，你得知销售额比去年下降了 10%，于是提出用两个方法来收复失地，每个方法都能使你的收入增加 5%。这样一来，你只能差不多追平，但并不完全相等。[11]

2. 数量级是你的好朋友。对于结果，就像对判断一样，需要落到实处，你要确认结果是否处在正确的范围内。商业计算不是粒子物理学或天文学，人们在一般情况下都可以通过计算对答案产生直观的感觉。

3. 如果数据看起来不太对，那么很可能它就是错的。如果你通过计算得出，你的（合法）生意可以产生 99.9% 的销售回报率或者每年增长 5 000 个百分点，那么请你重新计算。分析过程中会得出意料之外的结果，但意外情况很少见（这也是为什么我们将其称为意外的原因）。或者，我们可以再找一个人，让他从另一个视角来看看其中是否有意料之外的结论。

4. 就算数据看起来是对的，实际也仍然有可能是错的。即使在高度智能的时代，粗心大意的计算错误、Excel 电子表格中的小问题和其他疏忽仍然经常发生。[12] 畅销书《这次不同》（*This Time Is Different*）的作者、明星经济学家卡门·莱因哈特（Carmen M. Reinhart）和肯尼思·罗格夫（Kenneth S. Rogoff）承认，在分析债务水平对经济增长的影响时，Excel 公式中的一个疏忽导致他们得出了错误的结论。[13] 在雷曼兄弟（Lehman Brothers）破产后，巴克莱银行（Barclays Bank）急匆匆地发送报价，想要收购一部分陷入困境的银行资产，就在此时，其律师事务所的分析师在将 Excel 电子表格转换成 PDF 格式之前，忘了删除隐藏行，无意中将巴克莱无意收购的几个不良资产也包括在内。这种人为错误是不可避免的，毕竟“人非圣贤，孰能无过”。对于那些马虎大意导致的失误，唯一的应对方法就是反复检查，最好能用上第二双眼睛来检查。这个环节说起来容易做起来难，在压力巨大和截止日期紧迫的情况下工作，人们更是很难做到认真检查。

得出分析结果

现在，有了数据、判断和计算，是时候看看分析结果，并提出怎么办的问题，从而得出结论了。正如我们将在第 9 章中看到的，这些现在怎么办将为你打造的故事线之中的关键信息提供支持，协助你将解决方案推销给问题所有者。正如我们将在第 10 章中看到的，这些现在怎么办还决定着幻灯片上的各个大小标题，因此，千万不要在这个步骤中得出错误的结论。

分析结果有时是明确的，从中我们能得出一览无遗、无懈可击的结论。更常见的情况是，我们有不止一种方法来看待数据，有不止一种角度来理解数据。解决问题过程中的每一步都危险重重，而这里的危险同样在于，我们会立即得出支持我们心中的假设和我们头脑中的故事情节的结论，而不去考虑其他解释。这个证实性偏差的问题根深蒂固，克服此问题的唯一方法就是让别人来挑战你的分析。让同事来看一看你的数据，询问他们能否得出不同的结论，这样做的结果往往会让你大吃一惊。

其中一类证据，需要我们拿出寻根问底的质疑态度，那就是“关联数据”（correlation data）。为简单起见，也因为关于确定显著相关性的统计检验超出了本书的讨论范围，我们在此假定，相关性已得到合理的计算，并且具有显著的统计意义。但值得注意的是，对统计显著性的测试，并不能保证相关性在外行人士理解的一般角度上是有意义的。当我们得到一个结果，比如相关性有显著的统计意义，并不意味着这个结果反映了变量之间存在因果关系，只能说明你可以在测试所指定的级别（例如 99%）范围内确信，这一相关性的确存在于现实中（比如在你研究的人口群体中）。统计显著性衡量的是你观察到的相关性的靠谱程度，但不能告诉你为什么这两个变量是相关的，而其背后的原因很可能与因果关系根本搭不上边。

举个例子，这段话摘自最近一份关于人工智能崛起的报告：“在我们调查的 3 000 家公司中，只有 20% 广泛应用了人工智能。那些报告应用人工智能的公司，利润率比行业平均水平高出 3% ～ 15%。”还有这项关于性别多样性的研究得出的结论：“我们发现，在公司高层管理团队中，女性的存在与更加优秀的财务业绩之间存在很强的相关性。”

在这两个案例中，分析师都观察到了两个变量之间的相关性——采纳某项实践（人工智能或女性董事会成员）和公司的财务业绩。但是，这些相关性是否意味着因为企业有了这些实践所以获得了更好的业绩呢？对这一证据存在几种可能的解释。

首先，应用人工智能、增加女性董事，的确可能带来更好的结果。有时，相关性是能反映因果关系的。热浪来袭与脱水致死之间，吸烟与肺癌之间存在显著的相关性，而且在每一种情况下，科学严谨的研究都表明前者导致了后者（虽然在第二个例子中，烟草行业数十年来一直声称两者之间的因果关系不可信）。

其次，盈利能力更高的公司，更有可能在早期就采用新技术，也更有可能是性别多样性的积极倡导者。如果事实如此，那么盈利能力就是公司采纳这些实践的原因，而不是结果。这个错误叫作反向因果关系。避免这种错误的一个切实可行的方法，是对事件发生的时间顺序进行调查：如果你观察到这些公司在采用新做法之前已经具备了较高的盈利水平，那么就必须怀疑此处出现了反向因果关系；如果你确认这些公司是在引入实践之后盈利能力才得到提高的，那么就可以将其作为支持性线索，证明实践与企业盈利能力之间的因果联系。

再次，在两个变量之间观察到相关性的第三种解释，是存在第三个尚未观察到的因素在驱动着这两个变量，这个因素可以证伪我们观察到的相关性。我们在第 4 章提到过一个典型例子——游泳池中溺水的人数和冰激凌消费量之间存在虚假的相关性：两者之中的任何一个都不会导致另一个事件的发生，但有一个共同的因素——炎热的天气，对两者都产生了影响。在我们的例子中，人工智能的应用和女性董事的任命，都反映了公司主动做出的选择，而不是像实验研究那样是随机分配的。从研发支出的多少可以看出，专注于创新的公司可能会在做选择时有所偏重，因为创新型公司更有可能采用全新的实践。[14] 创新也是企业财务业绩的驱动力。[15] 在这种情况下，就算新实践对公司业绩没有发挥真正的影响，也会与较高的业绩水平产生关联。

最后，这些相关性可能只是将彼此毫无关联的事实放在了一起，说白了就是巧合。这种现象经常在时间序列数据中发生。举例来说，缅因州的离婚率与人造黄油消费额，以及被床单勒死的人数与人均奶酪消费额之间存在近乎完美的相关性。[16] 这种相关性很可能会让你觉得荒谬至极，事实也的确如此。但是，当你观察到的现象并不像上述情况那样八竿子打不着时，我们就会倾向于从相关性中推断出因果关系。

我们应该如何利用相关性？四个字：万分谨慎。我们不是让你忽略相关性的重要意义，但必须以我们在第 4 章中介绍的必要条件和充分条件为背景来对其进行考虑。两个变量之间的相关性并非因果关系存在的充分条件，而统计关联是必要条件。[17]

逻辑表明，在得出因果关系存在的结论之前，我们要对一个因素影响另一个因素的机制提出假设，识别并测量除了假设中规定的那些混杂变量之外的所有可能存在的混杂变量。在上面提到的例子中，分析人员提出了这样的假设，对人工智能和性别多样性如何影响财务业绩进行解释，对分析中潜在混杂效应的影响予以控制，并给出支持其因果关系的证据。

还记得我们在第 4 章中讨论过的 Librinova 公司的国际扩张战略吗？假设公司领导发现了一项针对 100 家扩张到加拿大的小型法国公司的研究，结果显示 75% 的公司都在 3 年内关闭了加拿大子公司。人们很容易得出这样的结论：在加拿大扩张与失败之间存在强关联，而这种强关联足以成为放弃原定计划，转而寻求进入另一个国家的理由。但 Librinova 公司不应该从相关性中得出这样的结论。相反，它应该问问这些公司为什么会失败，是因为研究的时间点与加拿大经济的严重衰退恰好发生在同一时期，还是因为汇率的突然变化？另外，这些失败了的公司是否采取了与 Librinova 公司正在考虑的合作方式不一样的直接扩张战略？上述相关性是 Librinova 公司应该注意到并加以理解的线索，但是，就其本身而言并不能帮助我们得出任何结论。

优秀的分析是问题解决的关键。虽然我们在问题定义和建构阶段时常能看到惊艳的见解，实际分析过程却几乎无法出彩。优秀的分析工作就是严格执行、规避错误。4S 法的解决阶段，当涉及假设金字塔或问题树时，你需要去做的就只有严谨执行。

我们将在接下来的两章中看到，用设计思维去解决问题的思路，同样需要严谨的态度和规矩，同时还要利用对定性数据的分析与合成来开发复杂业务问题的创新性解决方案。

小结 Cracked It

1. 从假设金字塔或问题树着手建立一个分析计划：解决基本假设或问题的必要分析和每个基本假设与问题的来源。

2. 分析并不完全以事实和数字为基础。按复杂程度递增的顺序排列，有八种类型的分析需要识别：
   - 事实：（1）现有事实；（2）硬数据；（3）非数字事实。
   - （4）基于事实的分析（例如，经常性支出可以减少多少）。
   - （5）基于判断的分析（例如，协同效应）。
   - （6）内部计划，也是以判断为基础的（例如，销售计划）。
   - （7）专家给出的专业意见（例如，法律意见）。
   - （8）评判结论（例如，对利益相关者反应的预期）。

3. 对工作进行规划，优先进行可能改变整体答案的分析。

4. 常见的分析错误包括：
   - 误导性数据（英国的杀人案件真的增加了21%吗）。
   - 错误的时间范围（对杰夫·伊梅尔特的表现进行评判的时间段是什么）。
   - 有偏见的样本（只有不满意的客户或只有尚未离开的客户参与调查）。
   - 不现实、不连贯、未经测试或隐藏的假设：
     - 检查：实际合理性、内部一致性、基准、敏感性。
   - 数值错误：
     - 检查：百分比、数量级、“意料之外”。
   - 数据解释错误，尤其是存在相关性的数据：
     - 相关性是否反映了因果关系、反向因果关系、共有原因或巧合？

第 7 章

问题求解：设计思维的 5 个阶段 1

道格·迪兹（Doug Dietz）是典型的美国中西部人——他为人真诚、语气温和，脸上经常挂着温暖的微笑，怀揣一颗宽容的心。在过去的 27 年里，道格一直在威斯康星州的沃基肖工作，担任通用电气医疗集团（GE Healthcare）医疗成像系统的工业设计师。通用电气是全球规模最大的公司之一，旗下的医疗集团坐拥 180 亿美元的资产。

在 2012 年的 TEDx 演讲中，道格讲到了自己的一个顿悟。这个顿悟永远地改变了他对设计医疗仪器的看法。几年前，在花了两年多的时间研究一种新型的磁共振成像仪（MRI）之后，他造访了一家医院，想要亲眼见证这部机器的运作。道格讲述这段故事时，就像看着自己的宝宝终于长大成人的父亲一样，脸上写满了自豪。他告诉操作磁共振成像仪的技术人员，这部仪器获得了国际设计卓越奖的提名。

在谈话过程中，操作磁共振成像仪的技术人员请道格到外面稍候，因为此时正好有一位病人要来做扫描。正在道格往外走的时候，他看见一个小女孩拉着父母的手朝这个方向走来。他能看出来，父母满面愁容，小女孩也是一脸恐惧。这家人越走越近，女孩便哭了起来。父亲弯下身来说：“记住，咱们已经聊过这个事了，你可以勇敢起来的。”当这家人走进检查室时，道格也跟着他们走了进去，小女孩看见那部全新的磁共振成像仪时，一下子吓呆了，哭得更厉害了。父母两人郁闷地彼此对视，毫无办法。道格知道，他们担心的是怎么才能让孩子熬过这场磨难。在演讲中，道格回忆起那一刻时，眼中充满了泪水，连声音都变了。

对道格来说，他目睹了自己设计的磁共振成像仪在小女孩和她父母身上所引发的恐惧和焦虑，这给他带来了巨大的危机感，并由此彻底改变了他的想法。他不再站在一个设计师的角度来看待这些设备，不再将这些仪器视为时尚、充满艺术感的高科技产品。相反，用孩子的视角来看待这部仪器，他突然发现，这竟然是一个可怕的大怪物。道格回忆道："那是我彻底觉醒的一刹那。"

由通用电气医疗集团生产的最新、最先进的磁共振成像仪，其造价高达100多万美元。加上安装和建造检查室和病人等待区域，总投资高达300万～500万美元。为了证明支出的合理性，医院管理人员会想尽方法最大限度地增加每天的扫描次数，扫描的次数越多，就意味着有越多的钱来覆盖掉这笔巨大的投资。

如果你曾经做过磁共振成像扫描，就会知道其中最大的挑战是保持被扫描部位一动不动，并坚持15～90分钟，与此同时，还要一直听着仪器发出的奇怪而响亮的噪声。如果你移动幅度太大，就必须重新接受扫描，而这样一来就会更耗时，导致当天机器可进行的扫描次数减少。对医院管理人员来说，值得欣慰的是，成年人一般都能听从指示，抑制住自己坐立不安的冲动。

对于小孩子来说，情况就大不一样了，哪怕仅需几分钟，他们也很难保持安静。更糟糕的是，正如道格发现的那样，去医院做磁共振成像扫描可能会让小孩子感到很害怕。医院很大，到处都是拿着针头的护士和生病的陌生人。更糟糕的是，磁共振成像仪会发出吵闹而奇怪的噪声，上面还有个大洞，仿佛一口就会把小孩子吞下去。在扫描过程中，小孩子根本看不见别的东西，父母也无法安慰他们。磁共振成像仪引发的这些焦虑，正是有 80% 的儿童患者需要在扫描前接受麻醉的原因。麻醉师注射镇静剂，会增加扫描的成本和风险，因此医院管理者经常这样定义儿科磁共振成像扫描环节所面临的经济问题："我们怎样才能实现儿童患者日均扫描次数最大化，同时降低麻醉成本？"

这个问题陈述包含两个挑战——扫描次数最大化和麻醉成本最小化。事实上，麻醉手段是增加扫描次数这一挑战的解决方案，医学界也推荐这种方法。考虑到医生的地位和权威，麻醉对儿童磁共振成像扫描的必要性这一假设，很容易逃过人们的质疑。

看到磁共振成像仪给小女孩造成的恐惧和焦虑，道格开始质疑这一假设，并着手去寻找根本原因。虽然麻醉解决了儿童在磁共振成像扫描中动来动去的直接问题，但并没有解决导致他们恐惧和焦虑的根本原因。道格认为，如果能了解孩子们为什么会焦虑和害怕，他就有可能找到一种重新设计磁共振成像仪的方法，从而减轻这些负面的情绪，降低对麻醉的需求。

道格和几位通用电气的志愿者共同踏上了这场探索之旅。他们对当地日托中心的儿童进行了观察，向儿童发展专家、医生和当地两家医院的工作人员进行了咨询，从而对儿科患者有了更多的了解。他们还向当地一家儿童博物馆的专家讨教怎样让幼儿参与长时间的活动。通过这样的探索过程，道格和他的团队有了一个非常重要的发现：生病的孩子也能像正常、健康的孩子一样玩耍，而达到这种效果的最佳方式之一就是游戏。团队成员发现，如果能通过让孩子参与冒险游戏来激发他们的想象力，他们就会乖乖按照成年人的指导去玩这场游戏。这一发现，促使道格和他的团队对问题进行了重新定义，他们提出的问题是："我们怎样才能使（害怕的）儿童面前的磁共振成像仪变成一场历险的一部分？"

在这一洞察和问题建构的推动下，通用电气医疗团队开发了一套独特的解决方案，将传统的令人生畏的无菌检查室转变成了一处大历险场所，在这里，小患者是主角，医务人员是配角。道格和他的团队没有对磁共振成像仪做任何改造，而是在仪器的外部、地板、墙壁、天花板、柜子和房间里的其他设备上贴了代表特定的历险主题的图案，比如海盗船或宇宙飞船等。他们还为操作仪器的技术人员编写了剧本，引导小患者体验这场历险，另外，他们还提供了配乐和芳香疗法，以进一步强化历险主题。在海盗船的场景中，一个巨大的贴花木制船舵围绕在仪器周身，这就使得仪器上的洞口看起来显得很大，而不至于造成幽闭恐惧。在宇宙飞船的主题中，地面控制人员（操作员）会通知宇宙飞船的船长（患者）在飞船进入超光速时仔细聆听引擎的声音，将原本可怕的仪器噪声整合为历险的一部分。通用电气医疗团队将这些主题装置统称为通用电气探险系列。

道格的通用电气探险系列装置引发了巨大的反响。患者对麻醉的需求大幅降低——在匹兹堡儿童医院，这一需求从 80% 降至 27%，而其他医院的需求甚至降至 10%。匹兹堡儿童医院放射科主任凯特·卡普辛（Kate Kapsin）总结道："在磁共振成像扫描过程中，让孩子保持静止不动的最佳方法，就是拿出娱乐精神让他们参与进来。"患者满意度大幅提升，甚至高达 90%。由此一来，每天的扫描次数显著增加。虽然这些结果提高了购买通用电气探险系列仪器的医院的投资回报率，增加了产品的销售量，但这些都并非道格最引以为豪的要点。在 TEDx 演讲的最后，道格讲了一个小女孩的故事，当时她刚刚在一个海盗主题的磁共振成像仪中完成了扫描。小女孩拉着妈妈的衣襟，抬头问道："我们明天再来好吗？"道格的声音因为激动而微微颤抖，他谦逊地说："这给我带来了特别大的动力。"

无论是以假设为驱动还是以问题为驱动的问题解决思路，都无法引导道格找到这样的解决方案。他的顿悟，让他选择了一条与众不同的道路来解决儿童做磁共振成像扫描特有的问题。他意识到自己对儿童接受磁共振成像扫描的整个过程缺乏了解，于是便让自己沉浸到他们的世界里，去了解他们的想法和感受。道格的沉浸式体验得到了回报，他从中找到灵感，发展出了关于儿童用户的全新见解，引导他从孩子的视角重新定义问题。通过站在儿童的角度，透过孩子的眼睛去感受磁共振成像扫描的整个情感历程，道格找出了一种新颖的解决方案，既能减少儿童的恐惧，又能降低医院的成本，同时还利用上了通用电气现有的技术。道格对孩子的同情心，与他在开发磁共振成像扫描解决方案方面的技术专长互为补充、相得益彰。

道格解决问题的方法，反映了我们在第 2 章中介绍的设计思维路径。通过与受众深入接触，他对问题进行了重新审视。他利用自己对儿童在接受磁共振成像扫描时所面临的挑战的全新认识，对问题重新定义，并找到了创新性的解决方案。利用第 3 章介绍的 TOSCA 框架，道格与遭遇麻烦的行动者共情，以此来展开问题解决流程，并将他们视为真正的问题所有者。通过与孩子互动，他对孩子所面临的约束和孩子眼中的最佳方式产生了全新的见解。设计思维的一个主要优势，就是能帮助问题解决者重新建构问题陈述，并为其找到创新性的解决方案，创造新的机会，正如道格亲身经历的一样。

在本章中，我们将对设计思维路径进行讲述，对应该在何时运用设计思维进行解释，并向读者介绍与用户形成共情时可以开展的活动和可以利用的工具。在下一章，我们会将关注点放在怎样形成关于解决方案的想法，以及怎样创建原型并进行测试上，并对余下的流程进行讲解。

设计思维的应用时机

设计思维，是在解决以人为中心建构的复杂问题时，可以加以利用的严谨方法。这种方法主要是对人的需求进行观察和挖掘，并将这种观察和挖掘置于问题解决过程的核心。设计思维提倡对潜在解决方案进行迭代测试，因而对行动有所偏重。解决方案开发人员（即设计人员）需要将他们对遇到问题的人（即用户）的了解转化成为解决方案中对用户喜好的明确判断。这一步要开发出潜在解决方案的概念，继而将其转换成原型。这套原型要能够利用来自解决方案实施者的反馈进行迭代测试。

我们何时可以将前面几章讲过的以假设为驱动和以问题为驱动的方法暂时搁置一旁，转而选择设计思维呢？这里有一个能帮你做决定的快速测试：

1. 此问题是以人为中心的吗？解决方案是为人而设计并供人使用的吗？这也是经分析生成的解决方案不一定能发挥作用的主要原因。
2. 这个问题复杂吗？关于这个问题，存在多种相互关联的解释吗？在这种情况下，试图匆忙确定问题陈述很可能会忽略掉一些问题的基本维度。
3. 问题的成因确定吗？如果你对这个问题和问题 2 的回答都是肯定的，那么就意味着使用假设金字塔和问题树的分析方法进行问题建构很可能是无效的。
4. 你是否觉得很难做到准确地进行问题陈述？如果你对这个问题的回答是肯定的，也说明设计思维的方法值得借鉴。

当你对上述问题的大多数回答是肯定的时，就说明你并没有足够的知识来有效地进行问题陈述。在这种情况下，如图 2-1 中的问题解决 4S 法流程图所示，你就应该选择设计思维路径，并从对问题所有者产生共情开始（见图 2-1 框 2）。

流程图中还显示了选择设计思维路径的另外两种情况。一种情况是你认为自己已经定义了问题，却很难用问题树或假设金字塔来建构问题。另一种情况是，你用传统的方法完成了定义和建构，却找不到满意的解决方案。在上述任何一种情况下，你都应该在构思阶段（见图 2-1 框 5）选择设计思维路径。如流程图所示，你也可以在无须全盘接纳整套路径的情况下，利用其中一部分设计思维工具。

虽然你可能不需要在处理遇到的每一个问题时都一丝不苟地遵循整个设计思维路径，但我们还是选择在此将方法中的全部五个阶段放在一起进行讲解，因为这五个阶段是彼此相互依托的，所需的心态也是相同的。

设计思维的 5 个阶段

在实践中，设计思维包括 5 个迭代阶段，如图 7-1 所示。共情、定义、构思、原型和测试这 5 个阶段，也出现在图 2-1 的设计思维路径中（框 2、框 1、框 5、框 8），具体如下：

1. 在应对一群用户面临的复杂和不确定的问题时，设计师要通过发现用户对问题的想法和感受、用户所处的环境以及他们所面临的约束来与之形成共情。在这个阶段，设计师会对用户和他们面临的问题产生丰富而深刻的理解。
2. 在这些理解的基础之上，设计师对问题进行定义，从不同用户的角度来对问题进行审视，不断打磨自身对问题的看法。
3. 这个不断加以修正的定义和问题框架，可以为构思阶段提供信息。在这一阶段，设计师会提出许多潜在的解决方案，并对这些方案进行检验。

4. 在原型阶段，设计师会选定有希望胜出的潜在解决方案，以有形的形式呈现给用户，供用户与之进行交互。原型体现了设计师关于理想解决方案特征的假设。
5. 设计师将原型交给用户进行测试。用户对原型的反馈，有助于设计人员选定最终的解决方案。

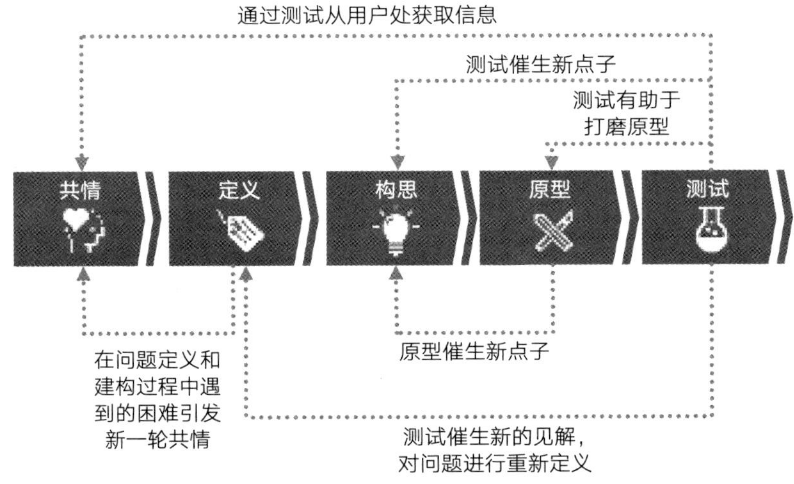

图 7-1 设计思维的 5 个阶段

在深入阐述具体步骤之前，我们先强调一下设计思维的核心特征，从发散和收敛之间的张力开始。

发散与收敛 发散与收敛交替是设计思维的核心。几十年的研究表明，这两者是利用创造力解决问题的引擎。[1] 虽然发散往往与产生不同的解决方案的想法有关，而收敛则与想法之间的选择趋同有关，但这两种思维模式在设计思维路径的每个阶段都是必不可少的。

IDEO 设计公司的首席执行官蒂姆·布朗在他的《IDEO，设计改变一切》一书中解释道，发散思维在设计思维路径的每个阶段都可以帮助创造可供选择的选项，而收敛则是要做出选择。[2] 你接触的用户所体现出来的差异越大，你通过收敛得出宝贵洞察的机会就越大。洞察上的差异，提高了通过收敛得出有价值的问题定义和框架的可能性。帮助产生想法的发散性思维，可以增强人们发现和选择高质量解决方案的潜力。在此基础上发展出来的概念和原型存在的差异，有助于迭代并形成有价值的解决方案。通过在设计思维的各个阶段进行发散性和收敛性的思考，你为复杂问题找到有效的解决方案的机会就会变大。

具体和抽象 设计思维路径需要问题解决者在由真实的人、产品和经验组成的具体世界和由模型、理论和想法组成的抽象世界之间来回穿梭，[3] 还要求设计者既要对来自真实世界的数据进行分析，又要对这些数据进行综合，并据此创建出面向未来的解决方案。

在这个过程中，设计师以对真实世界中千姿百态的用户产生共情为起点，对用户所处的现实进行观察和了解，从而对问题产生新的见解。随后，设计师从具体领域转移到抽象领域，对观察所得进行分析和提炼，形成用户、问题及其成因的概念模型。这一分析过程会帮助我们更透彻地理解问题，能从用户角度对问题进行重新建构。设计思维的前两个阶段，可以帮助设计师更好地将问题空间的抽象表达和设计指南进行整合。设计指南明确了解决方案必须令用户获得怎样的收益，并作为构思、原型设计和测试阶段的指导愿景。设计师将指南建立起来之后，他们就会不断设想各种关于解决方案的想法，在抽象世界中继续前行。随后，设计师回到具体世界，将想法转化为具体的原型，然后通过真人进行测试，最终得出解决方案。问题解决者利用设计思维的过程，就是运用来自用户的洞察和证据（而不是他们自己的观点）来对解决方案进行选择和开发。

迭代与协作 与问题解决 4S 法流程图中描述的其他解决问题的路径一样（见图 2-1），为了简单起见，我们将设计思维呈现为一个线性的过程。但实际上这个过程是高度迭代的，可能比传统方法的迭代程度更高。如图 7-1 所示，设计思维各个阶段之间存在许多反馈回路，甚至在同一个阶段内部也存在迭代。问题陈述是在迭代过程中不断改进的，关于解决方案和原型的想法也是如此，从而实现提升。建立原型也是一个高度迭代的阶段，允许设计师对解决方案的假设进行测试和验证，从而尽量降低执行成本高昂的无效解决方案的可能性。通过原型设计而对实验形成的关注，反映了设计思维对来自用户的反馈的偏好，这些反馈以用户与有形产品的交互为基础，而这本身也存在固有的迭代过程。

设计思维是协作性的，因为每个阶段都需要在用户、设计师和其他利益相关者之间进行大量而密集的交互。同时，设计思维的协作性也体现在其跨学科的特征上。复杂问题需要整合来自不同领域的有用知识，而多样化的视角有助于发现创新性的解决方案。适合用设计思维来解决的问题，需要由来自不同领域的问题解决者组成团队来处理。

创造力与包容度 设计思维所涉及活动的本质，决定了我们需要不同于传统的解决问题的方法。具体来说，发挥设计思维需要：

- 对创造力有信心。相信每个人（包括你自己在内）都富有创造力；相信如果你有一个严谨的过程可供遵循，就有能力并终将为富有挑战性的问题找到充满创造力的解决方案。
- 对失败具有包容度。愿意将收集用户对想法和原型的反馈机会视为实验过程，将负面反馈视为学习的契机，而非失败。
- 具有共情能力。深切地渴望接触和了解不同的人，以便从他们的视角看世界。

- 坦然与模糊状态共处。当你对解决方案毫无头绪时，仍然愿意去着手解决问题，同时相信设计思维路径将帮助你找到解决方案。
- 像初学者一样开始。愿意放弃固有的判断和信念，以全新的眼光看待设计思维路径，向用户学习。

如果你具有这样的心态，那么你就可以将设计思维作为一种强大的手段来解决富有挑战性的、以人为中心的问题。在本章和下一章，我们将深入了解设计思维路径的每个阶段，探讨每个阶段是怎么回事，为什么要这样做，什么时候做，如何做，以及相关的实践活动、工具和可交付的成果。

我们不会试图做到面面俱到。设计思维的工具包非常庞大、多元，而且在不断扩充。若想逐一说明，恐怕得写出一套多卷本的百科全书。在此，我们为读者提供的是设计思维使用者的主要工具，我们还会用讲故事的形式，举例说明整个过程中每个阶段工具的使用方法。

阶段 1：共情

共情是设计思维的基础。此阶段得出的结果，将为随后的步骤提供信息和依据。随后各个阶段的成功与否，以及整个设计思维路径的成功与否，都将取决于你在共情阶段学到的东西。

在这个阶段，你的任务是去了解那些你要为之服务的人，也就是那些面对问题的人。你必须了解用户想要满足的实际需求和情感需求，了解用户所面临的约束，他们试图满足这些需求的方式，现有解决方案令用户满意的方面和不满意的方面，用户采用现有解决方案的大环境，以及用户在整个体验中寻找到的意义所在。你的目标就是设身处地从用户角度着想，理解他们对问题的感受。

共情包括三项主要活动：观察、互动和沉浸。其中每项活动都代表了一个实地研究导向，旨在接近并了解人们在目前环境中的状态。观察，包括在用户遇到问题的实际环境中观察和倾听用户的意见，并体验他们用来解决问题的产品。观察的重点在于了解用户的实际行为。互动，是指与用户进行交互，捕捉用户的行为方式、想法和感受。沉浸，就是指让自己成为一名用户，亲自体验并使用产品。我们将在下面逐一讨论各项共情活动。

与用户产生共情，并非小事一桩，而是需要付出大量努力的。当你面对一个你不太了解的复杂问题时，这种努力是值得付出的。如果没有对问题整体的深入理解（这种理解来自与用户发生的共情），那么你开发出全新而实用的解决方案的机会就十分有限。研究表明，从他人（如用户）的角度来看待问题的能力，能提高开发出新颖而切题的解决方案的可能性。[4]

共情可以帮助你对用户形成全新的见解，而这是传统研究工具做不到的。用户调查等传统方法，可以提供关于用户信念、态度和行为的可靠信息，比如他们使用产品（如商品或服务）的频率，或者他们喜欢的产品的特性，却无法帮助你理解用户为什么会表现出某种行为（比如为什么人们不愿经常使用某项服务），为什么会有某种态度（比如为什么这项服务的某个特性有吸引力）。共情可以让你获得这样的洞察力，还可以帮你发现产品的意外用途。用户主导的定制行为或变通方法，无形的情感联结，以及未得到明确的用户需求，所有这些都提供了传统研究无法获得的宝贵见解。[5]

开始共情：设计概要

共情阶段的开端，首先需要对你想要解决的问题进行定义和建构，并确定项目的范围。在设计思维的语言中，这项工作叫作设计概要，类似于我们在第 3 章中讨论的 TOSCA 框架，同时存在两个关键的区别。

第一个区别，是你采纳的观点。与道格一样，你也需要从未来解决方案的用户角度来看待问题。这意味着，你需要将用户视为问题所有者。在只有单一用户群体的情况下，这是一目了然的。在其他情况下，你可能会遇到与问题相关的多个行动者群体。此时，你必须确定哪些人才是会受到解决方案影响的利益相关者，对他们的相关利益进行评估，对他们的影响力进行衡量。道格及其设计团队将目光专注于儿童用户的同时，必须考虑一系列利益相关者：操作设备并参与冒险的操作人员，陪伴孩子进行扫描的其他医疗服务者（如护士），做出采购决定的医院管理者，为扫描支付费用的保险公司。只要确定了相关用户和其他行动者，就需要从他们的角度（他们面临的麻烦）以及他们眼中的设计目标（成功标准）来进行问题陈述。同时，你还需要找出项目中的约束。

传统问题陈述和设计概要的第二个重要区别，就是后者可能是错误的。而这也并不碍事。共情阶段的目的，是帮助你在接下来的定义阶段对最初的问题陈述进行重新定义。在这个早期阶段，你仅仅需要利用关于用户的全部信息——无论这些信息是来自最初的研究还是其他途径都没问题，据此编写一个设计概要，启动学习过程。

完成最初的设计概要之后，你就可以与用户和利益相关者形成共情。

共情活动

为了实现共情，你可以扮演一下文化人类学家的角色，利用人种志的研究方法，来收集用户和其他相关行动者在日常环境之中的数据。从这里出发，你将能从他们的角度来理解他们的经历以及他们对这些经历的理解。你会关注人们的行为，他们说出来的话，他们的想法，以及他们的感受。

人种志的研究方法能帮你得出定性数据，具备探索的特性。作为研究者，你不能带着特定的假设进入某个领域去测试或验证，而是要专注于通过定性观察的分析和综合，从底层往上建立起一套系统化的理解。这些方法将帮助你理解所观察到的行为的意义和目的，以及这些行为与所处环境之间的关系。[6]

参与者观察 这是最基本的人种志研究方法。这种方法要求你走进研究对象的生活，同时保持专业的距离，以便观察和记录。其中最大的挑战就在于作为一个局内人，你既要充分融入其中，去理解这种体验，又要能以局外人的口吻对其进行描述。

在开始观察之前，你有几件事要做。你需要确定观察谁（用户），在哪里观察他们，并确定你具体想要从他们身上了解哪些信息。你可能需要获得用户和其他人的同意，才能开展观察工作。获得人们的接纳之后，你必须与观察对象建立融洽、彼此信任的关系，以最小化你的存在对他们行为的影响。你还需要决定如何记录观察结果：最初的人种志学者工具包，包括人们天生自带的五官、笔、纸质笔记本、录音机、照相机和摄像机，而如今，平板电脑也是常备工具之一。但是，仅仅拿到这些工具，知道为何使用这些工具还不够。表 7-1 提供了成为优秀观察者所需要遵循的准则。

表 7-1　怎样成为优秀的观察者

准则 1	不要明显脱离你所观察的对象。通过适当地参与来与观察者建立融洽的关系。与观察对象进行非正式的谈话也是这个过程的一部分
准则 2	记笔记的时候，要具体描述你所观察到的东西。避免总结和得出结论。记录发生了什么，发生在什么时候，发生在谁身上，发生在什么地方。按照事件发生顺序进行记录
准则 3	观察后立即用录音机做笔记或口述，最大限度地提高记录的准确性。要谨慎行事，尽量减少你对他人行为的影响

续表

准则 4	将你自己的解释和情绪反应与你具体的、描述性的观察分开记录，前者也是有价值的数据

进行观察有三种基本方法。最常见的是参与到用户的活动之中，并公开你正在观察他们这个事实。在这种方法中，你要将自己嵌入用户的生活中，观察并记录他们的言行，这可能需要你和观察对象一起生活或工作。

在某些情况下，你可以选择公开对活动进行观察而不参与其中。影子研究就是一个为研究者所广泛采用的做法。在影子研究中，研究人员会在一段时间内紧密跟随某人或某小组，记录他们的行为，重点放在跟踪对象与目标产品（如做某件事或使用某物品）进行的交互上。陪人逛街就是一种影子研究，由研究者陪伴用户购物，并观察其行为。影子研究经常涉及一些提问，比如请用户来讲讲他们正在做什么，有什么样的体验（"你现在在做什么，为什么？""你看起来很沮丧，怎么了？"）。小孩子是这方面的专家，他们经常跟随年长的兄弟姐妹进行学习（并惹恼他们）。

在某些情况下，你可以选择隐蔽地参与观察。这种方法可以让你看到人们的行为，听到人们的意见，同时消除你作为研究者所施加的影响。神秘购物就是一种隐蔽观察的方式。在这个过程中，研究者扮演着顾客的角色，去观察和体验零售的各个环节。另一个例子是在公共场所观察人们，比如在机场排队时进行观察，而不透露你研究者的角色。这种方法的一个主要缺点是它限制了数据收集的方式，因为此时录制音频或视频的手段都不可取。

隐蔽研究会引起伦理和法律方面的问题。如果你追求隐蔽的观察，那就将这种行为限制在人们没有合理隐私预期的公共场所。不要记录个人身份，也不要以任何方式（如文本、照片或视频）暴露研究对象的身份。不要让你的研究给观察对象带来任何风险或困难。人种志研究通常是高度个人化的，你要时刻注意保护观察对象的隐私，避免对他们造成任何伤害。如果你担心隐蔽研究的合法性，就请咨询有相关经验的律师。

互动 与人直接互动，可以让你深入了解他们的内心世界：他们的想法、感受、需求、目标和价值观。互动可以让你提出有关为什么的问题，从而了解用户行为和思想背后的动机和理由。理解用户为什么这样思考、这样行动，可以为设计师提供极具价值的见解。虽然人们讲述的故事不一定与实际行为相一致，但他们的说法能反映出他们的信仰和价值观[7]，而这些信息对设计师来说也非常有价值。深度互动还可以揭示出用户原本意识模糊的想法和价值观，让设计师和用户获得意想不到的新发现。

半结构化访谈，是一种被研究者广泛使用的互动方式。与结构化访谈（本质上就是调查，在共情阶段不是很有用）和非结构化访谈（比如在观察过程中发生的即兴对话）不同，半结构化访谈依赖于预先设定的开放式问题来引导对话，其优势在于灵活性：问题的开放性可以让受访者有机会把握谈话的走向，也可以让你更深入地了解特定话题的细节，从而理解受访者的想法和感受。

在设计访谈大纲时请谨记，我们的目的不是对某个预先形成的假设进行验证或测试，而是要去探索。这样想能帮助你避免提出引导性问题。你提出的问题应该基于你的研究目标，也就是你想了解什么。优秀的问题是简洁的、容易理解的、开放性的。你可以要求对方针对特定经历给出具体描述。举例来说，你可以问："你能给我举个例子吗？"然后就可以利用记者常用的"5W1H"方法来了解整个故事的来龙去脉：谁（Who）、什么事（What）、在哪里（Where）、何时（When）、怎么发生的（How）以及为什么发生（Why）。请注意，"为什么"位于列表的末尾。请人们解释他们的行为、想法和感受的深层次原因，对与他们产生共情而言是至关重要的，但这样做也会让他们产生戒心和防备意识。等人们描述了他们的具体经历之后再去问为什么，就可以最小化这些风险，并展开更丰富、更有见地的对话。

想要写好访谈大纲，你需要请一位经验丰富的访谈者提供反馈意见。完成这份大纲之后，就可以开始访谈了，你在半结构化访谈中怎样与用户发生互动，决定了你能从中获取多少信息。表 7-2 提供了附加的指导原则。

表 7-2　怎样进行半结构化访谈

半结构化访谈指导原则	首要目标是建立起值得信任和舒适的环境，鼓励人们开放且坦率地分享他们的经历。
	在让人感到舒适、专注、不担心泄密的地方进行访谈。最好在受访者可以演示或使用目标产品的地点进行访谈。例如，如果你想了解人们是怎么使用厨房用具的，就可以在他们的厨房里进行采访。
	着装规矩低调，要让别人认为你是稳妥的，不要让人因你而分心。
	讲明前因后果。简单介绍一下项目，开展项目的目的，以及你为什么要进行访谈。向访谈者确保采访的私密性，并确认对方同意接受采访。
	在得到允许的情况下，用录音机录音，并将录音转录成文本。或者，找一个专注于做笔记的伙伴共同进行采访。
	讲述一下你要提出的问题的主题，为面谈做好铺垫。告知受访者这些问题是开放式的，你可能经常会问到有关为什么的问题，从而理解受访者的意图、逻辑或信仰。
	为了建立融洽的关系，你可以从宽泛的问题开始，这些问题不一定与你想要了解的体验直接相关，比如对方的背景。
	专注地倾听，要有眼神接触。采用反思式倾听，并根据之前所说的内容提出后续问题。
	注意观察和记录你认为重要的面部表情和肢体语言，以及这些信息在访谈中出现的时机，这样你就可以将这些信息与面谈记录联系起来。
	要有礼貌，遵循黄金法则。

沉浸 参与者观察的一种极端做法是沉浸式观察，即让自己模拟一位参与者，记录下自己的观察结果。你要像用户那样生活，反思自己的经历，从而更好地理解用户。

举例来说，如果你想要解决医疗服务提供商在监测慢性病（如糖尿病）方面所面临的挑战，就可以去模拟糖尿病患者一天或更长时间的生活。这就意味着，你要改变你的饮食，减少摄入单糖和碳水化合物，严格遵循锻炼计划，每天多次监测血糖水平，采集血液样本，继而调整你的饮食和锻炼计划。通过将糖尿病患者所面临的约束条件放在自己身上，你就能与他们产生共情，从而为问题的解决生成有用的见解。

沉浸式体验允许你通过参与其中来发掘对用户体验更加深入的个人化理解。当你将自己嵌入用户的环境中，并与现有解决方案进行交互时，就是在将实际经验与你从观察和参与中获得的经验进行比较，产生新的领悟，为最终的解决方案添砖加瓦。

与谁共情

访谈和观察是与用户产生共情的两种强大手段。但是，你究竟应该观察和接触什么样的用户呢？大多数问题解决者总是倾向于去关注普通用户。但正如蒂姆·布朗所警告的那样，“如果只关注钟形曲线中心的凸起……那么我们更有可能会对已经知道的东西进行确认，而无法获得全新的、令人惊讶的东西”。[8] 为了在移情阶段实现差异化，为了扩大对问题空间的理解范围，提高找到创新解决方案的机会[9]，我们就要将目光转向极端用户。这些人处于用户钟形曲线的两头，他们的需求、行为、态度和情绪都是非典型性的。观察和接触极端用户，可以帮助你确定其他未曾预料到和无法想象的解决方案、技巧和用途。如果不去了解现有解决方案的边缘用户，你就不太可能找到适合他们的全新解决方案。而且，适合这群人的解决方案，也很可能适用于主流用户。我们不应该因为极端用户是非典型性的少数群体而忽视他们的存在，而是应该设法向他们学习。

哈佛大学商学院教授吉尔·埃弗里（Jill Avery）和迈克尔·诺顿（Michael Norton）建议用以下方式来识别极端用户[10]：

- 目标产品的专家级用户和从未使用过该产品的人群。
- 因约束条件而在使用产品时重重受阻的人，和以你无法想象的方式去使用产品的人。
- 产品的狂热爱好者和那些觉得产品很垃圾的人。
- （出于原则或必要性）成天高强度使用产品的人和那些拒绝使用产品的人。

向极端用户学习的一个优秀案例，就是奥秀易握系列厨房工具（OXO Good Grips kitchen tools）的开发。萨姆·法伯（Sam Farber）从他创立的厨具公司退休后，和妻子去往法国南部度假。萨姆注意到，妻子因为患有轻微的关节炎而在使用蔬菜削皮器时遇到了麻烦，这让他想到，为什么普通的厨房工具并不总是得心应手。于是，萨姆产生了一个新点子，决定设计生产出更舒适、更容易使用的烹饪工具。这些工具将让所有用户受益，而不仅仅针对那些患有轻度关节炎的人。

不久之后，萨姆和儿子约翰合作，聘请了纽约的一家工业设计公司 Smart Design 来研究和开发全新的厨房工具。1990 年，经过广泛的研究，在建构数百个模型，经历数十次设计迭代之后，第一批 15 种奥秀易握系列厨房工具正式进入美国市场，其中就包括它们标志性的拳头产品——削皮器。这些符合人体工程学设计的厨房工具，配有柔软的黑色塑料手柄，更容易拿握和使用。奥秀易握系列厨房工具，激发出了用户对整套产品极其强烈的品牌忠诚度。

对于该在何时结束共情阶段，并没有硬性规定。专业的人种志学者可能会花几个月乃至几年的时间沉浸在研究现场，而你需要的时间则相对少得多，只需几天到几周不等。项目时间和预算的限制，以及观察采访对象的意愿和配合度，将在很大程度上决定共情阶段的持续时间。短时间的观察通常就足以促使你产生新的见解，并为你解决问题的过程提供信息。

共情的力量：乐高的翻身仗

跌倒又爬起来的乐高集团，生动体现了通过人种志研究而形成用户共情的巨大力量。[11] 20 世纪中期，乐高失去了与核心客户的联结，每天损失约 100 万美元。时任首席执行官约恩・维格・克努德斯道普（Jørgen Vig Knudstorp）认为这种螺旋下降的趋势，是由乐高未能利用其品牌影响力进入邻近市场造成的。克努德斯道普认为儿童是乐高的传统核心客户，但他们已经与乐高品牌失去了情感联结，而乐高也抓不住孩子们的心。他意识到，乐高需要更加深刻地理解孩子，找到更为精准的游戏玩法。2005 年，这样的机会终于出现了。

那一年，负责以乐高积木为主题创造全新游戏体验的乐高概念实验室负责人索伦・霍尔姆（Søren Holm）参加了丹麦创新咨询公司 ReD 的合伙人麦克尔・拉斯穆森（Mikkel Rasmussen）举办的讲座。拉斯穆森讲到了使用人类学研究方法来探索消费者的生活，并利用由此产生的洞察来推动创新。其中一张幻灯片给霍尔姆和乐高概念实验室的其他负责人留下了深刻的印象：“如果你想知道狮子怎么捕猎，去动物园没用，要去丛林。”不久之后，乐高概念实验室与 ReD 合作推出了一个雄心勃勃的项目，名为“探寻乐趣”

（Find the Fun）。这个项目的主要目的是对 21 世纪的孩子的童年生活进行探索，找到乐高尚未满足的儿童的需求和愿望。

乐高概念实验室的设计师和 ReD 的人种志学者随后便开始对英国、美国和德国的家庭进行长期家访。由一位设计师和一位人种志学者组成的合作伙伴会在一大早抵达一户人家，观察这家人为新的一天做准备。白天，他们会与父母中的一方或双方进行访谈，晚上和孩子一起玩耍或在一旁进行观察。乐高的设计师之前从未如此直接地进入用户的生活之中。研究团队花了数月时间走访不同的家庭，与他们共同外出购物，逛玩具店，在此过程中收集了大量的定性数据。

当乐高和 ReD 公司有条不紊地对数据进行筛选时，三个关键的发现逐渐浮出水面。第一，他们意识到，虽然他们认为乐高的产品主要是单独用来玩耍的玩具，但儿童的玩耍普遍涉及多个十分重要的社会维度。第二，虽然乐高认为孩子之间的竞争以及随之所产生的地位等级是负面的，但人种学研究表明，与他人相比较进而得出自我排名是人类童年时代天然存在的本能。第三，研究小组发现，孩子有一种与生俱来的掌握技能的欲望，他们会在竞争社会地位和社会关系的过程中向同龄人展示他们对技能的掌握。乐高设计师意识到，乐高产品并没有很好地满足儿童游戏的社交属性、技能掌握和地位竞争等需求。发现了这些未被满足的需求，乐高就能开发出新的游戏概念套件，更好地针对儿童用户设计出核心积木产品。密集的人种学研究也为 2012 年乐高朋友系列产品的开发和推出奠定了基础，这是一个针对小女孩的系列迷你玩偶，获得了极大的成功。

正如乐高的故事所证明的那样，利用人种学研究来观察并直接与用户接触，可以提供关于用户的意外（很可能是在其他情况下完全无法获知的）见解。乐高的例子也表明，这些见解不会从研究中即刻显现出来，必须通过一套系统化的提炼过程来进行识别。而这就是设计思维定义阶段的目的，我们接下来将对此进行讨论。

阶段 2：定义

在对足够多样化的一群人进行观察和采访之后，就要将你的注意力转移到所收集数据的意义上来。定义阶段意味着从具体到抽象的转变，从对人们如何行动、为什么行动、怎样思考和感受的观察，到提炼出关于这些人及其体验的抽象表征。这包括识别数据中的模式，提取有价值的见解，并最终确定在解决用户的问题时什么才是最重要的。要做到这一点，你需要处理并理解大量的定性信息，要使用分析工具将观察结果综合成对问题的一致理解，并将其以模型的形式反映出来：共情地图、行程地图和用户画像。定义阶段的目的，是从用户的角度明确你对问题的理解，并在此过程中重新定义你对问题的看法。改变你的视角，就会为找到全新而有效的解决方案打开意想不到的大门。[12]

视角陈述

定义阶段的目标，是开发出一个可操作的、有意义的问题定义，这与我们在第 2 章和第 3 章中讨论的问题陈述的目的是一致的。设计思维路径的独一无二之处则在于，你是从用户的角度去定义问题的，这就叫视角陈述。[13]

视角陈述，需要找出一组特定类型的用户，找出用户想要得到满足的某种基本需求，这种需求存在的原因，以及用户之所以认为满足这种需求对他们而言很重要的原因。需求是情感或实体上的需要与欲望，你要以动词形式来表达出用户需要帮助的地方。解决方案则表达为名词形式，是专为满足需求开发出来的。洞察是关于用户行为、思考或感受的深度认知，你可以利用这些发现来解决问题。以下是精简后的视角陈述模板：

【用户】需要【需求】，因为【洞察】。

借用道格和磁共振成像仪的案例，我们可以这样来填空：

- 用户：身患疾病（需要做磁共振成像扫描）的小孩子；
- 需求：像个正常的孩子一样玩得开心；
- 洞察：当孩子们将磁共振成像扫描视为冒险之旅时，就会积极参与其中。

针对你需要应对的与用户相关的问题，视角陈述代表了一种明确表达。同时，视角陈述还可以帮助你理解和定义问题，从而为寻找解决方案提供新的可能性。视角陈述的重点在于你对解决方案的搜寻，这能为整个过程注入活力。

为了做出视角陈述，你需要调用在共情阶段收集的定性数据。通过将原始观察数据和依据人们对目标问题的行为、想法和感受所建造的模型进行分析和综合，你可以从底层开始逐步向上进行建构。你将利用这些模型开发出一个有意义的、可操作的问题陈述，从而指导问题解决过程的其余部分。接下来，我们将具体讲解怎样做到这一点。

如何定义：活动、工具和可交付成果

在分析和综合之前，请先准备好数据。你可能很想快速行动，跳过这一步，但这样做可能会在未来导致工作的延迟。你要将手写笔记转换成所有团队成员都能看懂的电子版摘要，最好是在你观察或访谈之后就立刻花点时间完成这项工作，因为这样可以帮助你马上回忆起最初没有记录下来的信息。录音也要转成文字，最好是用专业的转录软件来完成，以确保转录文字的可读性。你还应该对照片和视频进行编辑，以删除无关的图像。可以考虑使用定性数据分析软件包，比如 NVivo 或 ATLAS.ti，这些程序可以帮你将文本、音频和图像数据存储并打包为单个项目，并允许你对数据进行注释、搜索和视觉处理。

准备好数据之后，就可以开始分析综合了。如果你已经收集了大量数据，那么这项工作乍看起来可能会让人觉得不知如何下手。为了避免因为定性数据规模太过庞大而导致瘫痪，你需要一些方法来对信息进行建构，此时就是工具和模型派上用场的地方。

共情地图 这是一个为人们所广泛使用的工具，专门用来组织和综合来自个体用户的观察数据。用户共情地图是置于一张白纸、表格或白板上的模板，分为六个部分，通常在中心位置有一个用户姓名和头像，旁边配有基本的描述性信息（如姓名、年龄、性别、家庭情况等）。图 7-2 是用户共情地图的一个例子。

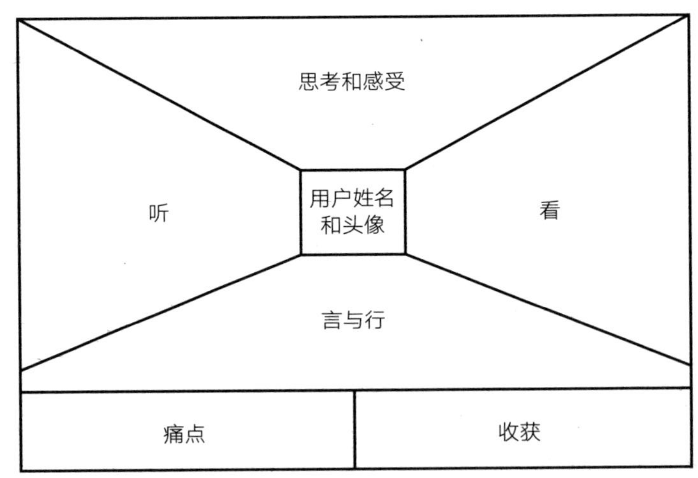

图 7-2 用户共情地图模板

这六个部分反映了问题解决者对用户在以下方面的观察总结：

- 思考和感受：什么对用户而言才是真正重要的？他们对产品体验有何看法？有何感受？
- 言与行：关于产品体验，用户说了什么？你观察到了哪些与体验相关的行动和行为？
- 听：用户从朋友、家人和其他人那里听到了什么会对体验造成影响的信息？
- 看：用户在环境中看到了什么对其造成影响的因素？他们观察到的什么人为他们的体验注入了信息？
- 痛点：用户面临什么样的挫折和挑战？
- 收获：用户希望从体验中获得什么？对他们来说，成功是什么样子的？

为了完成一个共情地图，你需要回顾和综合对特定用户的全部观察，并推断出此人的想法、信念和感受。在完成共情地图之后，将重点放在确定这个人试图满足的需求，以及可以帮助你开发出更优秀的解决方案的那些原本想不到的洞察上。为了实现上述目标，你可以在同一类别内部寻找张力、矛盾或脱节之处，比如这个人说了什么、做了什么，或者在不同的类别之间寻找，比如他们有什么想法和感受，而这些想法与感受和他们说了什么、做了什么能产生怎样的对比。将这些需要和洞察记录在共情地图的一侧。你可以以完成的共情地图作为基础，识别出观察对象之间共有的规律和特征。

行程地图 另一个用来组织有关观察对象的数据的工具，就是行程地图（也被称为体验地图）。行程地图按照个人在使用特定服务或产品时所进行的活动，以及他们对每个活动的想法和感受，并按时间顺序形成模型。例如，准备接受磁共振成像扫描的成年人，他的行程地图始于他了解到自己需要进行扫描之时，还包括随后的一系列活动：寻找合适的医院，预约扫描，出发去医院，停车，进入医院，找到接待区，报到，填写相应的文字材料，等待扫描，被叫号，更衣，等待，接收指令，为扫描摆好姿势，接受扫描，从仪器中出来，回到更衣区域，穿好衣服，回到等候区，付款，等待，与医生讨论扫描结果，走出医院，开车离去。直到患者向医生咨询完扫描结果，这一连串体验才算结束。在整个过程的每一个时间点上，患者都需要采取特定的行动，产生或积极或消极的感受。

行程地图能捕获整套用户体验之中的每一个元素。为体验的各个阶段进行建构的通用方法，就是 5E（下列 5 个元素的首字母缩写）模型：[14]

- 吸引（Entice）：触发用户兴趣的东西，这种兴趣可以让他们意识到此物的存在，想要参与到特定体验之中。
- 引入（Enter）：为用户体验的开始提供指引和导向的路标与信号。
- 互动（Engage）：包括用户与产品在内的特定任务与交互。
- 退出（Exit）：为用户体验的结束提供指引和导向的路标与信号。
- 扩展（Extend）：退出后的提醒和跟进，以保证用户与体验的联结。

与共情地图一样，行程地图也可以帮助你将对个人用户的观察体会组织成型，并识别出其中的需求和洞察。若想找到需求和洞察，就要去寻找亮点、热点和断点。亮点是用户发自内心喜欢和享受的体验点。热点则与此相反，是令用户感到不舒服、沮丧、焦虑或不安的体验点。只要发现亮点或热点，就要试着去理解其发生和存在的原因。究竟是什么让这部分体验变得精彩或糟糕的呢？对于热点，请寻找变通方法，也就是用户为了弥补缺陷或他们遇到的问题而去做的事情。而断点，也就是不同活动阶段之间给用户带来挑战或困扰的过渡环节。这可以帮助你将注意力集中在用户的需求之上，并从中获得心得。将这些需求和心得记录在行程地图的一侧，然后，你就可以对地图进行分析，从而综合出需求和心得，为解决方案的开发提供信息。

你甚至可以在问题解决过程的共情阶段就将行程地图拿出来使用，以建构并指导用户数据的收集。表 7-3 给出了建构行程地图的指南。

表 7-3　怎样建构行程地图

步骤	做法
1	确定你想要用来制图的用户体验。利用共情阶段设定的初始问题定义来明确重点
2	明确体验的范围，确定体验的开始和结束。这将决定你将要观察什么，不观察什么
3	列出你关于整个行程从头到尾的假设。确定涉及的分散活动及其顺序，无论你或客户是否参与这些活动
4	进行一两次试点访谈或影子活动，以确保你能在行程中捕获全部活动，收集你需要的数据
5	开发一个行程模板，作为数据收集和观察活动的指南。将特定活动阶段、用户接触点、操作、想法和感觉等方面包括在内。随着观察到的用户数量逐渐增多，你随时可对模板进行更新和修改
6	利用访谈和（或）影子活动来完成剩余的观察
7	使用行程地图来总结你观察到的全部数据

洞察卡　另一种对观察结果进行建构的工具，就是洞察卡。洞察卡可用于对关于用户行为、思考或感受的深度认知进行总结。洞察卡的内容包括对发现进行总结的标题、触发心得的研究文本片段，以及洞察的来源。你可以在共情阶段（比如在访谈或观察刚刚结束之后）制作洞察卡，或是在定义阶

段，在回顾定性数据或建构共情地图和行程地图时制作洞察卡。

发现的综合 利用共情地图、行程地图和洞察卡完成你对个人用户的观察总结之后，接下来就可以开始在数据中寻找规律和主题了，目标是将结构化数据提炼成为关于用户问题的一致理解。你可以在反映用户重要需求和相关洞察的模型中对这种理解进行反思。模型还能帮助你和团队成员从不同的视角来看待问题，找到发现创新性解决方案的新机遇。

在多份个人用户案例的基础之上进行结构化定性数据的综合，这种方法在设计思维领域有着许多不同的名称（如关联图、思维导图），但都是由几个核心步骤构成的：在观察用户的过程中寻找规律，将相似的观察结果归纳为同一主题，并确定主题之间存在怎样的关联。你至少需要识别出两种类型的主题，即与用户需求相关的主题和与洞察相关的主题。换句话说，你要在各个用户之间寻找相似的需求，将这些需求归纳为同一主题，并以同样的操作来处理用户洞察。

这一综合实践的目标，是对设计规则进行定义。在设计思维之中，设计规则就相当于 TOSCA 框架中的成功标准。设计规则说明了解决方案必须怎样做，用户应对解决方案有怎样的体验，而其措辞应独立于解决方案的实际形式与实际执行。举例来说，小孩子需要像一个正常孩子一样玩耍并获得乐趣是一个用户需求，但并非设计规则。道格和他的团队在研究过程中提出的设计规则，规定解决方案应该在扫描过程中让孩子感受到像在参与历险活动。设计规则作为开发解决方案的指导思想，也是设计思维路径中的一个重要的聚合点。

表 7-4 给出了如何对观测进行综合的具体说明。

表 7-4　用户需求、用户洞察和设计规则的综合

步骤	做法
1	团队合作。对用户定性数据进行综合的工作，最好是与拥有不同观点的多人团队成员合作完成
2	让观察结果活起来。为了调动团队的工作动力，与团队互动起来，就需要让观察结果便于理解，便于携带。你可以将共情地图、行程地图和洞察卡打印并张贴出来，利用研究过程中获得的图片及其与结构化观察之间的联系来传达额外的信息。实现数据的可视化和便携，有助于讨论和理解，令思路的重新组织变得简单便捷，并让团队成员能够在彼此想法的基础之上进行反思和建构
3	数据展示。你可以将所有的数据都列在墙上或白板上，用观察结果将整个空间填满，以便快速检查，也便于模式识别。将共情地图、行程地图和洞察卡垂直堆叠，这样就可以很方便地上下对比，寻找相似之处
4	整体浏览一遍。所有的数据都摆好之后，将整个布局当作艺术画廊，四处走走，审视所有的观察结果，以获得对数据的整体感觉
5	准备分组。让团队一次只专注于一组结构化观察结果。举例来说，你可以从客户行程地图开始，把每个行程中的每个部分的每个条目都写在一张便笺上（例如，某人对行程中某一步的每一种负面感受）。实际上，你可以将每个行程地图都拆分成多个组成部分，填写到便笺上，之后可以将这些观察结果按主题分组
6	思考如何分组。最简单的方法就是在观察结果中寻找相似点。举例来说，许多患者对接受扫描的感觉可以归类为“磁共振成像扫描对身体造成负面影响的担忧”这一主题。其他方法还包括基于用户相似性、共情地图、行程地图组成部分或观察结果邻近性的聚类观察。你可以尝试利用不同的分组方法，因为通常情况下并没有最佳方法可言
7	数据分组。一种方法是让每位团队成员都针对特定类别（如共情地图或行程地图）总结出自己的分组，之后再共同分享，将成果集成为一体。另一种方法是直接采用团队合作的思路，一起对观察结果进行分组。不管采用哪种方法，都会有些观测结果无法归类。不要忽略这些异常值，它们可能很重要
8	总结主题。分组完成之后，团队成员要抓住分组观察的本质，将其转化为主题描述。将结论写在较大的便笺上，放在分组之上。将每个主题标记为与用户需求或用户洞察相关的主题
9	寻找联系。确定了不同主题之后，就要开始寻找主题之间的关系，从而梳理出额外的见解
10	制定设计规则。确定了不同主题之间的关系之后，团队就应该退后一步，将目前所了解到的东西转换为设计规则。要做到这一点，需要回答这个问题：“我们的解决方案必须解决什么问题，必须帮助用户实现什么目标？”

用户画像 用户画像是传达数据合成结果的一种强有力的方式，可用来指导解决方案的开发。画像是对虚构角色生动而现实的描述，它是一群真实用户的结合体，代表了一组用户的需求、价值观、愿望、局限性、生活方式、态度和背景，这组用户是根据实际观察合成得来的。[15] 用户画像是富有意义的原型，是将真实用户的需求和对他们的洞察合二为一得出的。

用户画像之所以强大，是因为它在原本复杂而冰冷的数据之上赋予了鲜明而生动的人物面孔与故事情节。这些真实的复合画像，有助于你克服从自己的角度出发来看待问题的倾向，从而避免在开发解决方案时强加上你自己的隐含假设。有了用户画像，可以为交流创造便利，有助于在问题解决过程中达成团队共识。[16]

要生成用户画像，就需要返回到结构化数据上。利用共情地图在用户之间搜索，以确定其中存在的共性维度，包括人口统计学、行为（用户言行）、情感，以及由你总结出来的需求和洞察等方面。你要寻找的，是在上述一个或多个维度上存在相似性的用户子集。你可能会发现有两三个这样的小组，从小组内部来看用户是相似的，但组与组之间则是不同的。你可以为每个小组开发出一个用户画像，总量不超过三个，以保证在解决方案开发过程中始终抓住重点。每个用户画像可能都代表着解决方案的不同部分。

在确定了用户画像的基础之后，就需要对其描述进行补充了。你要以基本维度为出发点，利用来自共情地图、行程地图和洞察卡上的其他数据。最重要的是，为确定下来的每组用户的需求和洞察进行总结，将其包含在用户画像中，用有助于团队理解，并与这位（虚构）人物产生共情的语言对其进行描述。为了协助完成这项工作，你可以用一两页纸的篇幅来为每个用户画像给出额外的细节：用户的教育背景、生活方式、兴趣、价值观、目标、欲望、局限性和行为模式；还可以包括一些虚构的细节，比如他们的年龄、性别、收入、职业和婚姻状况；一个虚构的名字和从图像集中调用的照片，以便在接下来的几个阶段中提供参考。

定义视角陈述和“怎样才能”的设计目标 完成用户画像之后，你可以为每个用户画像开发一个视角陈述，并由此走向定义阶段的尾声。正如我们在本部分开篇所解释的一样，视角陈述可以帮助你确认以下项目：用户类型、用户试图满足的基本需求、关于需求存在原因的洞察，以及满足需求对用户而言具有重要性的原因。视角陈述的目的是重新定位你看待问题的方式，帮助你找到解决问题的新方法。这也正是道格所经历的事情。

道格在对儿童患者的需求进行极富共情力的观察之后，提出了视角陈述，其表述方式如下：生病的孩子在接受磁共振成像扫描的时候，可以像正常孩子一样去玩耍和感受乐趣。如果孩子认为磁共振成像扫描是一次探险活动，那他们就会参与进来。

道格和他的团队利用这个视角陈述提出了一个问题，而这个问题的提出，令他们开发出极具创新力的通用电气冒险系列成像扫描仪成为可能：我们怎样才能为那些害怕检查的孩子将磁共振成像扫描变成一场冒险呢？

这类问题被称为“怎样才能”的设计目标。“怎样才能”这个问题，激发并引导着我们去寻找潜在的解决方案。这个问题源于你的视角陈述和设计规则。一个优秀的关于“怎样才能”的问题，应该宽泛到能激发人们关于解决方案的诸多想法，同时又狭窄到促使人们去思考具体的、新颖的做法。[17] 研究表明，当以一种探索的、开放的方式去建构问题时，我们就能想象出更多的选择，找到更好的解决方案，而不是去想我们应该怎么做或必须怎么做。[18]

提出“怎样才能”这个问题，是结束定义阶段的好方法。当我们将注意力集中在一个强有力的“怎样才能”的问题上时，以我们在共情阶段学到的东西为基础，就能对问题产生足够丰富的理解，可以来着手提出解决方案。换句话说，你已经克服了引导你走上设计思维之路的困难，利用设计思维工具完成了问题解决 4S 法的陈述阶段。

现在，你可以从设计思维路径的定义阶段过渡到构思阶段了，这与图 2-1 所示的问题解决 4S 法的陈述阶段和建构阶段之间的过渡是相对应的。在过渡过程中，你将离开问题区域，准备开始在解决方案区域展开探索。同时，你还需要将关注点从对用户面临的当前情况进行调查转移到对用户的未来进行构想和创造方面。共情和定义阶段主要是尽可能多地去了解现有问题。构思阶段、原型阶段和测试阶段的目的，则是利用你从前两个阶段学到的知识来决定解决方案可能是什么，以及最终应该是什么样子。我们将在下一章中对设计思维的最后三个阶段进行讨论。

小结　Cracked It

1. 设计思维可以用于解决复杂的、难以理解的、以人为中心的问题。
2. 设计思维的 5 个阶段：共情、定义、构思、原型和测试。
3. 共情 = 从用户的角度理解问题。
4. 共情的工具：
    - 参与者观察：观察和记录用户的行为。
    - 半结构化访谈：探索用户如何思考、有何感受。
    - 沉浸：和用户一样去生活。
5. 与极端用户产生共情——向离群者学习。
6. 共情是设计思维的引擎。
7. 定义 = 从用户的角度理解并建构问题。
8. 定义阶段的活动和工具：
    - 共情地图：用户怎么想，有何感受，怎么说，怎么做，听到了什么，看到了什么。
    - 行程地图：用户体验到痛苦和收获的一系列活动。
    - 洞察卡：关于用户行为、思想或感受的新洞察。
    - 合成：将数据按不同主题进行分组，确定主题之间的关联。
    - 设计规则：解决方案必须能为用户做到什么。
    - 用户画像：需求的原型和对观察对象的洞察。
9. 以视角陈述和“怎样才能”的问题作为定义阶段的结束。
    - 视角陈述：关于用户需求和洞察的总结。
    - “怎样才能”：基于视角陈述提出问题，引导人们寻找解决方案。

第 8 章

问题求解：设计思维的 5 个阶段 2

建在佛罗里达州奥兰多的迪士尼世界，并不只是一个非常成功的游乐园。这是一个占地约 111 平方千米，不断向外扩展的大都市，其中包括四个主题公园，大约 140 个景点，300 多个就餐地点和 36 个度假酒店。迪士尼世界在迪士尼的企业战略中扮演着至关重要的角色，迪士尼的人物融入了世界各地的家庭之中。但是，在 21 世纪前 10 年中，迪士尼主题公园的主力军——迪士尼世界却出现了问题。诸如再访意愿等关键客户指标，由于排队时间太长、票价太高和其他许多痛点的存在而不断下降。与此同时，社交媒体和智能手机的迅速崛起，也威胁着迪士尼世界在大众视线中的存在感。在公司内部，迪士尼世界有了“烧钱平台”的绰号。

2008 年，在迪士尼世界总裁梅格·克罗夫顿（Meg Crofton）的要求以及迪士尼公园和度假村部门负责人杰伊·拉苏洛（Jay Rasulo）的支持下，迪士尼世界启动了“下一代体验”（NGE）项目。这个项目始于一个小团队，他们的任务是重塑游客的度假体验，并使迪士尼世界保持与时俱进。2009 年中期，规模扩大的 NGE 团队与旧金山设计咨询公司 Frog 展开了合作。NGE 团队和 Frog 设计师通过人种学观察和访谈等手段，对顾客在公园里的行为展开了研究，他们还绘制了遍布整个公园的家庭行程地图。

NGE 团队为解决诸多客户痛点而开发出来的一个早期想法，叫作魔法手环（MagicBand）。魔法手环是一种电子手环，拥有电子门票、钥匙、货币、优惠券和照片存储等多种功能。魔法手环能帮助游客在度假期间与迪士尼进行无缝对接。团队从许多数字接入设备的创意中选择了魔法手环这个创意，其他创意产品还包括挂在脖子上的系带、米老鼠帽子等。在 NGE 团队的专用设计实验室里，团队成员开发并测试了 40 多个魔法手环原型，其中第一个原型是他们从当地的家得宝（Home Depot，美国家居建材用品零售商）购买材料制成的。就这样，魔法手环的概念成了 NGE 项目的核心。

NGE 团队不断壮大，开始专注于重新设计魔法手环的整个客户体验，还搬到了迪士尼世界好莱坞工作室一处占地 1 100 平方米的摄影棚。在那里，NGE 为重新设计出来的客户行程描绘了一幅精致而逼真的蓝图。极其细致的实物模型中包括一个全尺寸的客厅，配有一台 iMac 电脑，游客一家人可以从这里预订迪士尼世界的行程。全家的魔法手环会通过邮寄的方式寄到，包装由 Frog 设计，感觉就像是一份特别的礼物。下一个实物模型，是奥兰多国际机场的航班到达区，连机场的实际座位都被完全还原了。机场是游客第一次将魔法手环与迪士尼数字接入点相连的地方。之后就是酒店的模型，那里设有实际的前台，用以模拟用魔法手环办理入住的全新流程。公园的主入口也有实体模型，另外，还有迷你版的景点和全新的概念餐厅。通过魔法手环传感器，餐厅可以提前获知游客点了什么，并随时准备好将美食送到每一张桌子上。除此之外，那里还有零售商店的模型。

蓝图使得 NGE 团队能与迪士尼世界的员工和游客一起对经过重新设计的体验之中的多个方面进行原型建构和测试，还帮助团队向首席执行官鲍勃·伊格尔（Bob Iger）和其他高管及董事会成员推销他们的愿景。2011 年，领导团队决定投入 10 亿美元的资金，致力于推进这个名为“我的魔法 +”（MyMagic+）的项目。

2014 年，迪士尼世界在园区正式推出了“魔法手环”和“我的魔法 +”项目之中的其他元素。游客满意度迅速飙升，因为经数字监控和规划之后的等待时间缩短了，当客人进入餐厅时，预定的食物会像变魔术一样跃然桌上。作为其影响力的体现，《快公司》（*Fast Company*）杂志将 2014 年的“设计创新”奖授予了“我的魔法 +”系统。[1]

在本章中，我们将通过关注创意的产生、原型设计和测试，来继续设计思维路径研究。正如迪士尼世界的故事所反映的一样，设计思维之中的这些方面是帮助解决富有挑战性的用户难题的工具，也是问题解决 4S 法设计思维路径的延续。在定义阶段完成问题陈述之后，设计师需要利用构思阶段对问题进行建构，并在原型和测试阶段解决问题。

阶段 3：构思

从用户的角度出发完成问题定义，并对一套设计规则进行综合之后，就可以着手研究解决方案的概念。概念是对解决方案的最终产物（如新服务、商业模式或组织结构）及其工作方式、表现形式、满足用户需求的方式进行的准确而简明的描述。概念通常是以图形和（或）文本形式呈现出来的二维表征。从定义阶段过渡到构思阶段的一个好方法，就是思考我们在定义阶段结尾处介绍的“可以怎样”的问题。

在构思阶段，你将继续驰骋于抽象世界，但需要将重点从是什么的分析和综合转移到为用户去设想可以成为什么。你可以利用自己对问题领域的理解和对设计对象的了解，来启发思考过程。在定义阶段所做的工作，特别是设计规则和开发用户画像，将帮助你和团队与用户保持联结，并为寻找解决方案提供指引。

构思阶段包括两个步骤。第一步，你将通过生成尽可能多的概念来进行发散。此时的目标是做大，尽量扩张想法的数量和多样性。你需要控制住对他人的想法进行评价和对自己的想法进行质疑的冲动，要鼓励那些不切实际的、不可行的、古怪的狂野想法。这样的做法，将帮助你探索解决方案的疆域，扩展概念范围，而这里的疆域和范围恰恰代表着解决方案的甄选池。第二步，你要做出选择。你需要对概念进行细化和评估，并选择一些有希望的概念进行原型化和测试，以转化为最终解决方案。

如何生成概念：原则和方法

莱纳斯·鲍林（Linus Pauling）是史上唯一一位两次获得诺贝尔奖的人。他曾打趣道："找到好点子的最佳方式，就是找出很多点子，然后把其中的坏点子丢掉。"[2] 鲍林点明了一个深刻而直接的道理：创意的成功与否，取决于（单个）最佳概念的质量。想出 1 个惊世骇俗的想法和 99 个毫无用处的想法，比想出 100 个还不错的主意要强。在创新性的问题解决过程中，整体分布之中的极端情况很重要，不要将目光局限于针对大多数的平均情况。

不考虑平均情况，对差异化投入最大关注，这种做法与我们通常的目标和期望是矛盾的。大多数时候，我们都在致力于实现平均情况的最大化，以及差异的最小化。我们想要的是一致性和可靠性，而不是可变性。我们更希望让 100 位客户都拥有还不错的体验，而不是让 1 位客户拥有无与伦比的超级体验，其余 99 位客户感受平平。组织之中的层次结构、性能参数、激励、规则和生产流程，都能反映出这样的偏好，而这些工序也都是为了提高平均性能，排除偏差。[3]

为了增加在复杂问题上找到创新性解决方案的可能，你必须放弃一种趋同的思维方式，即在产生想法时对其进行质疑式评估的冲动，转而采用发散的思维方式，去鼓励更多具有多样性的想法。多年来，各项研究都表明，发散式思维是利用创造力解决问题的最强有力的预测因素之一。[4] 以下是研究表明有助于想法形成的指导方针与方法。

构思指南

团队多样化 如果你想增加想法的数量和多样性，那么就需要找到差异化的问题解决者，包括用户。在解决复杂问题方面，团队通常比个人做得更好。由具备不同专长但彼此相关的专业人士组成的团队，通常比由同质化的个体组成的团队做得更好，因为他们能激发出更丰富的多样性和更多的想法。[5] 多样性的缺点在于，可能会导致冲突增加、凝聚力下降和交流减少。[6] 若想克服这些挑战，同时利用多样性带来的好处，就需要在团队成员之间建立信任、尊重和彼此接纳的关系。[7]

按捺住评判的冲动 批评会扼杀创造力。请忍耐住，不要对团队成员的想法进行质疑性评估，也不要反复斟酌自己的想法。虽然最终还是需要在选择阶段拿出审辩精神，但就目前来看，你应该将对想法的评价和点子的产生这两件事彻底拆开。研究表明，如果问题解决者将评判这件事放到想法发展成熟之后再去做，就能激发出更多的创造力。[8] 当你作为一个团队的成员进行创造活动时，这一点至关重要：在创意产生时就当机立断地对其进行评价，会使团队成员思前想后不愿开口，进而导致他们的产出减少。[9] 你应该鼓励团队成员，而不是斥责他们的想法太过天马行空或毫无可行性。

追求数量 产生更多的想法，可以增加找到全新而有价值的解决方案的机会。[10] 将关注点放在数量上，你就可以忍住不去做评判和暗自思量。致力于追求尽可能多的想法，能激发创意的产生，并借由某个想法联想出更多的想法，进而创造出积极的反馈效应。为期望获得的概念数量设置一个特定目标和奖励，可以对这一关注点进行强化。

利用视觉效果 正如我们在定义阶段讲到的那样，你应该始终致力于令自己的思想以可视化、可移动的形态表达出来。这一点在构思阶段尤为重要。通过画图的方式来形象化地梳理想法，可以帮助你将想法明确表达出来，帮助团队成员在此基础上进行建构。

保持专注 在追求大量差异化的想法的过程中，你会很容易丧失掉对问题和用户的关注，这时你可以利用定义阶段的问题定义、设计规则和用户画像来作为指导。你可以采用的一种方法，就是将这些内容做成横幅，挂在办公室的墙上，以便随时提醒。

构思的方法

现在，需要遵循的原则已全部列出，我们可以将重点放在有助于你进行构思的实践活动上。创意工具箱中的材料五花八门。在《万能工匠》（*Thinkertoys*）一书中，作者迈克尔·迈克尔科（Michael Michalko）提到了33种有助于创新的思路。[11] 我们来共同探讨一些经研究表明真正有用的方法。

类比思维 类比是对两种事物的相似特征的比较。我们的大脑总是试图通过将不熟悉的事物与之前经历过的事物相比较来对新情况加以理解。通过类比进行推理，是人们解决问题的主要方法。研究表明，类比推理可以帮助人们产生新想法并利用创造力去解决问题。[12] 多样化的问题解决团队之所以能产生更多和更多样化的概念的一个原因，就在于团队成员能够进行更加丰富的类比。[13]

类比思维的主要挑战在于，我们常常看不到两个领域之间的相似性，无法进行类比推理，或是我们仅满足于对表面的相似性进行类比，进而得出质量低劣的点子。我们需要一种方法来帮助自己创造出类比，具体做法如下。

第一，确定问题的关键方面。利用定义阶段的设计规则、问题定义和其他成果，来确立目标问题的基本属性。

第二，在不同的场景中寻找与目前的问题存在共同特征的其他问题，找到这些问题的解决方案。源问题的解决方案，也代表着目前问题的候选解决方案。若想激发出真正新颖的想法，就要去貌似八竿子打不着的地方寻找问题及其解决方案，也就是那些表面上看起来与你的问题没有太多共同之处的问题。[14] 举例来说，福特（Ford）汽车公司之所以能发明出汽车装配线，就是在工业化食品生产流程中找到了类比灵感。[15] 最初，福特采用的是一种低效的生产流程，工人们要从多个箱子里取出零件，然后用手推车推着零件在工作场所四处移动，要么装配发动机，要么加工车身。1913 年，福特公司的员工比尔・卡恩（Bill Kann）参观了芝加哥的一家屠宰场，亲眼看到了工业化生产流程的超高生产效率：动物在位于头顶上方的传送装置上移动，在移动过程中，不同的屠夫依次执行专门的切割任务。在说服创始人亨利・福特将这样的思路应用于汽车生产之后，移动装配线就成为 T 型车生产的标志性特色。从此，福特公司的生产力爆炸式扩张，而福特汽车的价格也从 575 美元降到 280 美元。

识别远距离类比的一种方法，就是从大自然中寻找源问题及其解决方案。通过与生物进行类比来解决问题，这种方法叫作仿生学，是利用生物的外观、生命规律和系统作为目标问题的源解决方案。[16] 仿生学鼓励问题解决者在自然界中探索解决方案，因为大自然中存在的诸多现象，都是经过成百上千万代的自然选择而得以优化成如今的样子的。现在，有越来越多的设计师使用仿生学技术来开发创新的有形产品，同时，这种技术也被人们用来启迪、服务和组织与战略设计相关的创新解决方案。[17] 另一种建立远距离类比的方法，是在行业之外寻找源问题和解决方案，就像比尔·卡恩早期所做的那样。

第三，对你手头的问题与源问题的相似程度进行评估。你手头的问题与源问题之间的相似性，就是让你联想到类比的原因。但是，如果只关注相似之处，特别是那些表面上的相似点，可能只会产出拙劣的点子。为了应对这种可能性，请考虑一下源问题和解决方案存在哪些不同之处，而这些不同之处可能会令你做出错误的类比，或对你产生误导。这也可以帮助你认清，这种相似之处是仅仅存在于表面，还是与问题的潜在原因有着更深层次的联系。正如我们在第 1 章的约翰逊与杰西潘尼的故事中了解到的一样，在看不到实质区别的情况下，只关注两种情境表面上的相似性，可能会产出灾难性的解决方案。

第四，评估候选解决方案是否有助于解决你的问题。你需要将解决方案从源域转换到问题域，需要根据前面步骤中确定的两个域之间的差异对其进行调整。完成解决方案的转换之后，就可以对其能否解决你的问题进行评估了。在这一步，你不需要对解决方案的概念进行彻底评估（这是下一步的事），只需要评估眼前的概念能否保留在潜在解决方案的集合之中就足够了。

在问题解决过程中，类比蕴含着巨大的力量。一个振奋人心的案例，就鲜明地反映出了其中的四个步骤。这个案例来自儿科心脏重症监护病房。接受复杂心脏手术后，婴儿需要从手术室转到重症监护病房。在重症监护病房的时间，是这些小患者恢复的关键时期。在转移期间，所有的技术和支持设备，包括药品供应、供氧设备和监测设备在内，都需要在 15 分钟内从手术室系统转换为便携式设备，继而转换为重症监护病房设备，总共转换两次。与此同时，从 4 ～ 8 小时的手术过程中收集到的关于病人的重要信息，也需要从外科团队转移到重症监护病房团队。在如此短的时间内将这些复杂任务整合为一体，特别容易在病人最脆弱的时候出错。

伦敦大奥蒙德街儿童医院（Great Ormond Street Hospital for Children）的工作人员，每天都要经历这样的过程。马丁・埃利奥特（Martin Elliott）教授和艾伦・戈德曼（Allan Goldman）博士都在这家医院工作。一天的辛苦工作后，心脏外科主任埃利奥特教授和儿童心脏重症监护科主任戈德曼医生瘫坐在椅子上，看着电视放松身心。屏幕上正在上演一级方程式赛车大奖赛。两人在看电视时，同时注意到 F1 车队的停站和从手术室到重症监护病房的交接过程存在相似之处。意识到这一点后，医院的外科团队和重症监护病房团队负责人开始合作，先是与迈凯轮 F1 车队合作，然后是与法拉利 F1 车队合作。他们一起在法拉利位于意大利摩德纳的总部工作，一起去了英国大奖赛的维修站，也一起亲临医院的手术室和重症监护病房。这次合作，帮助他们对病人从手术室到重症监护病房的移交规则进行了彻底的重新设计，使得移交过程的各个方面都得到了显著的改进。[18]

头脑风暴 头脑风暴可能是激发创意的过程中使用最为广泛和得到研究最多的方法。在亚历克斯・奥斯本（Alex Osborn）1953 年出版的《应用想象力》(*Applied Imagination*)[19] 一书中，“头脑风暴”被定义为创意产生的过程中一种几乎毫无结构感的自由联想方法。人们首先要专注于手头的问题，然后展开想象，利用不受约束的自由联想过程，找到尽可能多的想法。你也可能参加过很多头脑风暴讨论。虽然有些实验研究表明，与单独工作的类似人群相比，头脑风暴小组产生的想法更少，多样性也有所欠缺，[20] 但还有一些研究表明，只要遵循我们之前讨论过的创意原则，头脑风暴就能为找到创意提供帮助。[21] 设计公司 IDEO 将这些原则定义为头脑风暴规则，而

IDEO 的员工也都一丝不苟地遵循着这些规则。

- 按捺评判的冲动。
- 鼓励大胆的想法。
- 在他人的想法基础之上进一步拓展。
- 专注于一个话题。
- 一次只进行一个对话。
- 视觉化。
- 追求数量。

邀请经验丰富的主持人，也能提高头脑风暴小组产生创意的效率。[22] 这是 IDEO 和其他设计公司的标准做法。除了对创意有所帮助之外，头脑风暴还可以帮助问题解决者挑战他们对问题和潜在解决方案的假设，尽量降低他们提出糟糕解决方案的可能性。[23]

脑力写作 这是集体头脑风暴的一种变体，专门为了克服头脑风暴过程中的一些挑战而开发。[24] 在脑力写作中，参与者会独立地产生一定数量的想法，而不需要相互交流。然后，参与者要互相交流想法。交流可以采取两种形式。第一种，也是最简单的方法是，每人轮流讲出自己的想法，专门指派一位成员将所有想法都记录在白板上。第二种方法是将自身想法建立在别人的想法之上，每位团队成员都与另一位成员分享自己记录下来的想法，然后开始第二轮独立的头脑风暴，重点放在以团队成员想法为基础而生成新的想法。这个过程可以持续一段时间，随后，所有产生的想法都会被记录下来，与团队分享，以供进一步讨论。[25]

脑力写作解决了头脑风暴中存在的一些挑战。独自产生想法，而不是在互动过程中不断讨论，这就消除了由单一小组成员主导对话的可能性。同时，还可以减少人们出于担心会得到负面评价而对自己的想法预先评判的倾向，为思考和想法的酝酿给出更多的时间，并消除某些参与者在他人的贡献之上“搭便车”的情况。[26] 在一项精心设计的实验研究中，欧洲工商管理学院（INSEAD）的卡兰·吉罗特拉教授（Karan Girotra）、克里斯蒂安·特维斯教授（Christian Terwiesch）和沃顿商学院（Wharton School）的卡尔·乌尔里希教授（Karl Ulrich）发现，与只进行头脑风暴的类似小组相比，在进行头脑风暴前来一轮脑力写作的小组能产生（关于其商业价值和客户吸引力的）更多更好的想法。[27]

形态分析 暗物质的发现者弗里茨·兹维基（Fritz Zwicky）是瑞士的一位杰出天体物理学家。他在加州理工学院发展出了这种为复杂问题求解的建构方法。[28] 形态分析反映了创造力、发明和创新等研究领域之中公认的见解：针对问题的全新而有用的解决方案，通常是以新颖的方式结合现有的产品（如思想、概念或技术）而产生的。[29] 举例来说，叉勺是由勺子和叉子组合而成的。1989 年，锐步（Reebok）推出的标志性气垫鞋，结合了从静脉输液袋技术中借鉴而来的气囊。同样，Waze 是一款应用程序，它结合了 GPS 定位传感器、智能手机和社交网络平台等现有技术和设备，数百万上班族依赖这个 App 来缩短通勤时间。

形态分析将产品视为拥有不同属性的集合。若想使用这种创意生成方法，首先必须识别出解决方案之中的不同属性，例如各种性能维度、必须具备的功能、物理特性等。其目的是将你正在设计的目标对象（产品、过程、系统或策略）拆分成多个基本方面。只要将属性确定下来，就可以接着去确定每个属性可能存在的不同状态。举例来说，在设计实物产品时，其中一个属性可能是产品的形状，而它可能呈现的各种形状（如球体、立方体等）则代表着不同的状态。确定完属性和状态之后，就可以将这些内容列入形态矩阵，其中的列为状态和行为属性。

迈克尔·迈克尔科在《万能工匠》一书中给出了一个简单的形态分析案例。迈克尔科提出的目标是改进洗衣篮。他指出了洗衣篮的四个属性：材料、形状、表面处理和位置。对于每个属性，他定义了以下形态：

- 材料：柳条、塑料、纸、金属、绳子。
- 形状：正方体、圆柱体、长方体。
- 表面处理：无工艺、油漆、透明、发光、霓虹。
- 位置：地板上、天花板上、墙壁上、通往地下室的滑槽、门上。

建好形态矩阵之后，就可以通过寻找不同属性和状态的组合来生成之前不存在的全新解决方案。你可以随机选择，也可以选择特定的组合。去除不可能或明显不合适的组合，其他就可以作为可供参考的创新性解决方案。研究表明，形态分析可以提升创意的数量和新颖性。[30]

在迈克尔科的洗衣篮案例中，他利用形态矩阵做了一个洗衣篮，这个洗衣篮很像篮球网，大约 1 米长，连在一个圆柱形的篮筐上，挂在附于门后的“篮板”上。这个设计鼓励孩子们像投篮那样将脏衣服扔进洗衣篮。当篮子装满时，拉一拉绳子就可以将衣服倒出来。

SCAMPER[31] 创新性的解决方案通常是建立在现有想法上的新颖组合。这种观点有一个变体，那就是新颖的解决方案往往源于对现有解决方案的补充或修改。通过给出一份激发创意的问题清单，SCAMPER 可以帮助我们在现有洞察的基础之上进行拓展。SCAMPER 是个缩写词，其中的七个字母分别代表着替代（Substitute）、结合（Combine）、调整（Adapt）、修改（Modify）、用于其他用途（Put to some other use）、取消（Eliminate）以及翻转（Reverse）。表 8-1 说明了以任意顺序或组合整合这些主题，都能够激发创意。[32] 人们发现，采用 SCAMPER 有助于开发出更多新颖、实用、可行的解决方案。[33]

举例来说，20 世纪 70 年代，美国西南航空公司（SWA）在与美国航空公司（American Airlines）等规模更大、财力更雄厚的中心辐射型航空公司竞争时，就面临着来自美国航空业的巨大挑战。美国西南航空公司面临的问题是："我们如何才能重新定义网络航空公司的传统价值主张（价格收益），进而吸引到那些通常会选择开车或坐大巴的人（因为坐飞机太贵了）？"

表 8-1　利用 SCAMPER 进行构思

SCAMPER 主题	典型问题
替代 思考如何将产品或流程中的一部分进行替换	还有其他什么东西可替代？还有谁可做替代？还有什么材料、成分、过程、动力、声音、方法或力量可以用来替代？还有其他哪些地方可做替代？
结合 思考如何将产品或流程中的两个部分或多个部分结合起来，形成某些全新的东西，或是强化协同效应	我可以得到怎样的混合物：什锦、合金或集合体？我可以将哪些想法、目的、单位或诉求结合起来？
调整 思考产品或流程的哪些部分可以进行调整，可以怎样更改产品或流程的本质	过往经历能否提供类比？还有什么情况与此相似？此事还能说明什么？我可以对什么进行调整并将其作为解决方案？我可以复制什么？我可以效仿谁？
修改 考虑对产品或过程的部分或整体进行改变，或以一种不同寻常的方式对其进行扭曲	我还可以采用其他什么含义、颜色、动作、声音、气味、形式或形状？我还能补充什么呢？
用于其他用途 考虑如何将产品或流程用于其他用途，或如何在其他地方重新利用某事物	有什么新的方法来使用此物？在其他地方也可以使用吗？我还可以联系哪些人？如果对其进行修改，还能有什么用途呢？

续表

SCAMPER 主题	典型问题
取消 思考一下，如果取消部分产品或流程，可能会发生什么情况，并考虑在这种情况下你可能会做什么	我可能低估了什么？我可以消除什么？我可以简化什么？我可以将什么变得更小、更低、更短或更轻？
翻转 想想如果产品或流程的某些部分翻转过来，或以不同的顺序排列，你可能会做什么	哪些元素可以被重排？还可以采用其他什么样的模式、布局或顺序？系统之中的组件可以互换吗？我应该改变步伐还是进程？积极和消极可以互换吗？角色可以互换吗？

美国西南航空公司的高管提出并回答了一系列关于 SCAMPER 的问题，这引导他们提出了一种创新性的客户价值主张。例如，避开那些规模更大（更拥堵）、对网络航空公司而言更为便利的机场，转而选择不拥堵的机场。他们取消了网络航空公司给客户提供的许多服务，包括在航班上提供全餐、长途航班、商务休息室、商务舱和座位选择，同时还对许多其他服务进行了优化：增加了每日航班的班次，提高了客户服务的友好度和可靠性。通过避开航空枢纽，美国西南航空公司能让客户以更快的速度到达目的地。最重要的是，美国西南航空公司实现了比网络航空公司低得多的成本结构，机票价格大幅下调。这一经过重新设计的创新性价值主张，帮助美国西南航空公司成为历史上持续盈利时间最长的航空公司。

如何对概念进行评价和选择：原则与方法

通过以生成许多解决方案概念的方式进行发散推理之后，我们就要确定将哪些概念推进到原型设计和测试环节，以实现聚合。这一步提出了两个关键的问题：如何进行概念的评估和选择，应由谁来进行评估和选择。我们将在这里着重讨论这两个问题。

结构化方法是进行概念评估的最佳方式。第一步，我们需要确定接下来会用到的定义标准，以便对概念池进行评估。第二步，这些标准使得你能按规则操作，对这些想法的相对优势和劣势进行比较，并选出一个或多个进行原型设计。

这些目标和标准，需要能应对三个广泛的领域：用户愿望、技术和组织可行性，以及财务活力。定义阶段的目的，是帮助你了解用户希望从解决方案中得到什么。你现在必须将这些设计规则转化为详细的评估标准。最终的解决方案也必须是可行的，技术必须到位，组织应具有实施技术的必要资源和能力。还有一点，你需要从经济可持续的角度进行评估，来确定解决方案的开发和执行程度。

与非结构化方法相比，结构化方法有很多优点。[34] 因为你将根据与用户和问题所有者相关的标准来对概念进行评估，所以更有可能选择同时适合这两方面的概念。在评估标准中体现设计规则，可以促使你去选择用户眼中比现有解决方案更具吸引力的潜在解决方案。结构化方法还能促使你应用客观标准，给出选择背后的推理过程，从而减少认知偏见对概念选择的影响。

虽然概念选择是一个收敛的过程，但你不太可能立即就确定主导概念，马上开始建立原型。概念评估和选择的过程是迭代的。这个过程很可能会在团队中触发关键的对话，通过将一些想法组合成新的想法，并对其他的想法进行修改，以实现概念的进一步细化，而这也将带来更多轮的评估。

概念的评估和选择，需遵循以下 6 个步骤[35]：

1. 构造选择矩阵。在行中输入评估标准，在列的顶部输入概念的标题。你可以对标准进行加权（以百分比表示），以反映重要性上的差异。你需要一个基准或参考概念来对标评估过程，这可以是传统解决方案，现成的一流解决方案，或集合中的任何概念。

2. 给概念打分。你可以使用一个简单的评分系统，该系统由三个级别组成：比基准参考概念“更好”(+)、“类似”(0)和“更差”(-)。也可以利用赋值为1～5的分数表。你可以按行来评分(专注于一项指标，对每个概念按该指标进行打分，之后再转到下一个指标)，或按列来评分(专注于一个概念，并根据每个标准对其进行评分，然后再转移到下一个概念)。当团队合作进行这项工作时，你可以利用团队共识对想法进行打分，或利用无记名投票的平均值来对想法进行打分。
3. 概念排名。对概念进行打分后，将每个概念的得分相加，并记录在选择矩阵的底部。按照最好到最差的分数对概念进行排序。
4. 对概念进行结合与改进。在对概念进行排名之后，与团队讨论这个排序是否有意义。如果有，就要去寻找方法来对概念进行组合或改进。如果一个得分很高的概念在一两个指标上得分较低，那么就要想办法确定怎样才能在不降低其在其他标准上的表现的情况下，在这些方面进行改进。同时也要注意那些在高分和低分上相互映射的概念，思考怎样利用某个概念的高分方面来弥补另一个概念的低分方面。
5. 选择一个或多个概念。额外的评估环节之中，你和团队要对修改后的概念进行讨论，在对结果感到满意后就可以决定将哪些概念推进到原型阶段。如果有时间和资源，你可以考虑将两三个概念引入原型设计。
6. 对结果和过程进行反思。在这个过程的最后，花时间和你的团队成员讨论他们对评估和选择过程的满意度与舒适度。如果有

> 人意见不一致，就要找出问题的根源。这可能会引导团队对完整性和清晰度的标准进行回顾，并对各项打分进行修改。人们会花时间来反思过程，识别问题出错的可能性，并增强团队对设计思维路径下一阶段的信心和决心。

虽然概念评估的结构化方法可以增加人们找到理想解决方案的机会，但是由谁来执行这个关键的任务也很重要。[36] 当我们深度参与创造过程时，就算采用的是设计思维这样以用户为导向的方法，也有可能沉迷于自己的想法无法自拔，高估自身想法成功的机会，从而导致“假阳性”（即对拙劣的概念予以放行）。相比之下，没有参与创意产生过程的外部人员，例如评估项目提案的管理者，更有可能低估新解决方案的价值，而高估传统的、熟悉的解决方案的价值，从而增加“假阴性”的风险（即对胜出概念进行否决）。

克服这些挑战的一个方法，是邀请富有创造力的同行参与进来，也就是非项目团队成员，积极创建针对类似问题的解决方案的人士。与不参与创意产生过程的管理者相比，同行的风险厌恶程度更低，对新想法更开放，可以降低假阴性的可能性。而且，他们对你的想法也没有过多的介入，这能使他们给出更加客观的评估，防止假阳性的发生。这些外部人士可以帮助你提高找到有创意的点子的机会，将点子带入原型和测试阶段。我们接下来将对此进行研究。

阶段 4：原型

原型，是从抽象领域转换回具体领域的阶段。原型的核心思想是使抽象概念具体化，这样用户就可以与这些概念进行有意义的交互，便于你从这些交互中进行学习。此处的关键在于把想法从你的脑袋里提取出来，融入现实，进入用户的世界。

原型是对解决方案（产品、流程、服务等）的近似模拟和抽象。针对你认为有助于解决问题的方案，原型以有型的形式对其中至少一个方面或属性进行体现。原型是实验，允许你对有关解决方案属性的假设进行测试。蒂姆·布朗曾说过："任何能让我们对想法进行探索、评估，并推动其前进的东西，都是原型。"[37]

原型有多种形式，可以是演示某一过程或服务的故事板，可以是用泡沫塑料在实体空间搭建的实物模型，比如酒店大堂或客房，也可以是用移动应用程序截图的纸板图示，或模拟实体产品最终形式的 3D 打印工件。原型可能是粗糙的（比如 IDEO 为第一个苹果电脑鼠标开发的早期原型，就是从滚珠香体剂中拿出滚珠黏在塑料黄油盘底部制成的），也可以是精致的。原型可以只专注于概念中的一个或几个属性，也可以是全面的、完全集成的，比如批量生产之前制造的概念车。

原型是一个高度迭代的过程。因为原型允许我们从反馈中学习，所以我们可以利用从一个原型中学习到的知识来改进后续的原型，从而向最佳解决方案靠拢。由此，原型也将变得越来越真实和全面。

但是，早期原型最好是快速、粗糙和廉价的。这样你就能够快速学习并探索多种解决方案的可能性。IDEO 鼓励设计师"经常失败，从而尽早成功"。研究表明，通过尽早建构和测试实体原型，可以提高最终解决方案的质量。[38]

有一个快餐界的关于快速、廉价的原型设计案例，非常值得借鉴。1948 年，理查德·麦当劳（Richard McDonald）和莫里斯·麦当劳（Maurice McDonald）在加州圣贝纳迪诺开办了一家非常成功的免下车餐厅。虽然取得了成功，但麦当劳兄弟相信，如果他们能够通过简化菜单和提高食物制作效率来更快地为顾客服务，利润还能更高。那一年，除了把菜单上的菜品减少到九种，开发出标准化的食谱和流程外，兄弟俩还决定关起门来，探索如何彻底改造厨房业务。

理查德认为，厨房布局会影响订单准备速度，通过改变厨房设备和工作站的配置，可以减少员工之间的干扰和冲突，减少准备时间和食材浪费。为了迅速而又经济地验证这一假设，理查德和莫里斯在家后面的网球场用粗粗的红色粉笔在球场地面上画出了餐厅和厨房的精确尺寸。

电影《大创业家》（*The Founder*）就精彩地捕捉到了这种原型设计的过程。在厨房员工的配合下，兄弟俩实地模拟了烤汉堡、炸薯条等订单准备过程。理查德站在梯子顶上观察工作流程的变化带来的效果。多次改变网球场上的厨房布局图之后，理查德设计出一个高效生产流程。随后，他们信心十足地聘请了承包商，为餐厅建造一个符合他们要求的厨房。新的速食服务系统使得麦当劳可以在 30 秒内为顾客准备好食物并开始送餐。[39] 这种方法不仅掀起了餐饮业的彻底变革，帮助创建了快餐这一餐饮类别，也打造出了一个全球餐饮巨头。

原型的好处

原型设计是设计思维和严谨问题解决流程中的重要组成部分，其中有三个目的：学习、风险管理和沟通。

以学习为目的的原型 原型是一项实验活动，体现了问题解决者在构思阶段开发出来的假设。[40] 你需要建立起原型，对假设进行测试。通过允许用户与原型交互并收集他们的反馈，促进实验的开展。与仅基于口头或书面描述的反馈相比，通过有形的工件观察交互，通常会提供更丰富、更周到和更可靠的反馈。

原型开发也会促使你进一步明确自己的想法。当我们需要将想法转化为有形的形式时，经常会意识到自己的想法是多么模糊，或者发现想象与实际之间的差距。原型还具有发现重要问题和意外问题的附加功能。我们之所以建原型，就是为了思考。

以风险管理为目的的原型 关于在解决问题时什么方案可行，什么方案不可行，原型可以帮助我们减少这方面的不确定性。在将全部资源投入实施解决方案之前，将不确定性解决掉，可以降低失败的风险，提高成功的概率。

以沟通为目的的原型 原型可以丰富并促进与所有利益相关者和内部团队成员的沟通。原型提供了丰富的交互，能帮助我们有效地沟通我们在寻找解决方案的工作中所处的位置。通过利用来自用户的证据进行设计选择，原型减少了由于对解决方案具有不同观点和意见而产生的分歧，还可以帮助不同的利益相关者展开讨论，协商解决方案的意义、目的和功能。

怎么建原型

若想要原型提供这些好处，其背后必须有一个计划，以下是简单的 4 步规划法[41]：

1. 定义原型的用途。原型是一项实验活动。了解实验的目的，是设计实验的关键。如果不知道目的，你就不知道哪些方面需要得到反馈，也不知道从谁那里获得反馈，这样就很难确定究竟可以从中学到什么。在原型建设工作开始之前，以书面形式陈述你的团队希望从原型测试中学到什么。你可以用这个句型来将其框定为一个或多个假设：“我们相信……”

2. 明确原型的近似水平。原型的全面性各不相同（原型具备最终解决方案的哪些属性和功能），保真度也有差别（原型与最终解决方案在外观和感觉上的匹配程度）。更全面、保真度更高的原型，通常能帮助用户提供更多有用的反馈，但是建构起来更耗时、更昂贵，而且迭代修改更不灵活。原型的近似度一方面反映了反馈的清晰性和准确性，另一方面体现了反馈的可负担性和灵活性。以上一步定义的学习目的为基础，原型应在能提供有用反馈的情况下保持最低的全面性和保真度。
3. 概述实验计划。指导实验运行和反馈分析的实验规划，应该要确定参与测试的用户类型和数量，测试原型的环境，反馈收集方式，以及反馈分析方法。我们将在下面测试阶段的介绍过程中涉及实验计划的这些方面。
4. 创建时间表。进入测试之前的最后一步，是创建时间表。此时应确定什么时候必须开始原型建构，什么时候对原型进行测试，什么时候对反馈进行收集。原型时间表能帮助问题解决者保持专注和动力。

阶段 5：测试

原型和测试紧密地交织在一起，是严格的实验过程中紧密相连的步骤，并且互为补充。在开发原型之前，明确测试的内容以及如何测试，这两点非常重要。从对一个原型的测试中学到的东西，可以帮助我们开发其他原型。

测试的目的是学习。你要与用户一起进行测试，改进解决方案，并不断修正对用户及其面临问题的理解。不要将反馈局限于用户对原型的好恶，经常询问为什么，发现关于用户及其问题的其他见解。同时，也要向用户询问解决方案的改进建议。

原型测试可能会带来意想不到的收获，因为这个过程为收集意外的反馈创造了条件。[42] 在最终解决方案所在的大环境中与原型进行交互，可以激发用户提供出在其他情况下想象不到的信息，从而对解决方案进行有价值的改进。但是，我们必须保持警惕，对意料之外的反馈保持接纳和宽容，乐于对意外反馈的存在原因进行探索，化被动为主动，对这些意外的收获加以利用。[43] 正如路易·巴斯德（Louis Pasteur）所说："在观察领域里，机会只青睐有准备的人。"

早期的原型设计和测试常常很耗时，但实际上可以加快整个解决方案的开发过程。测试过程可以帮助问题解决者更早地识别出站不住脚的解决方案，及时淘汰，还能帮助他们在进入开发的高级阶段之前发现解决方案的局限性，而一旦进入最后阶段，应对这些局限性就需要投入更多的时间和费用。[44] 关于这一点，蒂姆·布朗曾说过，尽早地、频繁地对原型进行测试，是自带矛盾属性的，因为"这种行为是为了加速前进而刻意放缓脚步"。[45]

如何测试

虽然原型和测试是相互交织的，但制定测试计划和执行，仍然是比创建原型更重要的附加步骤，我们随后将详细解释。[46] 以下步骤始于原型创建阶段的末尾：

1. 选择用户的设置和样本。测试原型的一个关键方面，是用户所处环境和样本的选择。这些选择会影响反馈的丰富性和可靠性。测试环境可以是受控的、人工的，例如实验室或分阶段的模拟，也可以是即将投入解决方案的实际的、自然的环境。示例用户可以是任何人，他们可以与你想要解决的问题无关，也可以是切实面对问题的实际用户。

为了让用户提供最自然、最详细、最真实的反馈，测试环境和测试对象应尽可能与现实世界中的环境与人保持一致。这就是说，需要让真正的用户在自然环境中与原型进行交互。在用户面前放置一个原型，要求用户提供反馈，而不允许用户以自然的方式进行体验，并不会产生多少有用的反馈。举例来说，如果你开发了一个新型的旅行马克杯原型，将一组用户聚集在会议室进行焦点小组讨论，并不能让他们找到像平时上班路上那样的体验。因为用户与原型的交互脱离了真实环境，所以反馈也没有多大的实际用处。

尽量避免招募那些倾向于提供有利的、积极反馈的用户，比如朋友、家人和热心人士，也就是对你正在开发的解决方案充满热情的人。因为这会增加假阳性的风险。相反，只招募最苛刻、最挑剔的用户，也可能导致假阴性。若想得出有效的测试结论，就要避免与太好说话或太难应付的用户一起进行原型测试。

还有一个要考虑的因素是样本的大小。对早期的粗略版原型进行测试时，目标是快速产生定性的反馈，由 10 个左右的用户组成的小样本比较合适。[47] 等走到解决方案的开发过程，应用精细而全面的原型时，则需要更大的样本（通常是数百个）来识别统计学上有意义的结论。

2. 开发一个反馈收集格式。要生成关于原型的反馈，需要将观察和半结构化访谈结合起来。对于后者，我们需要使用共情阶段中概述的半结构化访谈的原则来进行问题开发。从原型测试中获取反馈的一个简单而有用的工具，就是反馈捕获网格。这个网格由四个象限组成，每个象限都有一个宽泛的开放式问题："什么有效？""什么没用？""你不明白什么？"（或者"你有什么问题？"）"如何改进？"

3. 针对原型进行沟通。对测试过程中用户将如何与原型相遇并产生互动的过程进行规划。我们的目标是向用户展示原型，允许他们与之互动，产生体验，而不是向他们讲解这个原型是什么。你要避免向用户解释原型背后的想法或理念，把自己想象成一位主持人，帮助用户从现实转换到原型设置，同时尽量减少向用户提供相关性信息。
4. 收集反馈。从积极观察用户如何与原型交互开始，从积极观察他们如何使用和误用原型开始。如果用户因为使用不当或不理解原型而注意力不集中，那么就为其提供最低程度的纠正性信息来帮助他继续体验。请用户在体验原型时将思考过程大声说出来。作为原型体验的主持人，你可以这样问："告诉我，当你在做这件事的时候，你在想什么？"这类似于我们在共情阶段讨论的影子研究。在收集反馈时，你还需要让其他团队成员充当观察员和记录者的角色。如果做不到，那么就请录制视频来记录测试过程。

   在收集关于原型的反馈时，请注意不要为原型进行辩护。由于原型反映了我们对用户需求的信念，并且涉及大量的开发工作，因此我们很可能成为证实性偏差的牺牲品。我们必须接受与信念背道而驰的反馈和意料之外的反馈，因为这些反馈可以揭示解决方案中之前未曾预料到的局限性，并提供改进的机会。你要拿出必将犯错的心态来进行测试，有了这样的心态，就可以放下对原型的防御心理，帮助你接受与信念背道而驰的反馈。
5. 对反馈进行诠释。这主要是指回到原型的目的和你开发的具体问题或假设上来，利用这些内容来指导你对测试产生的定性反馈进行分析。综合你所学到的关于问题和假设的信息，但不要把你的分析局限在这些内容上。因为测试原型是另一个与用户产生共情的机会，所以请将你了解到的用户需求和见解进行综合。定义阶段描述的分析工具包在这里非常好用。

6. 反思结果。对收集到的反馈进行分析和综合之后，就要进行反思了。此时也是你认识到测试具有很高价值的时机。与你的团队成员讨论结果，确保每个人都能接受其合理性。你需要提出的关键问题如下："我们将如何根据所学的知识对解决方案进行提炼和改进？我们应该改变什么？我们应该保留什么？我们应该调整什么？"在朝着最终解决方案前进的过程中，推动团队集中力量投入下一轮原型迭代。

为了简化起见，我们将设计思维呈现为一个从共情到测试的线性过程。在前一章中，我们讲述了通过沉浸于用户对问题的实际体验中来探索问题空间，并讨论了怎样将观察转化为对问题定义的指导。本章通过想象和为用户创建可能的未来，通过生成和评估解决方案概念，进行原型设计和测试，将重点转移到了探索解决方案空间。

但我们都知道，这个过程并没有那么简单。设计思维是高度迭代的，而且必须进行迭代。一个迭代的、实验性的过程，可以降低风险并提高开发出创新性解决方案的概率。迭代是优秀设计和优秀解决方案开发的标志。通过对整个流程进行多次循环，我们就能实现迭代。同时还可以在阶段内部进行迭代，例如创建和测试多个原型，或者进行连续多轮的构思和概念评估等。我们的目标是确定（最终）解决方案应该是怎样的，不应该是怎样的。

经过这么多次迭代和细化，我们要怎么知道何时才能告一段落呢？我们在构思阶段的概念评估步骤中简要讨论了创新的标准，并给出了答案。富有挑战性的商业问题的创新性解决方案，应同时满足以下三个标准：合意、可落实和可行。合意，创新性解决方案必须符合用户的口味。这就意味着在将成本考虑在内之后，用户必须认为，新的解决方案比现有解决方案能更加有效地解决他们面对的问题。同时，提出这样一个创新性解决方案的思路还必须是可落实的。我们必须有充分的技术条件，能可靠并有效地将解决方案转化为现实，而且解决方案提供者必须拥有落实的资源和能力。对于解决方案提供者来说，创新性解决方案必须在经济上是可行的，也就是说，开发和实施的经济效益必须超过成本。如果你有足够的信心认为解决方案能满足这些标准，就可以进入问题解决 4S 法的推销阶段了。

设计思维是本章和前一章的重点，是解决复杂商业问题的一种诱导性方法。我们需要让自己沉浸在对现有问题的理解中，从而推断出未来的解决方案。设计思维是以假设为驱动和以问题为驱动的方法的替代和补充。

与我们在前文中描述的方法相比，像设计师一样解决问题，需要利用不同的思维方式和工具包。解决问题的设计思维路径，强调创建解决方案，包括产品、服务、策略、系统和组织等。设计思维不是单纯利用智慧去破解复杂谜题，给出简洁的答案。设计师需要为解决问题引入新的工件，这些工件可以为思想搭造出物质外形。为了做到这一点，设计师需要在抽象的心智模型和具体的人、体验和工件之间来回流动。解决问题，就是拿出创意去创造。

设计思维的挑战和前景都在于此。许多人并不认为自己擅长创造，常对自己的创造能力缺乏信心。这具体表现为对失败的恐惧，对冒险进入未知领域的恐惧，或者是对在他人眼里看起来很蠢的恐惧。当人们认为自己没有创造力时，他们就会缺乏追求创造力的信心。

设计思维的吸引力在于能揭开创造力的神秘面纱。它代表了一套严格的流程和工具，这样的流程和工具可以给我们力量，帮助我们产生新想法，追求新见解，着手解决富有挑战性的问题。为了说明如何像设计师一样去解决问题，我们对设计思维的过程、方法、实践和故事进行了探索。在这样做的过程中，我们希望能帮助读者激发出利用设计思维的灵感，培养出对设计思维的掌控感。

汤姆·凯利（Tom Kelley）和戴维·凯利（David Kelley）的著作《创新自信力》（*Creative Confidence*）告诉我们，每个人都拥有创造力。在对设计思维的价值进行解释时，凯利兄弟总结道："我们知道，只要能让人们坚持在一段时间之内使用这种方法，他们就会产出惊人的成果。"[48]

无论你如何解决面前的商业问题，无论是通过假设金字塔、问题树，还是借助设计思维，都必须说服别人相信你这套解决方案的价值和可行性。你需要构思一段引人入胜的故事，才能将解决方案推销出去。若想了解如何做到这一点，请继续阅读下一章，准备好为你的演讲设计出精彩的故事情节。

小结　Cracked It

1. **探索解决方案空间的构思、原型和测试：**
   - 通过建构主题公园游客浏览路线上的全尺寸模型，迪士尼世界重构了客户体验。
2. **构思 = 生成不同的解决方案概念；要选择最有希望的概念来打造原型和进行测试。**
3. **构思的第一步：数量和多样性很重要，平均质量不重要。**

- 鲍林：产出好创意的最佳方法，就是先想出很多很多的点子。

4. **指导方针：团队多样化，延迟判断，追求数量。**

5. **构思工具：**
   - 类比思维：儿科心脏手术与 F1 车队的停站有何相似之处？
   - 头脑风暴和脑力写作：利用两种方法产出更多更好的点子。
   - 形态分析：勺子 + 叉子 = 叉勺。
   - SCAMPER 问题清单：西南航空公司重塑航空业。

6. **构思的第二步：利用结构化评估过程进行收敛。**
   - 指标：合意性（利用设计标准）、可落实性和可行性。
   - 请同行发表看法，从而尽量降低假阴性和假阳性情况出现的概率。

7. **原型 = 为用户创建实体的解决方案近似物。**

8. **我们之所以建立原型，是为了学习、管理风险和沟通。**
   - 麦当劳兄弟用快速且廉价的方式，用粉笔在网球场地面画出了速食服务系统中的厨房布局，据此建立原型并进行测试。

9. **如何建立原型？**
   - 定义目的：你想了解什么？
   - 确定这个原型所需达到的完整度和精细度。

10. **测试 = 得到关于原型的反馈并对其进行分析，以收敛出解决方案。**

11. **尽早使用粗略的原型进行测试。蒂姆·布朗：原型可以让我们在放缓脚步的同时加速前进。**

12. **选择一个环境和样本：在自然环境中测试，避开粉丝和批评者。**

13. **设计思维不是线性的，要时刻准备迭代。**

第9章

解决方案推销：金字塔原理

是时候从问题解决前进到推销解决方案了。现在，你已经进行了相关分析，找到了问题的解决方案，并开始设想如何对它进行推销。你需要做的，是说服问题所有者采纳你的建议。这将是一个全新的挑战，也是任务的高潮所在。为此，你需要切换思考问题的方式。你要做的，不再是进一步分析问题，而是跳出来，看看你的解决方案是如何与问题所有者面临的困境相契合的，并据此来推销它。

让我们暂时把问题解决放在一边，设身处地地想象你是想要了解解决方案的问题所有者。例如，想象一下你现在是野马航空公司的首席执行官，你的公司是在美国运营的低成本空中运输公司。[1] 你之前让一名行政主管去研究一个你正在考虑的计划：采购 5 架型号为空客 A320neo 的新飞机来扩充公司的运载能力。行政主管写了一份材料来总结他的研究成果，内容如下。

> 按照您的要求，我对采购 5 架空客 A320neo 飞机以扩充公司的运载能力和提高利润的计划进行了调研。我对飞机本身进行了调查。空客 A320neo 是一款优秀的飞机。有研究表明，由于其燃油效率更高，所以新款飞机的运转成本低于我们当前使用的波音 737，这使得我们可以在 3 年内就收回两种飞机机身本身的差价。因此，购买

这款新飞机来扩充公司的机队在经济上是可行的。此外，这还可以帮助公司抓住新的增长机遇，例如开辟到达墨西哥和美国中部的新航线。

随后，我调查了采购新飞机对公司机队管理的影响。由于当前机队的飞机型号均为波音 737，增加一款新机型必然会提高管理的复杂度与运维、培训成本，尤其是对飞行员和技术人员的培训成本，但是客户的支付意愿不会提升。尽管具体的影响程度较难评估，但我保守估计，空客 A320neo 在燃油方面节省的开支无法抵销随之增加的运维和培训成本。

从采购的角度来说，第一次从空客公司购买飞机会对波音公司施加竞争压力，从而使我们在与两个供应商的交易谈判中获得更好的筹码。为了推断双方供应商会如何响应我们购买 5 架新飞机的提议，我们的采购部门已与一些厂商进行了商讨。采购部门认为，空客公司会提供更大的折扣与更优的财务条款。

然而，我通过与商务部门交谈发现，由于美国与墨西哥之间空中交通管制的不确定性，尤其是美国政府近期发布的声明，一下子采购 5 架飞机是非常冒险的。因此，我们认为公司应当延续当前一次只购买一架波音 737 飞机的政策。出于本行业的高风险性，特别是许多运输公司都根据《破产法》第 11 章申请了破产保护，股东会很看重公司当前稳步增长的策略。首席财务官判断，在这样的背景下宣布批量采购 5 架飞机会使公司股价严重下跌。

因此，我建议公司延续逐架采购波音 737 的方式来扩充机队，而不是一次性采购 5 架空客 A320neo。

> 但如果我们考虑的是一次性采购多架飞机，向空客采购更多飞机将会有利可图。在考虑运维与培训成本之后，我的看法是，如果批量购买至少 9 ～ 10 架空客 A320neo，空客提供的价格和财务条款会给公司带来很大的收益。

你觉得这份材料如何？你对它感到满意吗？它说服你了吗？

讲述解决方案的故事，而不是寻求方案的故事

你大概已经发现，这份材料真是糟透了。我们可以从以下几个方面来改进它。首先，行政主管应当一开始就直奔主题。在来来回回阐述优点和缺点的时候，他本质上是在建议你不要采购 5 架空客 A320neo，这是这份材料的核心观点。该材料的一个重大缺点是核心观点并不突出，淹没在了接近文章末尾的地方。我们读到倒数第二段才知道这一中心思想。优秀的新闻记者会告诉你一个经验："不要隐藏金句。"金句指的是讲述的故事中最重要的部分，它应当在一开始就被简明扼要地说出来。上述材料的作者明显违背了这一高效、管用的沟通原则。

使情况变得更麻烦的是，我们不得不在相互抗衡、拉锯的论据中跋山涉水，才能发现作者最终的建议。如果在读完第一段后便停止了阅读，你很可能误以为这份材料是支持采购计划的。但继续阅读，我们发现材料中的结论实在是非常复杂，因为作者在反反复复地陈述着计划的利弊，看起来永远得不到一个确定的结论。即使在阐明了立场后，他又在文章的最后一段说了点别的弱化自己立场的东西。读者始终得不到一个简单明了的结论，真是十分令人沮丧。

这让我们想起了美国前总统哈里·杜鲁门（Harry Truman）对于"双面

经济学家”的愤怒。据说，杜鲁门曾在得不到一个关于政策的清晰建议后挫败地要求道：“给我一个‘只有一面’的经济学家吧。为什么所有的经济学家都在说‘一方面……另一方面……’？”为了让建议更有说服力（以及不那么令人沮丧），作者不仅需要在一开始就将核心观点清楚地讲述出来，还需要对这一核心观点进行条理清晰、令人信服的论证。

在上面的案例中，行政主管呈现观点的方式使得他的论证过程十分混乱，缺乏条理性很难让人买账。阅读该材料时，你不仅需要努力去猜测他最终的结论，还需要去梳理他的论据是如何支持他给出的建议的。

行政主管犯的是一个经典的错误：他在材料中报告的是他解决问题的过程，而不是向问题所有者解释和论证他给出的建议。材料是根据公司面临的问题组织起来的，而不是关于执行方案的建议。作者先描述了问题，再陈述了他如何组织问题、分析问题以及分析的结果，唯独没有解释他所讲述的这些是如何支持文章的核心观点的。比如，他对比了从空客公司或波音公司采购 5 架飞机的方案，但又在下一段中排除了批量采购飞机的可行性，使得前文的方案对比与中心思想完全无关。行政主管将解决方案看作破解问题崎岖之路的终点，由此他相信应在故事的结尾将他的建议和盘托出。

这一错误非常普遍。我们花了那么多功夫在问题解决的过程中，以至于这一过程本身变成了我们阐述解决方案的默认结构。我们可能还希望让问题所有者知道，为了得出当前的解决方案我们付出过的努力和经历过的重重困难。诚然，相比于讲述解决方案本身的故事，我们很难忍住不去讲寻求解决方案的故事。

可惜这并不是一个推销解决方案的有效方法。决策者并不会像侦探小说的读者那样热衷于与侦探一起追寻蛛丝马迹，而且不到最后一刻都不想知道谁是凶手。他们不希望你把核心观点隐藏在丰富而曲折的过程当中，也没有兴趣知道你进行过的聪明、充满挑战性，但对推销你的解决方案毫无帮助的分析。他们只是想听到你最终的建议及背后的推理，来决定他们是否同意你的判断。他们需要的是一个关于你所给建议的有条有理、令人信服的故事。在这方面，“金字塔原理”可谓百试百灵。

利用金字塔原理

芭芭拉·明托（Barbara Minto）是麦肯锡的前咨询顾问和“金字塔原理”的发明者。[2] 她的方法基于一个古老而切实的洞察：如果人们可以将一组思想在脑海中以有条理、有逻辑的方式组织起来，人们就可以更好地理解和记住这一组思想。从古希腊开始，人们眺望星空时看到的便是由星星组成的图案轮廓，而不是散乱的星星。想象出线条将星星连在一起，并通过比喻赋予它们意义，可以帮助我们记忆和识别星座，因为人脑就是需要一定的模式来理解和记忆我们感知到的事物。思想也是这样，为了理解和相信其他人的想法，我们必须“看到”他们的想法如何被有序地组织在一起。想法之间的联系越紧密、组织结构越简单，故事的条理性就越强，也就越令人信服。

明托认为，推销商业解决方案最有效的方式就是采用自上而下的金字塔结构。位于金字塔顶端的是统领全篇的核心观点，随后的主线是用以支撑核心观点的论证，同时勾勒出全文的框架。核心观点必须出现在最显眼的位置，并引出随后用以论证或详述它的论点。如果你采用了金字塔这一表达策略，听众便可以很快抓住重点，并认识到你的思想是如何通过一个简单明了的框架组织起来的。这可以帮助他们整理思路，使他们接受你的核心观点以及其他的内容。

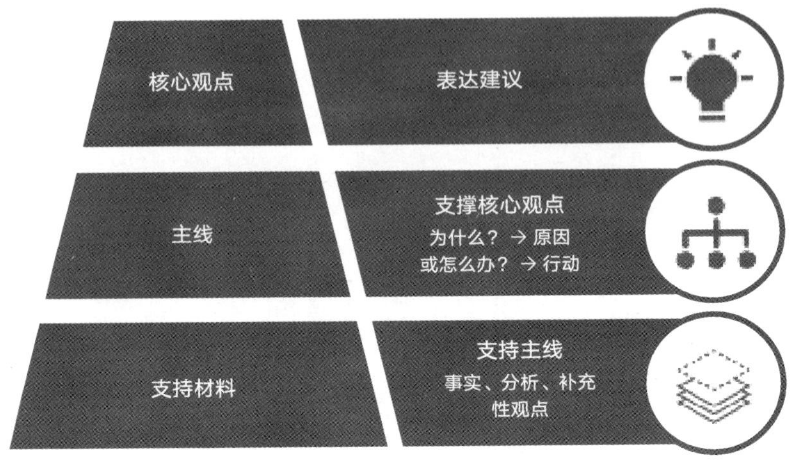

图 9-1 金字塔原理

在遵循“金字塔原理”的报告中，主线中引领全篇的论点必须遵循第 4 章所讲述的 MECE 问题拆分原则。文章的各个部分需要覆盖到所有的相关内容，没有遗漏，也没有重叠。为进一步完成写作，你需要将每一个关键论点拆分成更多同样遵循 MECE 问题拆分原则的成分，直到金字塔的底端。

做口头报告时也要根据同样的原则组织内容：一开始先讲述核心观点，随后呈现主线，接下来是引领听众走过金字塔里的一个又一个支柱，对每一条主线和相应的论点进行细致的阐述。如果你使用了幻灯片等包含图表的视觉辅助工具，它们也应按照同样的方式组织。我们将在下一章进一步讨论如何组织口头报告和幻灯片页面。

现在，让我们将“金字塔原理”应用到野马航空公司的文书材料中。在这里，开门见山地陈述建议很容易做到，我们只需要把它从文章的末尾移到开头。

野马航空公司应延续当前逐架采购波音 737 的做法，而不应批量订购 5 架空客 A320neo。

那么接下来我们要如何将想法组织成几个关键要点呢？前文中的论证可以被拆分成两个要点。第一是空客 A320neo 和波音 737 两款机型的对比。作者认为，采购波音 737 对野马航空公司而言更为经济。第二则是关于同时采购多架飞机的讨论，因为批量采购可能过于冒险了。

比较两款机型很可能是研究野马航空公司机队拓展这一问题时行政主管最先想到去做的分析。这可能也是他在材料开头就对其进行讲述的原因。但如果我们去比较两个要点的重要程度，就会发现第二点其实更重要：无论公司决定采购哪一款机型，批量采购都会带来风险。一旦确立了这一点，选择采购哪一款飞机就容易多了。据此，主线可以这样概括。

1. 同时采购 5 架飞机过于冒险。
2. 采购波音 737 比采购空客 A320neo 更优。

确定了主线中的要点之后，我们就可以采用下面所列的结构，对其逐一展开论证。

1. **同时采购 5 架飞机过于冒险。**
   a. 公布这一计划会使股价下跌。
   b. 关于空中交通管制的预测不支持批量采购。

2. **采购波音 737 比采购空客 A320neo 更优。**
   a. 只采用波音 737 可以带来成本优势。引入空客 A320neo 带来的成本支出会超过其带来的收益。

b. 只有在至少购买 10 架飞机时，购买空客 A320neo 才是有利可图的，但 10 架又太多了（基于当前的增长预期与空中交通的不确定性）。

我们将遵循“金字塔原理”重写野马航空公司的文书材料。我们建议首先描述问题，并马上阐述相应的解决方案，随后列出主线，最后按照上文中列出的结构重新组织论点。调整文章框架的同时，我们也要斟酌措辞以使论点更加清晰而具体：

按照您的要求，我对采购 5 架空客 A320neo 飞机以扩充野马航空公司运载能力和提高利润的计划进行了调研。我认为这一计划并不可行，建议公司保持当前逐架采购波音 737 的做法。

我的看法主要基于两点：

1. 批量采购 5 架空客 A320neo 过于冒险。
2. 机队机型的多样化会危及成本优势。

1. **批量采购 5 架飞机过于冒险。**
   a. 公布批量采购 5 架空客 A320neo 这一计划会使公司股价下跌。尽管野马航空公司当前可以盈利并持续增长，但本行业始终是一个高风险、易亏损的行业。在这个不利的大环境下，股东会看中公司当前谨慎、稳步增长的策略。首席财务官估计，大多投资者和分析师不会赞成这一增加杠杆和风险的激进计划。
   b. 此外，商务部门还认为，关于未来空中流量的预期可能需要进行较大幅度的更正，而采购计划是根据原来的预期设计的。公司原来的拓展机会主要在于美国与墨西哥之间的航线，但美国政府最近更改的对外政策使对相应航线的空中流量估计充满了不确定性。

2. 机队机型的多样化会危及成本优势。

   a. 继续采购野马航空公司当前机队的标准机型波音 737 可以带来成本优势。引入新机型 A320neo 则会削弱这种优势，因为培训和运维的成本会显著增加。若购买价格更高的空客 A320neo，尽管公司预计可以在 3 年左右赚回差价（主要因为其更低的燃油消耗使得成本变低），却无法抵销培训和运维成本的增长。这些因素使得对空客 A320neo 的投资很难在一段合理的时间内收回成本。

   b. 尽管相比于波音公司，空客公司可以为 5 架飞机的订单提供更优惠的折扣和更优的财务条款，但这并不足以扭转投资空客 A320neo 带来的财务劣势。财务分析表明，至少需要订购 10 架空客 A320neo 才是对公司有利的，但在当前环境下这不是一个合理的计划。

总的来说，还是建议野马航空公司延续逐一购买机队标准机型波音 737 的做法，这一稳步增长的战略正是公司顺利发展的原因。

用“金字塔原理”起草“电梯游说”

以统领全文的思想和论点作为报告的开头对于推销解决方案十分有效。核心观点仅仅与报告相关是不够的，它还需要简洁明了、一针见血。因为你以它作为开头，但听众对它没有任何准备，所以你必须确信听众会对它产生疑问。你可能觉得把核心观点放在最后会更安全，逻辑也更顺畅，这样你就可以把它用作金句来掷地有声地结束报告。我们对此强烈反对。当你决定用金句来结束演讲，你一开始讲述的统领思想便决定了你与听众的对话模式是你会不断地回答听众脑海中的问题。统领思想决定着全文的方向，正如调号之于乐章，指南针之于导航。你要将核心观点作为统领思想来推动与问题所有者的对话，而不要将它用作结束这段对话的金句。

从这个角度来看，统领思想就是回答问题所有者当前问题的“电梯游说”（elevator pitch）版本。想象你是野马航空公司的首席执行官，你在电梯里碰到了负责研究购买方案的行政主管，你决定与他随便聊聊：“你好，很高兴见到你，所以你觉得我们应不应该采购那 5 架空客 A320neo？”此时，主管只有 30 秒的时间来说点什么，并且他应该不希望只说点鸡毛蒜皮的细节来浪费掉这个可以让你为他之后的报告做好心理准备的宝贵机会。他可能会忍不住说：“啊，这个问题有点麻烦。空客 A320neo 是款不错的飞机，但现在关于未来交通流量的预期不太准确，机队的运维成本也会相应增加。”但这些信息你早就已经知道了。此时，主管如果清晰地表明立场，整个状况会好得多，“我们进行了相关分析，认为当下还是应该放弃这个计划，继续一架一架地采购波音 737”。

作为首席执行官，你可能会反对和质疑他（或者只是想看他小小地紧张一下）。这位行政主管可能会感到胆怯和不安，但如果他足够聪明，他就知道这正是他应该期望的。一个方法得当的提建议的过程天然就应该引起争议，因为这样才能引发讨论。发起一段对话，哪怕会引起争议也并不可怕，而争议恰恰是成功所在。主管只有在有能力严密论证自己的观点时才会希望引发这样的讨论。这就是为什么主线应紧随在核心观点之后。如果你问他为什么他觉得应该放弃采购空客 A320neo 的计划，他可以胸有成竹地说：“主要有两个原因。第一，公布这一计划会影响股价；第二，分析表明增加新机型会削弱成本优势。”这时候电梯应该已经到达他所在的楼层了，而你还要继续去往位于顶层的办公室。在电梯门关上之前，你问：“你确定吗？”他回答道：“我会在周一中午的会议里向您详细汇报。”

多完美的对话啊！如果这位行政主管没有准备好，那他寒暄的本领可能会拯救他。但如果他准备好了，他就可以很好地利用这个机会与你分享他的看法。

使用“金字塔原理”来起草“电梯游说”意味着你的核心观点要简明扼要，并且准备好了用最少的话语来对对方第一反应会想到的问题做出回答。这些问题一般都可以被归成两类，为什么和怎么办。如果对方不太相信你的观点，他就会问你为什么。如果对方跟你持有一样的观点，但还想知道更多关于实施方案的具体建议，他就会问你怎么办。主线内容必须包含回答这些为什么和怎么办的答案，这样才能更好地支持统领思想。主线的作用有两个：搭建起报告的金字塔结构，以及回答核心观点触发的主要疑问。这可以帮助你掌控与问题所有者之间的对话。

掌控对话很重要。滔滔不绝、让对方没有插话的空间很可能既没有效果也很危险，因为这样看起来就像在宣教。但你一言我一语地攀谈起来也同样危险，因为对话存在失控的可能。核心观点必须触发对话，但得是你可以掌控的对话。最佳的做法是引出一系列你有能力回答的提问。对解决方案的推销既不应该是单方面地进行演讲，也不应成为一场混乱无边的争论。

构思你的故事线

一个完整的故事线应该包括核心观点、主线以及报告的所有基本成分。如果你正在准备的是幻灯片展示，故事线应该包含你计划制作的幻灯片的完整列表。你必须在制作幻灯片之前构思好故事线，否则你制作出的幻灯片可能会有多余的内容，或材料间相互矛盾。

在着手准备推销解决方案时，你第一件想去做的事情可能就是打开电脑，双击软件图标，开始设计精美的幻灯片来汇报你的研究成果。但事情不是这么办的！大概是因为演示软件易得又好用，你很容易就在整理成果的同时顺手把幻灯片做了，并决定之后再去想如何组织它们。为什么那么多逻辑混乱的报告日复一日地出现在各个会议室里？这就是原因之一。

对此，我们能给予的最简单的忠告是：暂时忘了你的演示软件，打开你的文字处理软件。在你决定好要讲一个什么样的故事之前，不要去画任何的图表。你可以从尝试在一页纸上建构故事线开始，就像你正在写一份笔记、备忘录或者最终成为你报告首页的摘要一样。这可以帮助你节省很多时间，你最终的报告也会大有改善。

两个金字塔的故事

你可能已经发现了“金字塔原理”和我们在第 4 章讲述的假设金字塔的共通之处。如果你已经通过以假设为驱动的解决方案解决了问题，故事线的构思就很直接了，它将会与假设金字塔非常相似。你提炼并确认的解决方案自然就变成了你的核心观点，主线也能通过稍微修改一下第一层子假设来完成。对于更低层级的论点，你可以在你分析、确认过的更为基本的假设中找到。那些被证明是无效的假设对应的就是方案的局限性。

我们再以第 4 章 Librinova 公司的案例为例。图 9-2 勾勒了一个你可以用来向该公司首席执行官表述你的建议的金字塔，它基本就是图 4-3 中的假设金字塔的翻版。为了创建当前这个金字塔，我们假设，假设金字塔中除了右下角的最后一个条件以外，其余所有条件都已被证明是成立的。

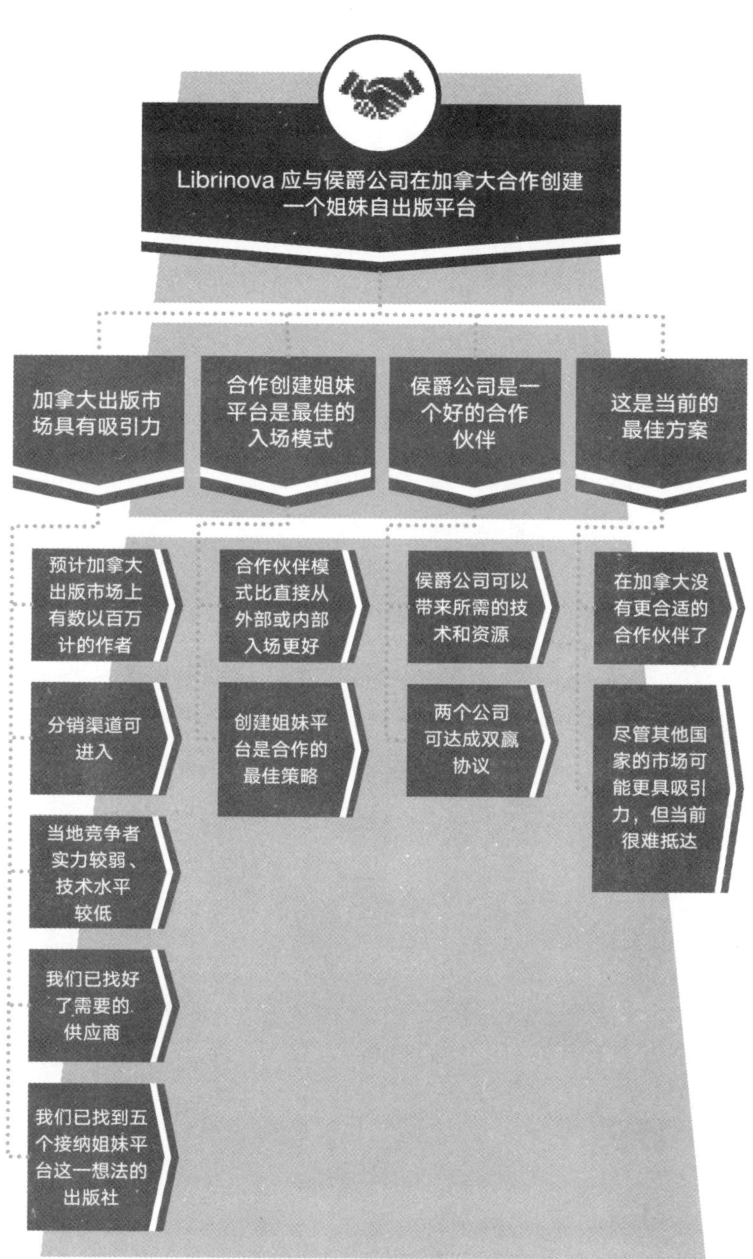

图 9-2　Librinova 案例的故事线

我们可以通过这个例子再次看出以假设为驱动的问题解决思路的高效性。它不仅可以帮助我们确认解决方案，还能告诉我们如何去推销它。在这里，寻求解决方案的故事就是解决方案本身的故事。

然而，从第 1 章开始，我们就意识到了假设金字塔是一把双刃剑，因为它可能使我们陷入采用潜在的解决方案陷阱以及无效沟通陷阱。哪有人不希望从着手解决问题的第一天开始就搭建好最终报告的框架呢？核心观点只需要反映问题所有者想到的解决方案，主线则只需要去支撑这一方案就可以了。

相反，如果你采用的是以问题为驱动的方式，你就更不容易出错，但你推销解决方案的框架就无法从问题树中顺利推出了，毕竟你不能指望以问题为驱动的解决过程本身就告诉你核心观点应该是什么。当对每一个子问题都进行探究之后，你很可能会面临一大堆零散的结果却无法把它们有序地组织成一个成型的解决方案，甚至无法得出一个统一的结论。正如我们在先前章节中所讨论的，从调查结果到形成解决方案之间，往往需要一些创造性的工作。在这里，从当前复杂、多面的解决方案到形成简单清晰的统领思想之间，也需要更多创造性的飞跃。

在 Librinova 公司的案例中，不管最终的解决方案是什么，从图 4-6 的问题树着手准备解决方案报告都不是一个好选择。最终的建议甚至都不会出现在问题树里，更别提用来付诸行动的具体计划了。在这种情况下，讲述搜寻解决方案的故事毫无意义。我们必须另辟蹊径，就像我们在野马航空公司的例子中所做的那样，把相应的观点重新组织成一个令人信服的故事。

金字塔可以从顶端建起

如果你一开始就想清楚了统领思想是什么，你就可以按照“金字塔原理”从顶端开始构思你的故事线。你的核心观点，或者说统领思想，就是问题所有者提出的问题的答案。在此基础上，你再通过回答核心观点触发的为什么和（或）怎么办的问题来创建你的主线。每一个问题对应金字塔的一个支柱。接下来，你要再对每一个支柱进一步去问更深入的为什么和怎么办的问题，并用你在问题解决阶段搜集到的资料和研究成果来回答这些问题。如果回答不了，那可能还需要做额外的分析。此外，你还需要检查每一层的论点是否符合 MECE 原则。

在修改野马航空公司的建议材料时，我们自然而然地运用了这种自上而下的思维过程，因为材料的核心观点很容易被确定，且基本上自带了一个有关为什么的问题。我们判断，对这个问题的回答有两条主线：比较两款机型与当前机队的契合度，以及对订购的数量进行讨论。由此，我们将材料组织成了两大部分，并按重要程度排序。

更常见的情况是从金字塔底部建起

然而，自上而下的方法通常很难操作，因为统领思想并不总是显而易见的。在问题解决过程中，你花很多精力做各式各样的分析，也得到了各种各样的结果，以至于很难有人可以一下子就看出这些结果的整体脉络。这时，从底部开始建造金字塔就有效多了，就像建造真正的金字塔一样。你不需要直接想出一个核心观点，而是从最基本的调查结果着手，尝试对逻辑上相近的材料进行归类，直到它们呈现出一个清晰的结构。当这一结构浮出水面时，你就可以梳理出你的核心观点了。这种做法本质上与我们在第 7 章里介绍的方法是一样的，即在设计思维的定义阶段通过整合各方数据自下而上地建立起对用户的理解。

一个切实可行的做法是，把研究得到的基本结果当作你可以操纵的石块，通过对这些石块进行排列组合来建造整座金字塔。我们在问题解决的工作坊中，经常要求参与者把他们的各种调查结果写在不同的纸张（比如便利贴）上，然后把这些纸张摆在桌上或者钉在墙上。我们要求他们用主谓完整的句子来陈述每一个调查结果，这会迫使他们关注结果背后的逻辑、因果关系和对应的行动，而不仅仅是关注结果所属的话题。例如，“在航空业，宣布大胆激进的行动计划一般会导致公司股价下跌”就比“对股价产生影响”强多了。接下来，我们指导他们把这些基础石块归类在不同组别或者说“桶”里。要做到这一点，他们需要去识别各个调查结果是如何在意义上与其他结果相关联的。对于每一个桶或者主题，参与者被要求用一个陈述句来概括他们放在同一个桶里的想法。同样，他们写下的每一个句子都必须是完整的，不可以只是一些标签。把这些句子进行组合就可以得到主线，再对这些句子进行概括就可以得到统领思想了。

举一个真实的例子，这是本书一名作者参与的咨询案例。巅峰水业（Summit Water）[3] 是一家公共事业公司，其在亚洲某个国家的首都负责运作供水和公共卫生系统。该公司正在考虑与初创公司畅意庐（Cosyloo）合作，因为畅意庐有一项针对城市贫困家庭的获奖发明。[4]

在这个案例中，金字塔底部的公共卫生问题是一个骇人的挑战：全球有 24 亿人享受不到公共卫生服务。这会带来非常严重的健康和污染问题，在拥挤的大都市尤其如此。畅意庐公司的产品是一款可独立运行的便携式马桶，它可以安装在房屋里，每周清理一回。这个产品对城市贫民窟里的居民十分实用，因为他们无法将废物排放到公共下水道，住宅附近也没有化粪池。畅意庐主要的技术创新是一个已申请专利的阀门系统，这一系统可以解决其他便携式马桶都存在的气味和回溅问题。此外，畅意庐的技术使其产品不需要很多的配件，大大减轻了马桶的重量，使得居民可以将废物拿到常规的水处理中心进行处理。

巅峰水业的战略发展部副总裁马上对此项目产生了兴趣。由于当地政府催促他们为设施不完善的区域提供卫生服务，公司正苦苦寻求着类似的解决方案。这位副总裁倾向于全面推广这项新服务，但他知道执行委员会里的其他委员还有所顾虑。为此，他专门成立了一个小团队来对项目的经济效益前景进行调查，调查结果如下。

1. 可行性测试表明，畅意庐的产品在技术上是切实可行的。参与测试的家庭都对该产品进行了正面的评价。
2. 推广这项新服务的理想地点是拉古纳湾（Laguna Bay），这是城郊一个没有下水道网络的区域。拉古纳湾 90% 的家庭拥有化粪池，剩余 10% 的家庭则没有卫生设施，因此他们是便携式马桶的潜在用户。
3. 这些目标家庭里大多数都没有自来水，这意味着他们还不是巅峰水业的客户。
4. 巅峰水业的使命是在未来 5 年内使城市的自来水覆盖率达到 99%，捆绑自来水供水和卫生服务有助于达成这一目标。
5. 公司计划对拉古纳湾的居民加收 20% 的水费，用以提供卫生服务，无论他们决定使用化粪池还是便携式马桶都将如此。这相当于平均每月对每个家庭加收两元，这被认为是低收入家庭愿意为卫生付费的最高额度。
6. 然而，这一关于支付意愿的猜想还缺乏经验性证据的支撑。
7. 加收 20% 的水费不足以弥补便携式马桶的成本，但可以在化粪池服务上获得较高的利润。便携式马桶必须每周清理一次，而化粪池每 5 年清理一次就可以了。财务分析表明，达到收支平衡的比例是 7 ∶ 1，即公司每为一个家庭提供便携式马桶，至少需要再为七个家庭提供化粪池服务才能收回成本。
8. 上述定价与交叉补贴收费计划需要得到当地政府的批准。

9. 雇用、管理废物回收团队会是随之而来的新挑战。这与供水或传统的卫生服务非常不一样，是一个偏重劳动力的业务。在拥挤的贫民窟，即使是最小型的车辆也无法抵达每一个家庭。因此，工作中最累的部分需要由废物搬运工用人力完成。巅峰水业计划将这一业务外包给当地的社区组织。
10. 关于化粪池服务，当前市场上存在采用便宜却不卫生的方式清理化粪池的服务提供者，公司需要使他们退出市场。

在看完这一系列调查结果后，你脑海中想到的第一个问题大概是："所以呢？"包括战略咨询师在内的所有类型的决策者每天都要问好几遍这个问题。换句话说，我们能从这些调查结果中得到什么结论呢？我们可以形成什么样的建议？问题所有者最终需要做什么？对调查结果进行重写、重组和总结是有用的做法，但是还不够。我们必须超越这些结果本身来形成一个良好的建议。巅峰水业的调查结果表明，全面推广新的便携式马桶可能风险太大了。但拒绝这次合作又会迫使公司放弃一个本来可以帮助公司实现其使命的机会。所以呢？回答了这个问题，我们就可以构思自己的故事线了。

我们可以试着把这些基本的结果归类成主线，来自下而上地建造金字塔。有点棘手的是，这些调查结果在一定程度上相互矛盾。一组结果是支持与畅意庐达成交易的，认为交易既有可行性，又与巅峰水业的使命相契合。

- 达成交易可以填补巅峰水业公司在业务上的空白（结果 2-4）。
- 畅意庐的解决方案在技术和商业上都是可行的（结果 1）。
- 交叉补贴收费方式决定了这项计划在财务上是可行的（结果 5 和结果 7）。

另一组结果则是反对这次交易的，因为公司会面临多方面的不确定性，由此会带来很大的风险。

- 收费计划可能无法获得批准（结果 8）。
- 关于价格的预期可能是错误的（结果 6）。
- 项目运作和同行竞争的问题仍有待解决（结果 9 和结果 10）。

在这里，我们正在打造的金字塔有两个支柱，它们之间相互矛盾。让我们来想象一下这个问题解决团队进行讨论时会发生的对话：

“所以我们应该怎么办呢？听起来我们得出的是一个模棱两可的方案。‘实施计划吧，有好处的’，但是‘又不能太全力以赴，因为你可能会损失信誉和金钱’。但这个建议明显不太有用。我们必须得出一个令人信服、直接指向行动的建议！”

“如果巅峰水业放弃这一计划会如何？”

“不会发生什么糟糕的事情。他们只是会错过一个不太常规但是很有意思的机会，也可能会有其他公司后来居上。说实话，这并不是什么大不了的事情。但话又说回来，这是一个很难得的创新领域，目前还没什么有力的竞争对手。”

“所以呢？到底要不要实施这个计划？如果实施的话，巅峰水业要如何执行？我们应该让它尽可能有利可图，对吗？”

“没错。不过既然你提到了这一点……基于结果 2 和结果 7，若想尽可能盈利，巅峰水业应该尽快大力推广化粪池服务，对便携式马桶的推广则应越慢越好。”

“所以呢？”

“呃，假设政府已经批准了我们的收费计划，我们可以先小规模地推广便携式马桶，比如在一个特定的社区，但是要在确保有足够数量的客户使用化粪池服务之后。”

“那是多少客户？”

“根据结果 7，我们至少要保证 7 ：1 的比例，保险起见需要保证 9 ：1 的比例，正好拉古纳湾现在配备化粪池的家庭数量占比为 90%。”

“朋友们，我觉得我们可以得出核心观点了。我来试试组织一下语言，‘巅峰水业向当地政府申请先在拉古纳湾对便携式马桶项目（包括相应的收费计划）进行试验，当然要在确保有 9 倍数量的家庭使用化粪池服务之后’。”

“这听起来也太啰唆了……”

“我们当然需要润色一下措辞，但大概意思听起来还不错嘛！”

这是一个简化的例子，它大概描述了如何对研究结果进行提问，从而自下而上地提炼出核心观点。再强调一遍，仅仅进行概括是不够的。你必须对研究结果进行整合，通过不断地追问“所以呢”来整合结果之间的矛盾之处。这么做之后，你就可以找到新的方式来对结果进行归类，使它们在更高层的地方和谐统一，这对于提炼核心观点是很有必要的。

要么归类，要么论述

巅峰水业案例中的故事线会是什么样的呢？根据之前的讨论，它大概会像下面这样。

我们建议，将畅意庐的推广限制在包括目标用户的小型社区里，并保证每为一个家庭提供便携式马桶则需要同时为九个家庭提供化粪池服务。这一建议是基于下述原因提出的。

1. **畅意庐提出的计划与公司的战略目标相契合：**

（1）达成交易可以填补公司业务战略的空白。

（2）该方案在技术与商业上都是可行的。

（3）采用与化粪池服务交叉补贴的收费方式决定了这个方案在财务上是可行的。

2. **但是，我们必须克服以下四个困难：**

（1）收费方案需要获得政府批准。

（2）确认加收 20% 的服务费的方案是否合理。

（3）解决便携式马桶和化粪池清理的具体实施细节和同行竞争的问题。

（4）为足够多的化粪池用户提供服务以补贴便携式马桶服务（推荐比例为 9 ： 1）。

因此，我们建议向政府提交申请，允许巅峰水业小规模试验、改良便携式马桶服务并同时提供化粪池服务，使采用化粪池服务的用户和便携式马桶的用户数量的比例为 9 ： 1。

这份报告的结构与我们在野马航空公司的案例中采用的结构有很大不同。我们在野马航空公司的故事中使用的是“归类”（grouping）模式，而在巅峰水业案例中使用的是“论述”（argument）模式[5]，二者的区别如下。

在归类模式中，主线中的论点是同属于一类的，它们共同支持着核心观点，或都是对核心观点的细节描绘。例如，在野马航空公司的案例中，两个主要论点——订购数量和机队多样化，都共同指向放弃采购空客 A320neo 的计划。调换论点的顺序并不会影响报告的逻辑，我们只是选择把重要的论点放在前面，以使观点的传达更有效率。如前文所提到的，主线论点和金字塔每一个支柱中的子论点都必须符合 MECE 原则。

如果一个解决方案有多个平行的理由共同支持，归类模式的故事线就是最好的选择。归类模式还适用于牵涉过程描述或者要采取一系列行动的方案，例如：

公司一共可以削减开支 5 000 万元。

1. **采购方面可以通过下述方式削减 2 500 万元：**
   a. 方式 1（1 000 万元）
   b. 方式 2（700 万元）
   c. ……
2. **总部开支可以减少 2 000 万元：**
   a. 途径 1（800 万）
   b. ……
3. **其他地方可以削减 500 万元：**
   a. ……
   b. ……

关于主线以及金字塔较低层级中的论点的排序，我们建议从最重要的条目开始。在削减开支这一例子中，按照削减金额从大到小排列就比较合理。如果条目之间没有重要性或额度大小的区别，条目的顺序也必须做到看起来合理。如果归类的论点反映的是要遵循的过程，过程中的步骤就应该按操作顺序排序。许多演示汇报之所以显得笨拙，就是因为它们忽略了这一基本规则。

还有另一个建议：采用归类模式时，一定要注意每一个层级上的论点都要满足 MECE 问题拆分原则。如果你的论点之间有重叠，听众就会去想，到底是你的思路不够清晰还是你故意把一件事情说两遍来显得更有说服力。不过，到目前为止，MECE 问题拆分原则最具挑战性的还是完全穷尽这一要求：在罗列一系列原因的时候，我们必须确保，罗列的这些原因足够对统领思想提供支撑。它对于建构故事线同样适用，却很容易被忽视。使用归类模式时，我们需要主动去问自己："如果听众赞同主线中的所有论点，有没有可能还是不赞同统领思想呢？"只有对这个问题的回答是"不"的时候，你才能确定你的归类确实满足了 MECE 问题拆分原则。在从三个渠道削减开支的例子中，只需要确认所有的数字加起来等于 5 000 万元就可以了。很多时候，问自己这个问题可以帮助我们发现逻辑中的漏洞。

尽管归类模式是建构故事线时最经常使用的方式，但还存在着另一种可能的做法：论述模式，正如有关畅意庐的故事线中所使用的那样。论述模式中，主线是从前提到结论的一系列推理过程。核心观点是从一连串的论点中得出的，其中的每一个新论点都与它的前一个论点存在逻辑上的联系。论述模式的逻辑是线性的，而在归类模式中，论点虽然都与核心观点相关，但论点之间是相互独立的。

建构一个论述最为方便而通用的做法，是采用"情境 - 难题 -（问题）- 解决方案"[Situation-Complication-（question）-Resolution，简称 SCR] 的方式设计主线。这也是我们在巅峰水业的案例中使用的方式。这样一个论述是以下述形式组织的。

1. 开场，描述即将要讨论的问题的情境。在这个例子中，情境是畅意庐提出的计划与公司的战略目标相契合。
2. 解释为什么事情比预期的更加复杂——为什么你不可以马上给

出一个简单的回答。在这个例子中，难题是……但是，我们必须克服以下四个困难。

3. 对初始的问题以及提到的难题进行重新组织。如果从文中可以很容易就推断出问题是什么，这一步骤可以省略。在这个例子中，我们可以说：那么要如何降低畅意庐的新技术带来的风险呢？

4. 用解决方案来对这一问题进行回答，这一解决方案就是核心信息。在这个例子中，解决方案就是向政府提交申请，允许巅峰水业小规模试验、改良便携式马桶服务并同时提供化粪池服务，使采用化粪池服务的用户和便携式马桶的用户数量的比例为 9 ∶ 1。

你可能已经发现，巅峰水业的例子中，情境和难题部分分别是由用归类方法得到的两组子论点支撑的：情境的子论点是支持与畅意庐达成交易的三个原因，难题的子论点则是执行过程中会遇到的四个困难。实际操作中，在金字塔的每一个支柱或者每一个层级上都可以选择是采用论述还是归类模式。一个归类模式的主线下可以是用另一个归类模式得到的子论点，正如野马航空公司的例子一样；但子层级也可以是一个或者多个论述模式的子论点。然而，在论述模式的下一层再次使用论述模式构成子论点就过于繁杂了：使听众置身于一层套一层的论述迷宫中，听众很容易就会晕头转向。

归类还是论述

归类模式和论述模式有着各自的拥趸。那些更习惯归类模式的人可能认为论述模式很不自然、过于刻意。相反，更喜欢论述模式的人则可能觉得归类模式十分生硬，品读起来有点笨拙。

两种模式都有各自的优缺点，且不同的模式适用于不同的情况。要成为一个优秀的表达者，两种模式都需要掌握。图 9-3 对这两种模式以及它们各自的优缺点进行了总结。

归类模式可谓是建构故事线领域的老黄牛。它很可靠，如果听众不同意你报告的其中一个原因，他们可能还是会同意你的统领思想（如果那个说服力不够的论点没有让他们质疑你的可信度的话）。此外，归类模式用起来也不难：一旦我们脑海中有了成型的统领思想，再列举一系列原因（为什么）、方式或步骤（怎么办）就很简单了。

归类模式最大的弱点不在于其逻辑性（前提是故事线被正确地建构了），而在于其表达不够优雅。以野马航空公司为例，但这次我们转变一下视角。假设你不再是公司的首席执行官，而是被要求去调查问题和给出建议的年轻主管（不要认为自己被贬职了，你只是从经营一家公司的压力中解脱了出来）。

你的新角色决定了你需要向首席执行官推销你的方案，对此，你归纳出了两个主要理由（归类模式）。设想首席执行官一开始是倾向于接受批量购买空客 A320neo 这一提议的，并且你有理由相信他现在依然认为这是个不错的计划。兴许这一提议是首席执行官和空客的首席执行官在巴黎航空展期间一次愉快的私人会面中说起的，前者很看好这个潜在的交易。知道这一信息之后，你还会决定用这么生硬的方式来表达你的建议吗？可能不会。向首席执行官列举一系列理由说明为什么他的计划并不妥当，而完全没有承认该计划也有其可取之处，这样做确实可以直击要害，但可能不够柔和。面对最初并不同意你观点的听众，使用归类模式很可能会被认为太过唐突甚至无礼。

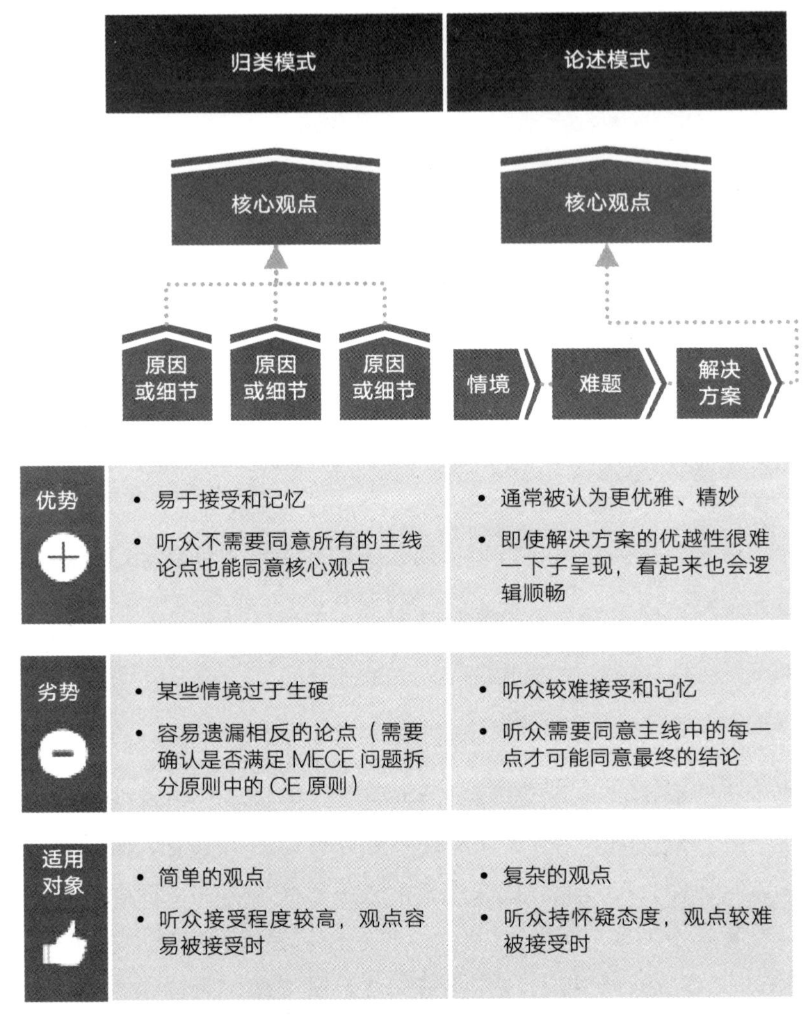

图 9-3 故事线的两种模式

论述模式就可以帮你解决这个技巧性的问题。作为论述里的第一个支柱情境，在这种情况下可以是：你仔细分析了空客公司的提议，该提议确实有很多优点。这一情境可以被一系列（或一组）理由所支撑，包括空客 A320neo 在技术上和经济上的优势，以及空客公司给予的相应优惠。这样一个情境表明了当前讨论发生的理由——承认该计划并不是一个“无脑”的提议，而是一个莫衷一是的决策难题。在确立了这一点且你的听众对此表示同意之后，你就可以继续说难题了：“批量采购 5 架 A320neo 会带来一些严重的问题。”

同样，难题也可以由一组理由支撑，就是那些你在归类模式版本的故事中列举的理由：财务上的原因（批量购买风险太大）和技术上的原因（机型多样化会削弱成本优势）。此时，你刚刚制造的冲突亟须一个解决方案：“因此，我们建议公司延续当前逐架采购波音 737 的做法。”

正如这个例子所展示的，论述模式可以做到更加精妙圆滑。然而，这恰恰也是论述模式隐含的风险所在：如果听众对情境或者难题本身表示异议，整个推理的逻辑链条就断了。在论述模式中，每个论点都是通往统领思想不可或缺的一环。

归类模式更适用于简单的问题，或者听众大致接受你的解决方案的情境，他们只是想进一步了解方案的细节或者具体实施计划。论述模式则更适用于听众一开始持相反意见，或者对你列举的一些事实性条件本身就不太理解的复杂情况。当推理过程丰富而复杂的时候，应当更多地使用论述模式。

你可能会问，反正故事线都是以统领思想开头的，论述模式怎么就更委婉、精妙了呢？诚然，如果你报告的开头是“我们建议野马航空公司放弃采购空客 A320neo 的计划，延续当前逐架购买波音 737 的做法”，你很可能会触发听众的抵触情绪，而你是为了避免这一情绪才采用论述模式的。对于归类模式来说，把统领思想作为开头来说就很自然，但对于论述模式就略显笨拙了，因为核心观点是作为解决情境和难题中的冲突出场的，在介绍情境和难题本身之前就把它说出来确实很奇怪。

一个解决方法是，不要再像我们在本章开头所建议的那样，简单、利落地表述出核心观点。相反，你需要把整个论述过程都概括在统领思想中。以野马航空公司为例，故事线的第一段可以这样写：

> 我们仔细分析了购买 5 架空客 A320neo 的提议，认为该提议确实有其可取之处，尤其是空客 A320neo 在技术和燃油效率上具有很大优势。然而，批量购买 5 架空客 A320neo 会提高公司财务上的风险与运转净成本。因此，我们建议还是延续当前逐架采购波音 737 的做法。

在巅峰水业的案例中，报告开头可以这样写：

> 我们对巅峰水业与畅意庐合作推广便携式马桶这一方案进行了调查。我们认为，该计划与巅峰水业的战略目标相契合，也具备可行性。然而，它会带来较大的法律、财务和运作上的困难。因此，我们建议先在目标社区内小范围地推广畅意庐的产品，并保证使用化粪池的用户的数量和使用便携式马桶的用户数量的比例为 9 ： 1。

报告的剩余部分就是对细节展开论述。由于读者现在已预期会听到一个平衡而微妙的详细建议，而不再指望听到一系列一致的理由，报告的剩余部分就变得简单一些了。

推销解决方案的最终目标不是要听众单纯认可你的解决方案，而是要触

发他们的行动。你的报告要传达的是具有实际操作性的建议，而不仅是对问题的分析和评估。如果你能一直记住这一点，我们在这一章里提供的指引应能对你有所帮助。

这些指引对所有的演示汇报、摘要、详细报告、幻灯片页面或其他用来传达信息的任意形式的材料都很重要。经验告诉我们，不管以什么形式给出建议，对核心观点和故事线的打造永远是商业表达上最大的挑战。诚然，媒介的选择、幻灯片的质量、表达的风格、报告者的语言表达能力等因素都会起到重要作用。也有一些最优秀的报告者，他们自称“讲故事的人”，不愿意只是干巴巴地报告一个结构清晰、逻辑顺畅的商业建议，他们对故事和逸事信手拈来，能够带动听众的情感，使听众沉浸其中、记忆深刻。但实际上，大多数商业汇报失败的原因都不是缺乏这些修饰的技巧，而是一些更基础的原因。即使是最出色的演讲者运用最精妙的表达技巧，也需要做到观点清晰和论证有力。在下一章，我们会讨论如何对观点进行表达。

小结 Cracked It

1. 用“金字塔原理”来推销解决方案：统领思想先行，主线论点紧随其后。
2. 统领思想：简明扼要（理想情况是用一句话概括你的建议）；奠定整体基调；触发主线论点将会回答的疑问。
3. 主线，即故事线的结构。
   - 如果采用以假设为驱动的问题解决方法，则根据假设金字塔建构。
   - 否则，可以将调查结果划分成不同类别，自下而上地建构金字塔。

4. 故事线建构有两种模式：归类模式和论述模式。

5. 归类模式：所有主线论点都是对统领思想的支撑或细节描绘。

6. 论述模式：主线论点按逻辑顺序组织——每一论点都与前一个论点相关联，最后一个论点指向结论。

7. 典型的论述模式是 SCR：
   - 畅意庐 SCR：
     - 和畅意庐合作与巅峰水业的战略目标相契合。
     - 但合作会带来显著的法律、财务、运作和技术方面的困难。
     - 因此，我们建议先小范围推广畅意庐的产品。

8. 可以用归类模式进行较容易的推销，用论述模式来对付更难的情况。
   - 若听众已大体上赞同你的建议，主要是想听取具体的原因或者实操的步骤，归类模式更适合。
   - 若归类模式显得太过生硬，或者听众的倾向比较复杂，需要你娓娓道来，论述模式更适合。

第 10 章

解决方案推销：高质量的报告幻灯片

在建构出令人信服的核心观点和金字塔结构的故事线之后，你就知道自己要讲的是一个什么样的故事了。现在，是时候把你的故事活灵活现地展现在文档或者可视化的报告上，并用它们向问题所有者和其他利益相关者推销你的解决方案了。

每当我们教授问题解决 4S 法的 MBA 课程到达此阶段时，学生们都会肉眼可见地松一口气，因为他们知道马上就可以一展所长，使用软件设计包含各种图表的华丽幻灯片了。相比于建构问题树、倒腾数据、纠结是采用归类模式还是论述模式等，他们认为设计幻灯片要更容易也有趣得多。他们从职业生涯中学到的最重要东西，似乎是作报告时对照着投影到屏幕上的幻灯片才是合理的。讽刺的是，听众对这一方式厌烦至极。

这就是幻灯片的诅咒：我们讨厌参加运用幻灯片的展示汇报，但当作为报告人在会议室中进行汇报时，如果没有幻灯片，我们就像没穿衣服一样不知所措。尽管大家都对幻灯片嗤之以鼻，在大多数商业情境下，我们仍然默认要使用幻灯片来进行汇报。

坦诚地说，我们无法告诉你，推销解决方案时如何摆脱幻灯片，同时仍会感到安全和舒适，对于所有人来说那可能太难了。我们会做的，是向你解释如何设计出结构分明、深入浅出、说服力强的报告，而不会让你的听众昏昏欲睡。我们先要告诉你的是，当你向听众揭示解决方案时，如何避免让你的“哇”高光时刻变成“哎呀”一片的尴尬。

保持沟通

在准备向问题所有者推销你的解决方案之前，你应该已经与他进行过多次会面了，毕竟他委托了你来解决问题。在极少情况下，有的领导会交给你一个待解决的问题，告诉你一个月之后带着解决方案来找他。这正是一个你应该努力避免的陷阱。

你关于建议的最终演示报告（如果有的话）不应该是一次大揭秘。你在准备过程中不应该隐瞒信息、制造悬念，只为了在最后一次会议中给大家一个惊喜。相反，你的最终报告应该是与问题所有者或利益相关者持续保持沟通的结果。你应该在前期就让他们知道大致的情况，这样一来，你的报告内容，包括你的建议本身，对他们来说都是可以接受的事情。除了避免让听众感到意外，这也可以帮助你免于被听众当场的怀疑态度甚至敌意所吓倒。

为了减少意外，你在解决问题的过程中应时不时与问题所有者安排会面，进行中期沟通。中期沟通可以帮助你向问题所有者更新进展，并从他们那里获得反馈。这有三个重大作用。第一，这是一个很好的机会，让你向问题所有者确认你理解和定义问题的方式是正确的，因为你的理解可能会随时间变化。第二，每次交谈都是一个可以与问题所有者分享最新发现和获得相应反馈的机会。这既可以让你听到此前没有预料到的反对意见，也可以让你的听众为那些需要时间来消化的信息做好心理准备。第三，你还可以借机观察问题所有者对你正在设计的幻灯片的反应，以决定要不要把它们放入最终的报告和展示中。

中期沟通可以采用各种形式，包括正式的会议、电话沟通、短信或者邮件等，这取决于你和问题所有者的关系、问题的复杂程度以及时间限制等因素。

当问题所有者不止一个，或者他希望其他利益相关者也参与最后的会议时，中期沟通尤其必要。这种情况下，前面的预备会议可以让相关人员（个人或者团体）理解你的看法、事先提出异议或建议，使你有时间改进故事线，甚至是更换最终建议。这通常被称为为最终会议“预先布线”（pre-wiring）。

理想情况下，当你踏入最终会议会议室的那一刻，没有人会对你的分析和列举的事实感到意外或者表示反对。这不代表所有人都会同意你说的一切。最终会议通常是不同参与者为自己对情况的不同理解进行辩护或者提出新建议的时候。但即使存在不同意见，他们也应该对一些基本的事实存在共识，并认可你此前所做的工作。做好充足的准备，大家就能在最终会议中友好、善意地畅所欲言。如果“预先布线”不够充分，你就可能会面临成堆预料不到的反对意见，甚至成为无法达成共识的替罪羊。

提防幻灯片诅咒

早在各种软件出现之前，管理咨询师就发明了用幻灯片来做汇报的方法。伊桑·拉塞尔（Ethan Rasiel）在其《麦肯锡方法》（*The McKinsey Way*）一书中描述了他 1989 年刚刚加入麦肯锡时公司为员工配备的工具：“一盒自动铅笔，一个橡皮擦，一个带有圆形、长方形、三角形、箭头等很多形状的塑料模版尺。”他需要借助这些工具来手动画幻灯片。[1] 本书作者之一奥利维尔在同一年加入了麦肯锡在巴黎的分公司，他同样保存着一把一模一样的尺子，尽管已经很长时间没有用了。

由于幻灯片制作困难且费时费力，当时只有配备设计师团队的咨询师才会去使用它，而且只会在必要的情况下使用。用图表来说话曾是管理咨询师的标志。

20 世纪 90 年代初期，各类软件的广泛使用使一切都改变了。突然之间，制作幻灯片对绝大多数人来说都变得轻车熟路。当下，几乎每台个人电脑里都安装了各种演示软件，人们每年都会生产出铺天盖地的幻灯片页面。商务人士沉溺于使用华丽视觉工具的不断加码的浪潮中，给出一个又一个常人难以理解的演示报告。

幻灯片确实是表达观点的一个很高效的途径，前提是，你要先有观点。但是，幻灯片使用频率激增背后的基本问题是，很多报告者似乎把方法和目的搞混了。他们不再是用幻灯片来从视觉上辅助展示一个观点，而是先把一连串相互间没什么关系的信息用华而不实的幻灯片罗列出来，再去想这些事实到底意味着什么（如果他们真的会去想的话）。那些对自己的核心观点并不明确的人，他们制作的幻灯片就像唱歌却忘记了歌词一样：它大概提示着听众一些东西，但到底是什么东西呢？

你需要记住的最重要的一点是，不要在建构完整的故事线之前先去准备幻灯片。正如我们在第 9 章中提到的，你首先要做的，是以文字的形式表达自己的观点，并将它们一层一层地组织起来。

创建一个有效的、模块化的报告

你的报告通常有两个目的：一来是作为你口头汇报时的幻灯片页面，二来是形成一份纸质材料，帮助听众在会议前提前了解、会议中作为会议纪要以及会议后作为参考。因此，你在完成最终报告时应抱有清晰的目标。幻灯片可以从视觉上吸引听众的注意力，清晰地传达出故事线中的核心论点，不能使用听众看不清的字体字号。然而，这样的幻灯片作为分发的纸质材料是不够的，没有语言详述的时候它并不能让人很好地理解。作为分发材料，你会希望你的报告能做到不言自明——但如果你把这份报告直接投影到屏幕上，演讲就会变得无趣和死板。

很多演说家和教练都提倡的做法是准备两份文档：一份是用于展示汇报的幻灯片，一份是用作阅读材料的完整报告。但是，这一做法有些费时费力，甚至可能完全是浪费时间，因为如果问题所有者对你的展示汇报满意的话，他们基本不会再去一页一页地读你的完整报告。除非展示和报告是为了高规格的场合准备的，否则很少有人会真的这么做。

我们还是得从现实出发，努力维持简洁和精细之间的平衡。就像所有的妥协一样，这样做肯定是存在缺点的，但经验表明，缺点在可控范围之内。这里的指导原则是，建构一个反映你的故事线的模块化文档。你可以使用整份文档来详尽地阐述你的故事线，然后选择其中一些页面以供展示或讨论之用。由于这份文档既可以当作纸质报告也可以用于演示汇报，我们之后就可以把纸质材料和幻灯片当作一回事了。

如图 10-1 所示，故事线中必须给出报告的总体结构。统领思想及支持它的主线，可以构成执行摘要页；每条主线的论点及支持它们的信息，可以构成报告的一个部分；故事线中的每一条基本信息，可以构成演示报告或幻灯片中的一页。

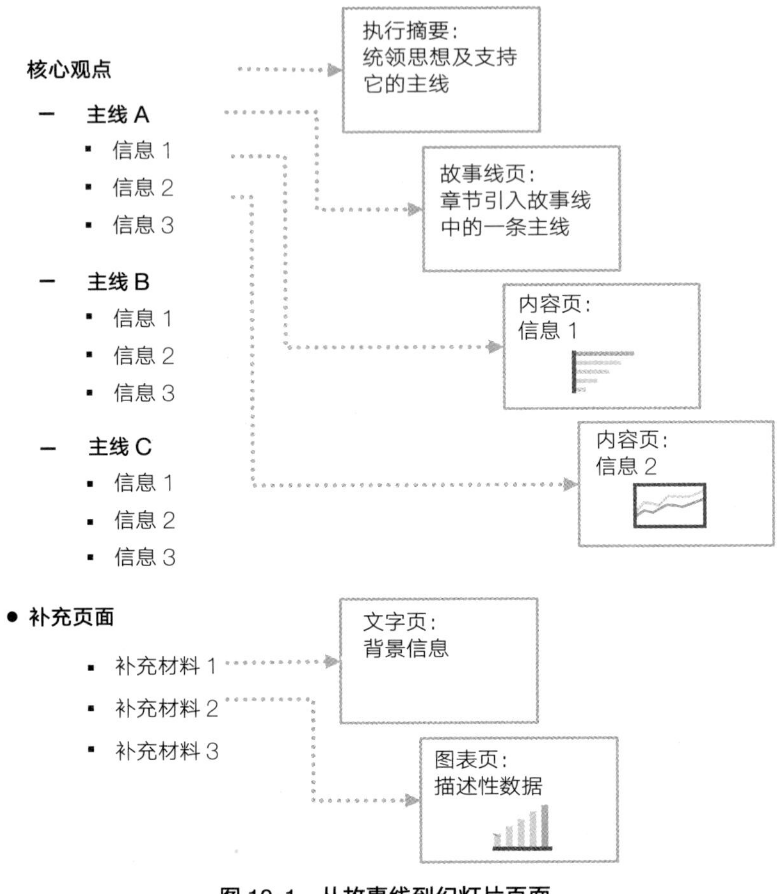

图 10-1 从故事线到幻灯片页面

遵循这一原则，你的报告将包括四种类型的页面。

第一，包含统领思想和主线的执行摘要页。每一条主线都指向报告的一个部分，相当于报告的目录。图 10-2 和图 10-3 为野马航空公司和巅峰水业案例中执行摘要页的示例，从中可以看出，故事线一旦确定了之后，报告首页的设计就很容易了，毕竟核心思想及其主要支持性论点在构思故事线时就已经明确了。

执行摘要

本报告对采购 5 架空客 A320neo 以扩充野马航空公司机队的计划进行了探讨。我们建议放弃这一计划，延续当前逐架购买波音 737 的做法。

主要原因有两点：

- 批量采购 5 架飞机风险太大。
- 机型多样化会削弱野马航空公司的成本优势。

图 10-2　野马航空公司报告首页

执行摘要

本报告对巅峰水业与畅意庐合作推广便携式马桶服务这一机会进行了调查。

- 该计划与巅峰水业的战略目标相契合，且我们可使其在经济上具备可行性。
- 该合作在法律、财务、运作方面存在相应的问题有待解决。
- 我们建议在目标社区内小范围地推广畅意庐的产品，并保证试点社区使用化粪池与便携式马桶的家庭数量之比为 9 ∶ 1。

图 10-3　巅峰水业报告首页

第二，一个主线论点对应一个故事线页。这一类型的页面出现在每一部分的开始，用以介绍该部分的内容并引出随后介绍基本信息的页面。图 10-4 和图 10-5 是巅峰水业的前两个故事线页。如果你的报告非常简短，只有一个部分，那么在执行摘要页后就可以不设置故事线页。

1. 与畅意庐的交易符合巅峰水业的战略目标，且我们可使其在经济上具备可行性。
   1a. 该交易可填补巅峰水业业务上的空白。
   1b. 畅意庐的产品在技术与商业上具备可行性。
   1c. 与化粪池服务的交叉补贴收费模式使该交易在财务上具备可行性。
2. 然而，存在四个问题有待解决。
3. 我们建议在目标社区内小范围推广畅意庐的产品，并保证试点社区使用化粪池与便携式马桶的家庭数量之比为 9 ： 1。

图 10-4 巅峰水业报告的第一个故事线页

第三，一条基本信息对应一个内容页。这些页面大多数（但不是全部）会使用图表来展示相关的事实、分析和解释等。每一页只能承载一个基本信息，这一基本信息就是这一内容页的标题。故事线中有多少条基本信息，报告中就应该有多少个内容页。法则很简单：每个页面对应一条信息，每条信息对应一个页面。以我们在第 9 章建构的 Librinova 公司的故事线为例，图 9-2 中金字塔的最底层共有 11 个矩形，对应着 11 条基本信息，那么制作相应的幻灯片时就应该有 11 个内容页。

1. 与畅意庐的交易符合巅峰水业的战略目标，且我们可使其在经济上具备可行性。
2. 然而，还有四个问题有待解决。

   2a. 收费计划需要获得批准。

   2b. 测试与修正加收 20% 水费的方案。

   2c. 废物收集的问题。

   2d. 使采用化粪池与便携式马桶的用户数量保持一定的比例。
3. 我们建议在目标社区内小范围推广畅意庐的产品，并保证试点社区使用化粪池与便携式马桶的家庭数量之比为 9 ： 1。

图 10-5　巅峰水业报告的第二个故事线页

这一法则可以根据实际情况来调整。有的时候，你可能希望在一个页面中呈现一个包含两条信息的论点，或者使用两个页面来分别讲述一个论点的两个证据。但是总的来说，至少有 80% 的情况应该遵循一一对应的法则。

第四，想要多少就可以有多少的补充页。你可能希望在报告中加入额外的信息，比如工作记录、补充证据、未来调查可能用到的信息来源。这些材料对于你的故事线而言不是必需的，因此我们可以把它们放到作为附录的补充页中。

总的来说，执行摘要页和故事线页要以模块化的形式完整再现你的故事线。它们是报告的骨干，可以帮助那些没有听取你汇报的人也能读懂你的报告。模块化还有另外一个优点：在演示汇报的时候，你可以选择对故事线的一部分进行讲述，而不讲述剩余的部分，我们在本章的后面还会继续讲到这一点。

制作报告的内容页

报告中的大多数页面都会是内容页，主要展示你的分析结果，可以对主线论点进行支撑。图 10-6 是一个基于第 9 章野马航空公司的案例的内容页样例。这一页的内容是用于证明故事线中采购波音 737 比空客 A320neo 更好的论点，因为购买空客 A320neo 带来的成本上升超出了它可以带来的利润。

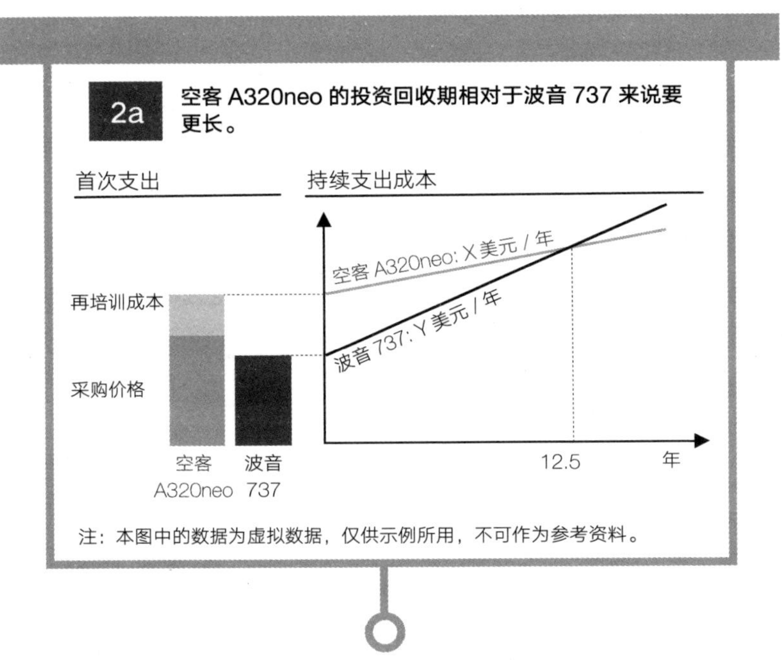

图 10-6　野马航空公司报告的内容页

图 10-6 中的幻灯片页面有三个主要组成部分。

1. 执行标题：“空客 A320neo 的投资回收期相对于波音 737 来说要更长。”

2. 追踪器：指出当前讲的是故事线的哪一部分，本例中为左上角的“2a”。
3. 内容：阐述分析结果本身的部分。

执行标题用于简明扼要的地点信息。执行标题应与杂志文章的标题类似，而不要像在目录中一样。例如，“转而采购空客 A320neo 的投资回收期”这一标题虽然简洁，但没有传达出具体的信息。执行标题应该是一个含有谓语的完整句子，以表达出完整的论点。

每一个内容页的执行标题应与故事线中相应的信息相吻合（但可以写得更简略一些）。有一个很好的检查方法，就是从头到尾把所有页面的执行标题大声朗读出来，而不要去看页面本身的内容。如果你所听到的与故事线是相一致的，那么你的方向就没有错。

追踪器用于显示当前页面在整个报告中的位置，帮助听众对报告有一个整体把握。图 10-6 中，追踪器“2a”对应先前故事线页中的序号。你也可以使用视觉追踪器，比如用一组箭头代表报告的不同部分，并将当前所在部分凸出显示出来。你还可以用关键词或者短语作为一个描述性的追踪器。例如，在野马航空公司的例子中，我们可以在第二部分的所有页面顶端都写上“空客 A320neo Vs. 波音 737”。

内容是内容页的核心部分。图 10-6 主要是通过计算财务模型中的投资回收期来证明执行标题中的信息的。[2] 该图聚焦于财务分析的结果，而不是具体的计算过程或者财务模型的细节。

在信息传达的效率上，图比一长串文字或者表格中的数据要好太多，可谓一图胜过千言万语。在我们的例子中，采购空客 A320neo 带来的成本增加用柱状图呈现就比用表格更易于理解。

有人并不认可图的优越性。他们认为，图隐藏了背后的数字模型，让大家没有方法对前提和计算过程进行讨论。他们提倡呈现计算过程的细节，以使听众通过看幻灯片就能明白报告者是如何得出结论的。这倒也不无道理，并不是所有的报告者都能做到即使不对假设和计算过程加以解释也能被相信和接受的。如果问题所有者信任你所做的分析，他大概并不想知道所有的操作细节，你需要找到其中的平衡地带。

有一个方法是在内容页上呈现图片，而把细节放在补充页中，如果有人问到相关内容再进行展示。但如果你的推理过程是基于听众不知道的、不那么显而易见的假设，这一方法就不适用了。还有一个方法是在这一内容页之前插入一个新页面，用来讲述或证明你的关键假设。这就是一个你需要打破“每一个页面对应一条信息”这一法则的情况。在前面这一页，你的标题可以是“为了计算投资回收期，我们建立了包含四个关键假设的财务模型”，后面那页的标题可以是“基于这些假设，我们发现……”

你不需要在所有的内容页中都使用定量的图。大多数内容页呈现的是事实性信息，但不是所有的事实都是数字形式且可以被展现在图中的。例如，对于服务质量这一指标，引用客户在受访时说的话可能比任何形式的数字都更直观一些。品牌折扣店的分布地图、竞争对手的产品的照片、两个供应商提议的并列对比、组织结构图等，这些都是重要的事实，但不是定量的图。呈现非数字形式但与论点相关的事实，比呈现不相关的数字要好得多。

少数情况下，你的内容页可以不用展示事实，而只展示概念图，它可以让听众对概念有直观的把握。如果对于一个方案的定性分析表明，该方案带来的收益要超过其缺点，你就可以使用一个天平图加以示意。与定量图一样，概念图也需要做到切题且简洁。

在下一章呈现的案例研究中，你还可以找到关于定量图、概念图、文字描述等页面的例子。

由于图片是推荐报告中很重要的一部分，我们将进一步讲述如何设计出更优质的图，但也只是一些基本的指导原则。如果想更深入地了解更多内容，可参阅基恩・泽拉兹尼（Gene Zelazny）《用图表说话》（*Say It with Charts*）一书。[3]

定量图切题且简洁

那些总结数据或呈现计算结果的定量图，在商业报告中如同老黄牛一样，很容易赢得人们的信赖。很多商业领袖都相信决策应该有数据或定量分析作为支撑。例如，人们采取投资或者其他商业动作之前都需要一个商业案例，其中要包含详细的财务分析，如果分析证明确实存在着重大的商业机遇，那么该动作对公司来说就是合理的。为了让方案获得批准，只有数据分析是不够的，但你不能没有数据分析。

数据的一个优势是，它们所代表的数量很容易用来进行比较，百分比、排名、随时间改变而发生的变化趋势等也很容易用图来展示。你只要把数字输入表格里，Excel 就可以生成可视化的图，使数量大小、比例、趋势、相关性等数量关系跃然纸上。

对数据进行可视化展示的关键是你要知道自己想呈现的是什么。你希望数据描述的是哪种分析过程呢？是数量（如销售额）随时间的变化？还是两个数量（如本公司产品的销量和主要竞争对手的产品的销量）之间的大小比较？抑或是不同产品的不同组成部分对销售额的贡献？一个数据表格可以同时对这三个问题进行回答，但要画一幅图，你就需要选择看问题的角度，即你希望数据呈现的特定分析结果。图 10-7 呈现了六种常见的定量分析和九种相应结果的展现方式。

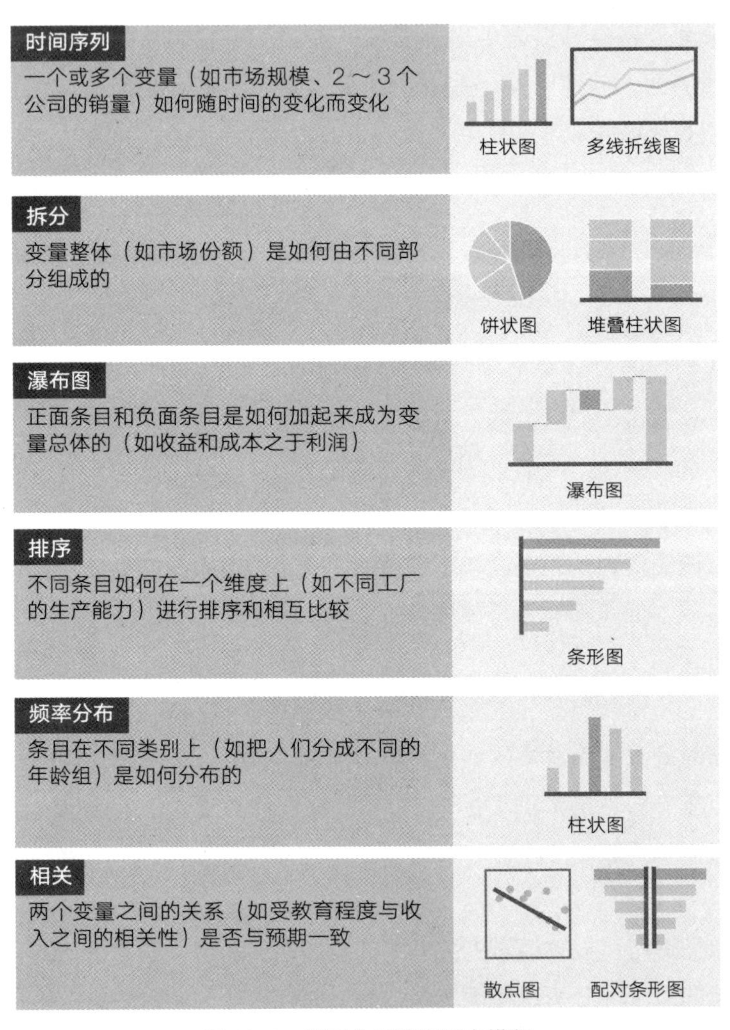

图 10-7 定量分析结果图表模版

时间序列 一个被经常性进行可视化分析的是变量（如销量或利润）随时间的变化。你会希望用图呈现出销量的上涨、下降或者波动。统计学家称这样的数据为时间序列。通常来说，我们会用折线图或柱状图来表示时间序列数据，时间的进程从左到右依次递增。例如，图 10-8 中的柱状图显示了连续七年的销售额变化，而图 10-6 中右边的折线图则对两组成本数据（一组是空客 A320neo 的，另一组是波音 737 的）进行了比较。折线图通常代表连续的趋势，柱状图对应的相应变量（如销量）通常是定期（如每年）获得的。

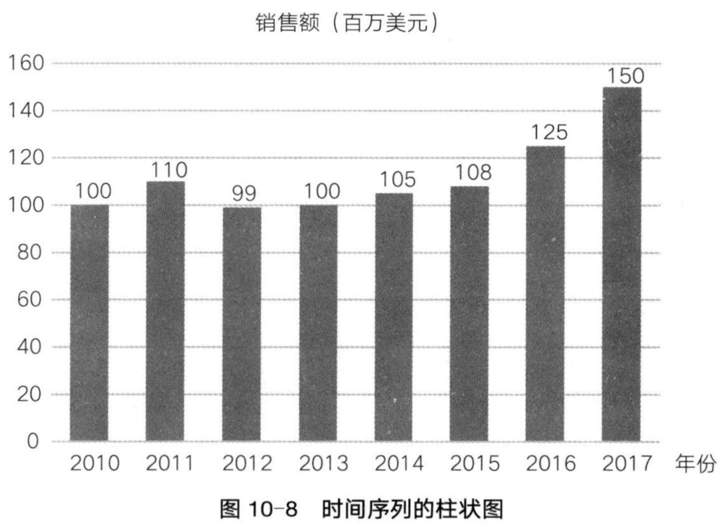

图 10-8　时间序列的柱状图

拆分 另一个经常需要用到可视化分析的场景是对整体的各个部分进行比较。典型的做法是使用饼状图来描绘一个变量在不同类别下的拆分（以百分比或实际数值的形式），如在不同国家的销量（见图 10-9）。这是一种静态的呈现。如果你想展示的是销量的不同部分随时间的变化，用多个饼状图来比较就显得有点笨拙也较难理解。此时，堆叠柱状图更加适用。在这里，你大概希望用百分比来表示价值而不是使用价值本身，因为总量会随时间变化而变化，从而导致比较不够直接。你可以把一年中不同国家的销量百分比制作成柱状图中的一个柱子，然后用不同的颜色或模式来表示不同国家的数据，并将每一年的数据都按这样的方式做成多个柱子。[4] 通过对不同的柱子进行比较，人们就可以知道不同国家销量的拆分是如何随时间的变化而变化的了，见图 10-9。

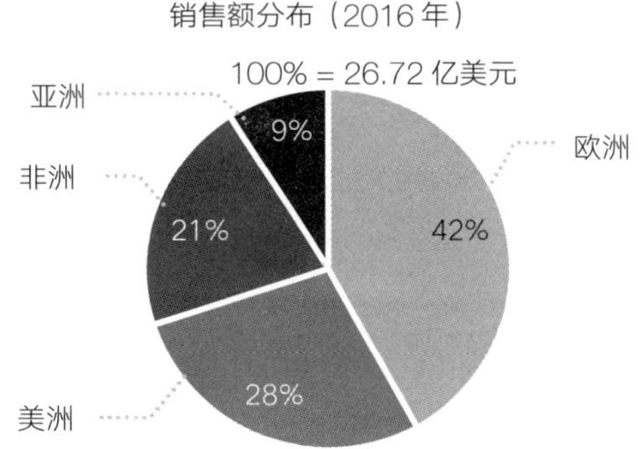

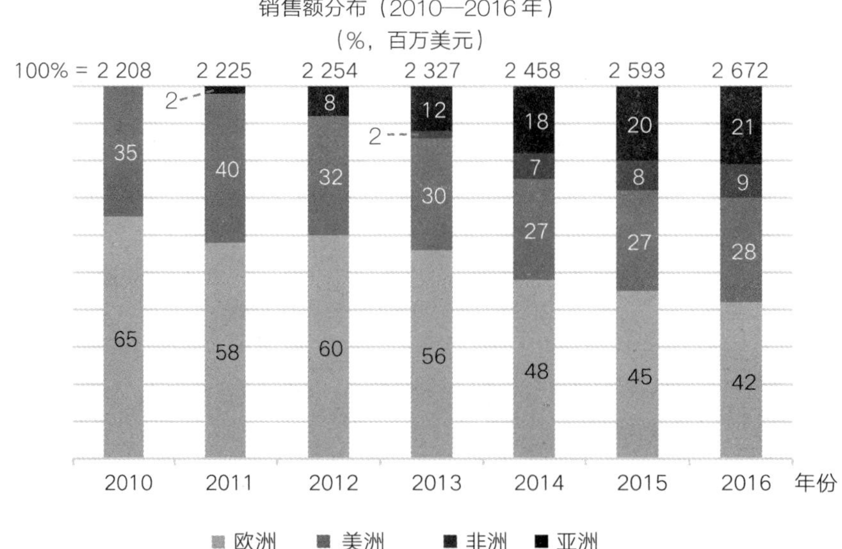

图 10-9 饼状图与堆叠柱状图

瀑布图　你可能希望将一个总数值拆分成包括现金的流入和流出，或一个数字变化的正、负两方面的来源。传统的拆分图无法完成这一任务，瀑布图就很适合。例如，图 10-10 表示了公司一年的销售额变化是如何由新客户增长和老客户流失共同造成的。每一条目的数值都被加到了左边的柱子上，即每一个柱子的起始值对应的是前一个柱子的结束值。正性条目会使图形向上攀升，负性条目则使图形向下降落。瀑布图可以给予人们原始数字如何从左到右演变成最终数字的直观感受。

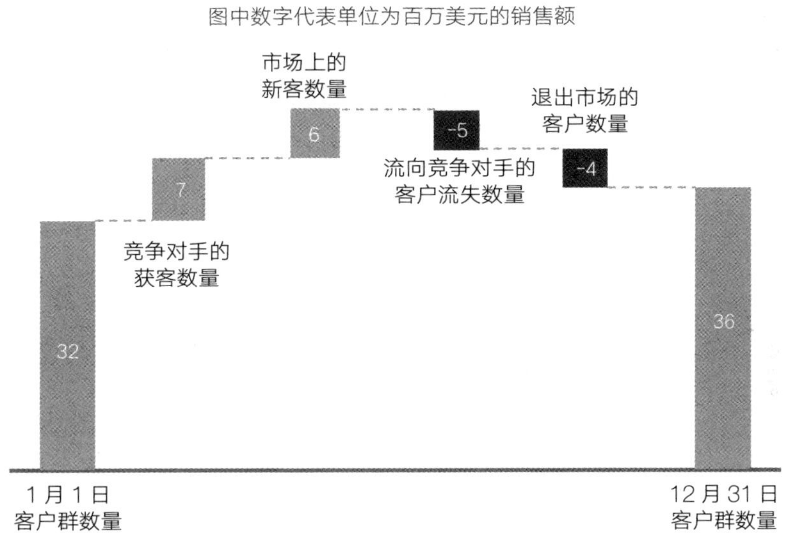

图 10-10　瀑布图

排序　你还可以将不同类别的数据按照一个维度进行排序。例如，你可以根据价格或质量对竞品进行排序。图 10-11 呈现了条形图如何反映公司各个业务线在利润方面的降序排序。对于排序来说，水平条形图比柱状图更好，因为条形图暗示着从上到下的层级关系，而柱状图通常意味着从左到右的变化关系。为了让这一层级关系更明显，人们通常会把表现最好的条目放在最上方。

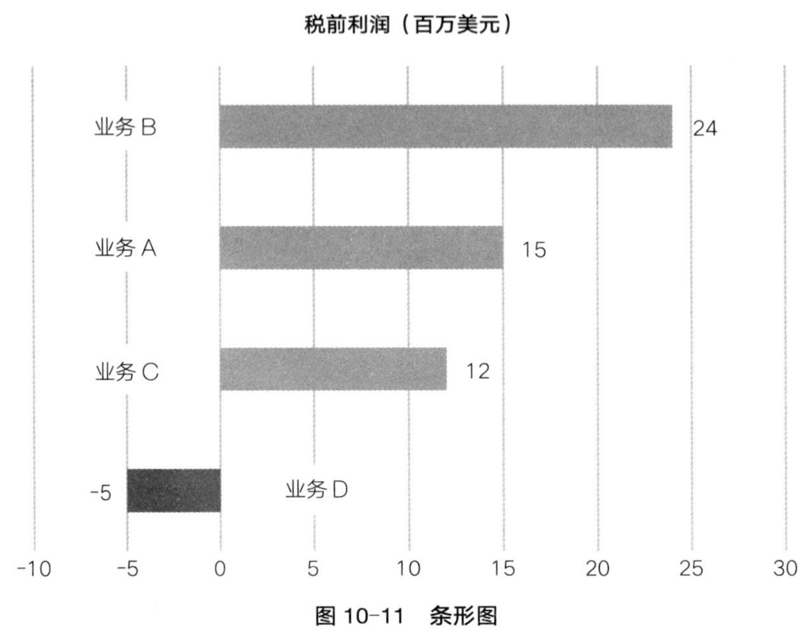

图 10-11 条形图

频率分布 频率分布图适用于要进行比较的类别数量很多的情况。频率分布图也叫柱状图，其中每一个柱子的高度代表一个变量中相应类别出现的频率或者次数。例如，你可以使用频率分布图来展示公司员工的年龄或工资的分布情况。图 10-12 展示的是课程中成绩分别为 A、B、C、D 和 F 的学生的数量。

相关 你还可能希望对两个变量进行比较，并探讨两者之间的关系是否呈现出了预期的模式。例如，你可以根据销量和利润分别对业务线进行排序，并搞清楚更大的销量是否意味着更高的收益。配对条形图在这里十分适用：左边的条形图中的业务线根据销量进行降序排序，右边则标注了业务线的相应利润，两者平行排列（见图 10-13）。配对条形图的倒金字塔形状表明：利润在随着销量的下降而下降。

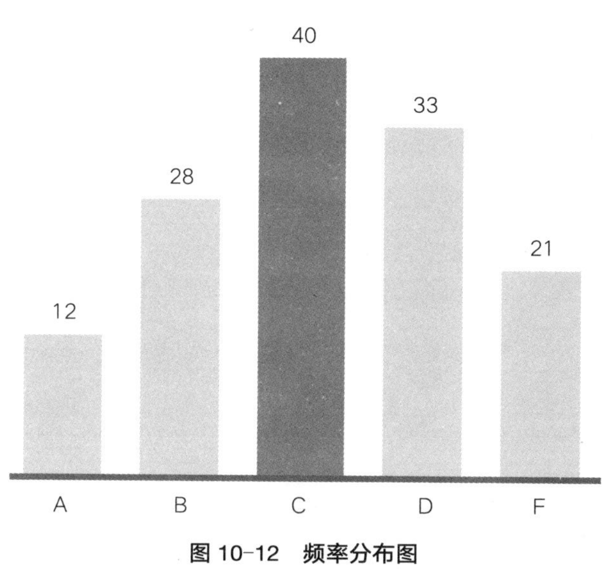

图 10-12　频率分布图

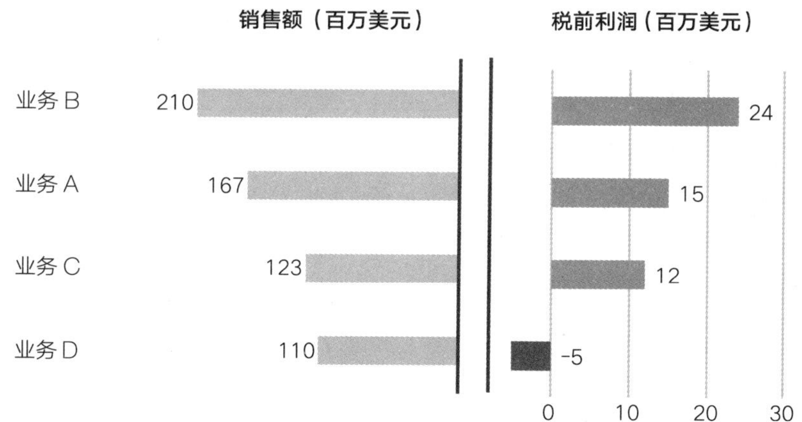

图 10-13　展现排序相关性的配对条形图

更传统的表示相关关系的方式是散点图，其中每一个研究对象在图中对应一个点，相互垂直的横轴和纵轴则代表分析的两个维度（如销量和利润）。如果图中的点大致都在图的对角线附近，则表明研究对象在分析的两个维度上存在相关关系，其中对角线代表绝对的相关。一个著名的例子出自波士顿咨询公司的学习曲线（见图 10-14）。学习曲线理论认为，公司的生产成本随累计生产数量下降的百分比是一个常数，因此累计生产数量的对数与生产成本会呈现出负相关性。[5]

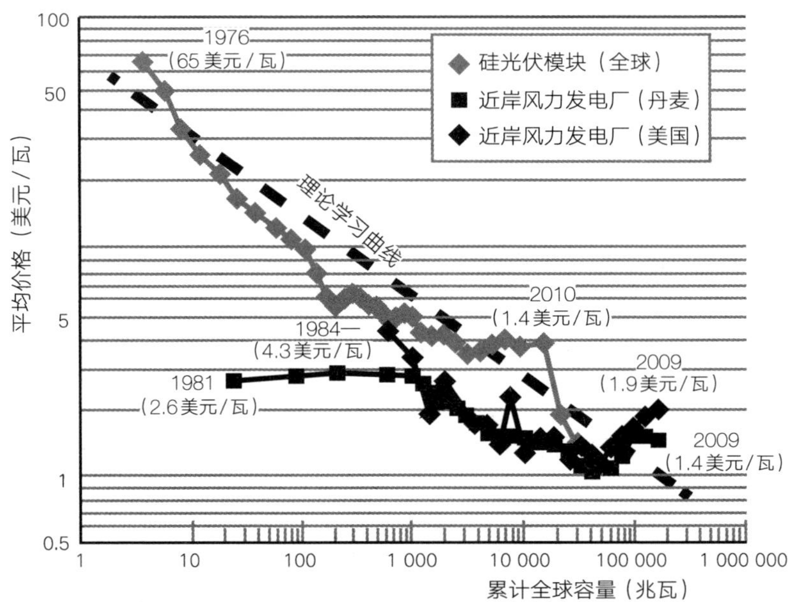

图 10-14 可再生能源的单位价格与装载容量的相关关系

我们只列举了简单的数据分析和图例来说明如何选择适用于常用定量分析的最简单的图。但我们处在一个复杂的世界中，有的分析需要高阶的数据可视化技巧才能被理解。[6] 对大多数商业报告来说，你必须进行可视化呈现的结果是相对简单的，刚才所列的 9 种基本图示可以满足你的大多数需求。

偶尔你可能需要将两种模式的图组合在一起来说明你的论点：图 10-6 就对拆分和时间序列进行了组合。但一般来说，如果一张简单的图就可以说明问题，就不需要创造出一张复杂的图了。

与此类似，请忍住为视觉图表添加不必要装饰的冲动，比如颜色、动画、3D 效果、透视效果、转场或其他花里胡哨的东西。让图表从视觉上吸引听众的注意力是一种误导。你的幻灯片不是用来催眠听众的，相反，它应该是展开一段富有成效的对话的基础。在每一个页面中，图服务于一个单一的信息，而这些信息组合起来，是为你的方案服务的。

谨慎地使用概念图

概念图的作用是对定性的原因或观点进行视觉化表达，如框架、结构、关系、过程等。它们可以将变量间非定量的联结（如因素和结果之间的因果关系或时间关系）形象地呈现出来。你可以使用幻灯片的形状库来创建概念图。一个很受欢迎的例子是使用组织结构的概念图来表示组织中不同人或部门的层级关系。概念图还可应用于其他目的，例如，用来表示一个问题树或假设金字塔。它对于在解释细节的同时展现宏观的建构也很有用。例如，你可以使用流程图来表示一个行动计划，其中四个相连的箭头分别代表计划中的四个步骤，这样可以帮助听众在思考、接受每一步骤的同时对计划的整体有所把握。

但是，我们还是建议你要小心谨慎地使用概念图。如果在一个应该使用定量图的地方使用了概念图，你的结论可能会被认为不够严谨，或者听众会认为你就是懒得花时间去收集必要的证据。如果你对于一个用简单文字就足以传达的信息使用了概念图，例如，用一个天平来表示努力保持价格与质量的平衡，报告看起来就可能很幼稚。听众所熟知的经典概念图，例如流程图或者组织结构图，在合适的时候使用效果是喜闻乐见的。而对新概念图的使用则应与对新造词的使用一样：偶然为之足矣。

我们在图 10-15 中列举了一些基本的概念图，并根据变量之间对应的关系对这些概念图进行了归类。例如，流程图对应的是有时间关系或者因果关系的条目，而结构图则突出了条目间的静态关系。

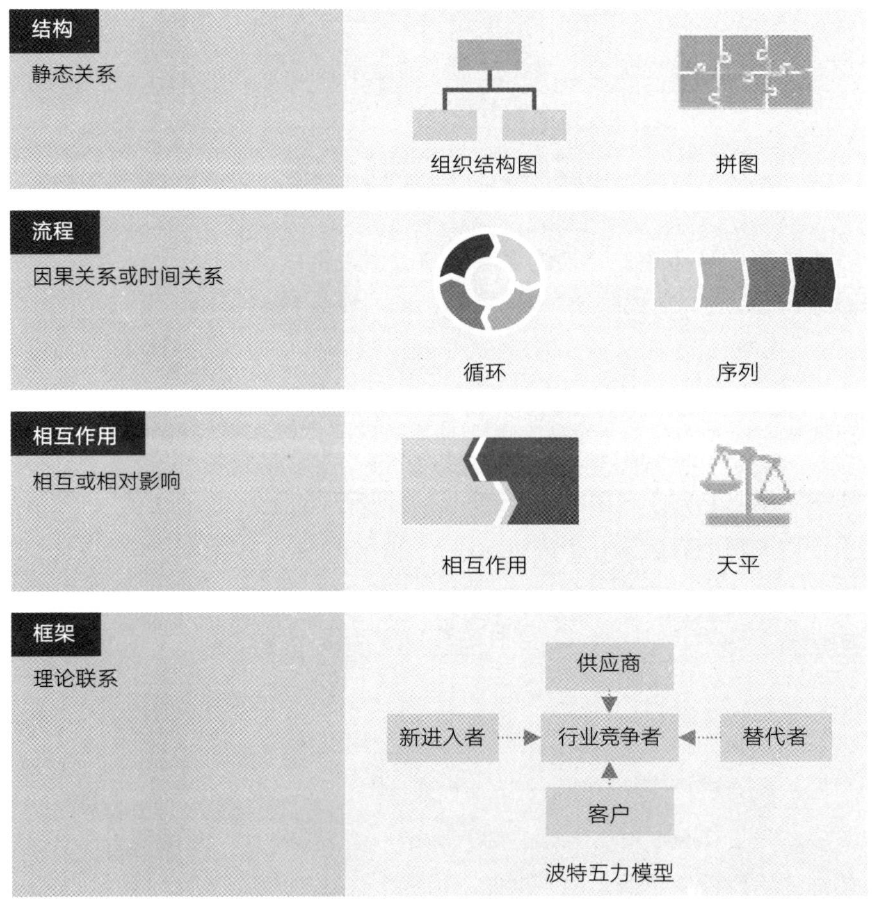

图 10-15　概念图模板

更少的幻灯片页面

现在，你已经按照故事线的结构搭建起一份完整的报告了。你可以选择暂时把它抛诸脑后，也可以把它提前发送给你的听众。问题是，你可能在创建这份报告的同时爱上它，以至于你相信它们值得在汇报中被一一呈现，但这是不对的。

汇报时使用的幻灯片页面应该越少越好，这样可以为随后的讨论预留出更多的时间。聚焦于更少的信息有助于听众理解你的观点。幻灯片页面越少，你看起来就越权威和自信。如果你可以用 30 张幻灯片讲完你的故事，那就可以再试试用 20 张，而不是 40 张，听众一定会很高兴的。正如法国作家安托万·德·圣 - 埃克苏佩里（Antoine de Saint-Exupéry）所说："完美之境，并非无以复加，而是无可删减。"

为什么大部分的报告者都会使用比他实际需要的更多的幻灯片页面呢？阴谋论者可能会说，因为咨询师需要让听众感觉值得。但很多公司内部的问题解决人员也会犯同样的错误。他们觉得很有必要证明自己付出过的努力，而一份厚厚的报告可以更好地证明这一点。此外，知道自己有一大堆的幻灯片也可以让报告者感到安心一些。"听众可能不喜欢我所说的，但最起码我做足了工作！"带着寥寥几页幻灯片走进会场需要报告者拥有莫大的勇气："听众会认真听我说话吗？如果他们问了我无法回答的问题该怎么办？"

我们之前提议的模块化结构给这个问题提供了一个令人欣慰的出路——你只需从中选择 20 张你认为必须报告的幻灯片就可以了。一旦你确认了哪些内容是必须报告的，就可以把剩余的幻灯片放进备选页里。有了这些备选页，你就不会担忧如果有人问到你舍弃的细节问题该怎么办了。如果你还有时间（或者你担心你的页面设计对于投影到屏幕上的展示来说涉及过多的细节），你可以在精选出的 20 张幻灯片的基础上再创建一个简化版。在这次简化中，你可以对文字和细节进行删减，每一个页面都可以删减到只有标题和用以支撑该标题的图表。

这一模块化的方式使得有一部分的幻灯片只是为了提供视觉辅助用的。它们不负责讲述完整的故事，在汇报会议中，这一任务是由你来负责的。它们的用途是控制会议的走向。而且你不用担心剩余的信息会丢失，因为你会把完整的报告分发给大家，这样可以让没有参加会议的人也可以看到完整的会议内容。

现在，你已经确定了汇报的流程，建构好了报告的结构，也对内容进行了准备，但你还没有完全准备好踏入会议室的门口。你还需要花点时间来检查你的报告，包括清晰度、拼写、语法、计算结果以及报告的内在一致性等。检查过程中，你需要再次确认自己是否遵循了上文所说的所有指导原则。图 10-16 的核对清单总结了在进行重要汇报之前你应该核对的 18 个要点，花点时间去把它过一遍。

制作幻灯片不是报告的目的

尽管我们解释了如何把你兜售解决方案的故事线转化成幻灯片报告，但只有好的幻灯片仍不足以保证汇报本身的质量。幻灯片甚至不是必需的，就像马丁·路德·金并不需要用幻灯片去传达他的梦想，也不会有人使用幻灯片来求婚（至少我们希望是这样）。幻灯片对于汇报者来说只是一个拐杖——一个有助于提醒我们要说什么的提纲，它应该是根据会议的需要制作出来的。

汇报前核对要点	
过程	1. 问题所有者知道你将要报告的大概内容 2. 所有参会者都对关键事实有基本共识
结构	3. 故事线清晰且令人信服 4. 报告遵循故事线：故事线 = 执行摘要 + 章节引言 5. 一个信息对应一个页面，一个页面对应一个信息（可有少量例外） 6. 添加追踪器提示听众报告当前所处位置
内容	7. 执行标题与故事线相对应，且可连贯成文 8. 执行标题可以被该页所呈现的事实证明 9. 需要时写出详细的假设 10. 相关补充材料放置于附录中 11. 选择的幻灯片少于 20 张 12. 根据要表达的信息选择定量图，而非根据视觉效果选择 13. 概念图数量适当且切题 14. 没有与所传达信息无关的动画、转场、3D 效果、图片或颜色
质量控制	15. 所有字号均大于三号，脚注除外 16. 请他人帮忙检查语法和拼写 17. 检查所有的计算结果；所有百分比数目加起来为 100 18. 检查标签、单位、信息来源、脚注、追踪器和页码

图 10-16　报告核对清单

很多专家主张，过度使用幻灯片对于有效的沟通是不利的，因为它会削弱逻辑和批判性思维的深度。[7] 他们认为，把一连串的逻辑推理拆分成一个个要点，以及把复杂的分析分解成一个个简单的图表，这样做可能导致表达出来的意思与原来的思路存在细微的差别，让不同结果的相对重要性被忽视，让观点之间的联系被过度简化甚至忽略，也不利于公开辩论的进行。美国将军麦克马斯特（H. R. McMaster）禁止在所有的战争通报会中使用幻灯片，并宣称幻灯片非常不利于在战略上做到高瞻远瞩，这类批评性的声音引起了公众的注意。

那为什么不偶尔尝试一下打破常规，不再依赖幻灯片做刻板的报告，而试着去引出一场互动的讨论呢？你还可以更勇敢一些，干脆放弃使用幻灯片！

好吧，我们只是说一说。就像幻灯片不要超过 20 页这一目标一样，放弃使用幻灯片大概也只是一面鼓舞人心的旗帜，而不会真正被付诸实践。相对于完全不使用幻灯片这一激进的做法，我们有两个切实可行的建议可以助你改变报告的基调，一是用故事来开场，二是让听众积极参与。

用故事来开场

你汇报的目的不是要去朗读幻灯片，而是和观众发起一段对话。否则你为什么不取消会议，直接给大家发送你的报告呢？发起会议十分必要：人们是通过讨论来学习的，而不仅仅是聆听和阅读。

用一个故事开头是开启一段对话的有效方式。你可以先陈述自己的核心观点，紧接着讲一个可以激发兴趣和引起互动的故事，生动具体地讲述你的主要观点。通常来说，相比于冰冷的计算和分析，人们对有血有肉的故事更感兴趣也更容易接受。[8] 对于说服他人这一目标，契合主题的事例和比喻是对干巴巴的理性推理的绝妙补充。故事能抓取听众的注意力并引发回应，使会议进入对话模式。此时，你模块化的、有组织的幻灯片页面就可以更好地回答核心观点及相关故事在听众脑海中引发的疑问了。

假设你正在向野马航空公司的首席执行官建议不要购买空客 A320neo 飞机，你可以讲一个关于两个航空公司的故事来开始你的汇报：一个航空公司因为短视的机队扩充策略破产了，另一个则因其低成本的商业模型欣欣向荣。

这个方法有一定风险。第一，你所讲故事必须是一个恰当的故事，不能太肤浅或编造感太强。每次在建议发布一个新产品的时候都讲述史蒂夫·乔布斯发布 iPhone 的故事会让人觉得你不太可靠。

第二，这一方法对一些决策者有效，但对其他决策者可能徒劳无益。有的人可能对于自己对事实、图表的高要求和严谨程度是引以为豪的，有的人可能喜欢战争故事，还有的人则可能希望在形成任何意见之前看到一张 Excel 表格。你必须搞清楚问题所有者更偏好哪种类型，并据此来调整你的方法。

第三，在你确定了你的观点之后而不是之前就去搜寻合适的故事。故事的作用是生动形象地阐述观点，而不应成为得出观点的基础。否则，你就会陷入无效沟通陷阱。

总的来说，如果你可以用一个好的故事来让人们更好地投入你的汇报当中，你就可以发起一段成功的对话，而不仅仅是单方面的演讲。当然，还是可能会有人持相反的意见，但起码你最大化了他们聆听并参与其中的可能。如果你的听众参与到了这段对话当中，他们就更有可能记住并且同意你所说的内容。谁知道呢，或者在讲了一个切中要害、令人信服的故事之后，你压根儿就不需要那 20 张幻灯片了。

让听众积极参与

有些赫赫有名的商业领袖，比如亚马逊的杰夫·贝佐斯（Jeff Bezos），就禁止在其公司内使用幻灯片来作报告。每当亚马逊的执行人员有提案需要沟通时，他们会把自己的观点写进一份 4 ～ 6 页的材料中，这份材料在公司内被称为“叙事文”（narrative）。[9] 会议的前 20 分钟，参会者会各自阅读这份叙事文。在随后的时间里，汇报者要对大家提出的问题进行回答。

如果你如我们在本书中建议的那样，在制作幻灯片之前写好了故事线，写作这样一份叙事文就信手拈来了——只需要在故事线的基础上在必要的地方插入一些可视化的分析结果就可以了。写作一份简短的材料的方法有一个好处，就是叙事文的结构会强调观点的连续性和深度，而不是把一些事实像自助餐中的菜肴一样简单地罗列出来。观众也有时间去理解你故事线的内容，进而对材料的逻辑和支持性证据展开讨论。

还有一种更激进的让听众积极参与的做法是，不告诉他们你的故事线，让他们先充分思考你收集的数据和进行的分析。为了做到这一点，有的咨询师会采用展览式的展示方法：把报告做成海报的形式，把海报张贴在会议室的墙上，请管理团队的成员随意走动来阅读海报。与会者可以提问、小范围地讨论或在便利贴上写出意见贴在海报上。随后，咨询师会组织一个全体与会者的讨论，请大家畅所欲言。

这种从证据中归纳观点的做法与我们在本书中所提倡的截然相反：它允许观众从证据中建构自己的故事线，而不是由问题解决者来讲述。这一做法更适用于有经验的汇报者和受过良好教育的听众，因为他们有能力抑制住从单一证据中盲目得出结论的本能冲动，可以做到从局部数据中抽离出来，纵观全局。

任何沟通的目的都是传达信息。任何推销解决方案的灵魂都是一个有说服力的故事线。没有一个这样的故事线，再华丽的视觉呈现都徒劳无益，这也是我们坚持要在制作幻灯片之前建构故事线的原因。这看起来只是一个众所周知的建议，但从很多问题解决者设计幻灯片内容的方式来看，这一常识经常被忽视。

要让故事线具有说服力，它需要被易于理解、易于视觉化呈现的证据所支撑。在你完善了故事线，使其具有一个指向行动的核心观点和清晰的主线之后，你就可以选择你想呈现的结果并花时间去设计图表来展示它们。正如我们在第 9 章所言，故事线可以用自下而上的方法建构，但最终报告的写作应是一个自上而下的过程。你用于打造故事线的时间和精力不会白费，在写作最终报告的时候，你会发现之前的努力都是值得的。在制作完整份报告后，你就可以认真选出你想用于汇报的页面，掌控会议的走向，奔向终极目标，也就是推销你的解决方案。

下一章，我们会通过一个真实的案例来带领你体会问题解决 4S 法的完整应用。

小结　Cracked It

1. 解决方案的推销远远不只是一个好的故事线加华丽的幻灯片那么简单。你必须引领与问题所有者之间的对话向你建构的方向发展。

2. 避免大揭秘：在整个问题解决过程中，积极与问题所有者保持沟通，避免给大家造成意外。

3. 根据“金字塔原理”，沿故事线制作报告。
    - 执行摘要 = 故事线总览，包括核心观点和报告的目录（执行摘要中的每一个条目对应后文的一个部分）。
    - 每一部分都以故事线页开始，指出该部分要讲述的内容。
    - 故事线页中的一个条目对应着这部分中的一个或多个内容页。每一内容页只呈现一条信息，并包含句子形式的执行标题。
    - 所有内容页的执行标题连接成文 = 你的故事线。
    - 其他所有可能需要的材料放置在补充页。

4. 开会前根据报告的核对要点进行检查。

5. 展示汇报时不要使用多于 20 张的幻灯片页面（包括文字页面和补充材料）。

6. 使听众沉浸其中的方法：用故事来开场。

Cracked It!

第三部分

4S 法应用实践

第 11 章

4S 法应用实践

现在，是时候对整个问题解决 4S 法进行实践了。本章中，我们会在一个真实的案例上应用这一方法，从问题陈述、问题树建构、解决方案确立、故事线提炼一直到撰写建议报告。出于保密的原因，我们使用的公司名、地名均为化名，也改动了时间和部分财务数据，但要解决的问题是真实存在的。我们先从对该公司的简述及其面临的问题开始。

案例研究：袋鼠公司的机遇

樱桃控股（Cherry Holding）是一个在中欧和东欧地区经营时尚服饰业务的家族公司。公司从现任负责人的曾祖父创办的小型服装制造作坊起家，他们从 10 年前开始采用了激进的内外扩张战略。樱桃控股因长于收购而闻名，它很善于识别小型的、私人持有的，且公司可以对其进行收购、改组，并与公司业务相契合的收购目标。该公司的收购策略依赖于其优秀的管理流程及不同部门的协同。

樱桃控股当前正考虑对一家名为袋鼠的公司进行收购，而袋鼠公司是西尔达维亚男士内衣市场的领头羊。樱桃控股的高管对袋鼠的业务线及其运营市场并不熟悉。由于时间紧迫，樱桃控股决定向我们寻求帮助，以评估收购袋鼠公司的可行性。他们向我们提供了他们从袋鼠公司当前的负责人那里获得的材料。这份材料描述了相关的背景信息，下文为经我们改写后的相关材料。

袋鼠公司背景信息

袋鼠公司产品与品牌

袋鼠公司生产和销售两个品牌的男士内衣，分别为袋鼠品牌和鳄鱼品牌。公司自 50 年前创建起便专注于这一业务。2018 年，男士内裤（包括平角内裤与三角内裤）为袋鼠公司贡献了 74% 的销售额和多达 87% 的利润。其余业务则包括男士内衣和少量男士睡衣。袋鼠品牌在百货商场和专业零售渠道表现优异，而鳄鱼品牌则主要通过大型销售渠道销售。总的来说，两个品牌占据了西尔达维亚 16.1% 的市场份额，而它们最大的竞争对手所占的市场份额为 9.6%。同时，袋鼠公司 14.6% 的销售净额源自出口。

核心业务策略

袋鼠公司自 20 世纪 60 年代成立之后很快就成为西尔达维亚地区的佼佼者，并迅速进行了海外扩张。1992 年，该公司发布了鳄鱼品牌来对当时西尔达维亚欣欣向荣的零售链进行渗透。这一举动十分成功：当时基础产品的大型销售渠道的销售模式快速发展并逐渐取代了小量分销，新品牌从中受益。

袋鼠公司基于技术创新为市场提供了高品质的产品，很快便树立起了声誉，在市场上占据了领导地位。然而，由于其未能充分适应快速变化的市场环境，公司在 2010 年遇到了一点小麻烦。袋鼠公司意识到，这主要是因为它们过于关注生产问题，而对营销策略重视不够。在一个顶尖管理咨询机构的帮助下，公司在 2015 年实施了一个重大的改组方案，并在一年内成功改变了营销策略，恢复了财务平衡。2017 年，公司的净销售额达到了 3.5 亿[1]，利润率达到了 6%。

公司共 709 名员工，其中 350 人在生产一线。公司把大约 75% 的生产业务外包到了成本更低的国家。两年前加入袋鼠公司的新任总经理为公司制定了一套新的营销策略，明确了两个品牌的全面营销方式。具体来说，他优化了内部流程，提高了营销部门的地位，缩小了公司生产产品的范围。当前，袋鼠公司的产品种类比竞争对手少 15% ～ 30%。

来自大型销售市场不断增长的压力迫使公司对其成本结构进行了优化以保持获利。同时，公司也更加关注采购效率、分销事务和商品营销的专业性。因此，袋鼠公司在这些关键领域超越了对手，使得鳄鱼品牌成为大型零售商的标杆。

产品多样化

很多年来，公司的两个品牌都发展出了除核心的男士内衣业务以外的配套产品。

- 袋鼠睡衣和休闲装（泳装、T 恤、Polo 衫、套头衫）
- 鳄鱼睡衣和休闲装（泳装、运动装）

这些拓展的产品线被认为是与品牌的核心定位相一致的，贸易伙伴和消费者对此亦反馈良好。然而，袋鼠公司从来没有把产品多样化放到考虑的优先级上，也没有相对成型的产品概念、发展计划和预算规划。在这样的前提下，其在市场上获得的成功更是非凡的。

关于两个品牌的战略计划

袋鼠公司制订了一个 5 年战略，主要强调了四点。

- 确定两个品牌的定位及其相应的品牌形象和市场潜在需求量
- 追求与品牌定位一致的产品多样化策略
- 通过对产品和品牌的传播以支持产品多样化
- 提升对零售商与消费者的商业服务水平以支持品牌战略

大体上，该计划致力于对两个品牌进行不同的市场定位，而通过统一的后勤部门来采购、分销和提供一般性服务。袋鼠公司并不打算通过其核心的男性内衣业务来获得显著增长，而是计划通过扩张产品线来实现这一目的。两个品牌要明晰各自的定位，并据此发展出不同的产品。

袋鼠品牌的目标客户为 40 岁以上的男士，他们已经积累了一定的财富，同时又希望保持年轻与活力，并计划在休闲活动上花更多的时间。这样的消费者会追求与其自身地位相一致的品牌，购买时希望享受一流的服务（如特定的商店氛围、送货上门等），并愿意为这样的优质服务付出更多的费用。

综上所述，袋鼠品牌将提供款式优雅、质量上乘的产品，它们将使用品牌特定的纺织工艺来保证舒适性。袋鼠品牌将成为舒适休闲装的代名词。未来，袋鼠品牌的产品集合将包括不同类型的衬衫、套头衫，以及夹克和裤子等户内外休闲装。此外，它们还会推出一些配饰产品，如皮带等。

袋鼠品牌的产品将通过高端零售渠道销售，包括百货商场中的时装店、连锁店等，以控制产品的分布以及品牌呈现给消费者的形象。一旦袋鼠品牌在西尔达维亚市场确立了新形象后就会出口到邻国，使得产品即使在所占市场份额较低时也能保持一个良好的品牌形象与客户认知。

与之相反，鳄鱼品牌将聚焦于为大型零售商提供最高性价比的产品。由于其过去的营销方式，使得品牌形象仍与相对年轻、有活力相联系，但其市场定位并没有深入人心。过去的成功主要源于公司专业的技术和物流，这使其在过去的 20 年里在大型分销渠道获得了显著增长。

鳄鱼品牌将与大型零售商建立起友好的合作关系，帮助他们提高相关产品在西尔达维亚的销量，同时扩展到零售模式开始发生变化的相邻国家。为进一步强化这样的合作关系，公司将继续改进供应链，使生产端与需求端之间的响应时间缩短，提升其在大型零售市场的竞争地位。

与此同时，公司将对鳄鱼品牌进行推广，扩充其产品类别，包括T恤、卫衣、百慕大短裤和泳装等。在包括销售点推广和活动赞助等方式的品牌推广中，鳄鱼品牌将与运动、年轻、活力等标签绑定。它将强调慢跑、骑行、徒步等活动健康的一面。品牌从运动与舒适、运动与休闲的联系中受益。舒适的产品不仅是在运动中表现优异的先决条件，也是消费者舒心的基础保障。推广时让运动明星进行前文所述的运动有利于实现品牌定位的人格化。

潜在收购

袋鼠公司会同时考虑对小型、有着良好的国际声誉或特定专业产品、通常为家族所有的公司进行收购。一些目标公司会因为其规模太小难以为继或存在继承人问题而考虑被收购。相应收购的目标是实现产品购买和后勤部门的协同，以加速海外扩张，并提高与零售商议价的能力。

问题陈述

樱桃控股的管理团队很希望对袋鼠公司进行收购，但执行董事会成员则对袋鼠公司有着不同的看法。樱桃控股的首席执行官阿尔伯特很看好袋鼠这一品牌，相信它有扩张的潜力。首席财务官叶夫根尼基于财务状况分析，也认为收购计划是有吸引力和可行性的。财务团队对袋鼠公司的 5 年商业计划进行了折现现金流分析，并综合考虑了收购带来的与樱桃控股其他业务潜在的协同性。分析结果表明，袋鼠公司的估值远高于当前的收购价格。但是，运营官布兰达则对这一计划表现得较为谨慎。她认为，当前的证据并不足以得出一个确定的结论，她希望成立一个项目组来进行市场调查、竞品分析、行业访谈、专家意见收集等，以获得更多的信息。

樱桃控股不需要我们在收购价格或与其他业务的相互协同上提供建议。它们需要我们做的，是对男士内衣市场的吸引力和袋鼠公司的战略计划进行战略评估。具体来说，我们与布兰达的交谈基于以下几个调查的方向：

- 西尔达维亚的男士内衣市场及其发展史。布兰达担心该市场的增长会非常缓慢，因为其产品单价一直在下降，而数量的增长趋势看起来十分平缓。
- 袋鼠公司的市场定位、品牌形象和市场份额演变。布兰达对袋鼠公司曾经的销售额下降表示担忧，几年前袋鼠公司还启动了重组计划。
- 袋鼠公司当前和潜在的竞争对手。
- 零售业及其可能的发展。
- 袋鼠公司的增长计划，尤其是其产品类别扩张的具体项目。

与布兰达的交谈表明，我们的研究范围可以限制在对市场、行业和袋鼠公司的 5 年战略计划的分析上。与我们在本书中提到的其他问题不同，这一问题看起来比一般的问题都更简单和直接一些。

让我们根据 TOSCA 框架来对这一问题进行定义：

- 这一问题中并不存在麻烦。问题的症状是一个收购机会，而不是一个麻烦，正如我们在第 4 章所说，这也是比较常见的。可以被称为麻烦的，是樱桃控股害怕高估了袋鼠公司的发展潜力。布兰达看起来对市场的吸引力和袋鼠公司的战略计划持怀疑态度。
- 问题所有者主要是布兰达。其他两名决策者已经有了明确的态度。因此，我们要做的，要么是说服布兰达同意收购，要么是为她提供用来反对收购的有力证据。此外，叶夫根尼已经通过计算折现现金流评估了收购计划，如果我们可以提供对袋鼠的战略评估，布兰达就可以结合自身专长更好地确认自己的立场。换句话说，我们需要确认袋鼠公司未来是否有能力以稳定、可预测的方式来生成现金流。
- 在这里，成功与否并不取决于樱桃控股最终是选择继续还是终止交易，而是取决于我们是否有能力给出可信的观点来帮助布兰达明确她是否应该同意该计划。如果我们可以让布兰达摇摆的立场变得清晰，且阿尔伯特和叶夫根尼也表示接受她的立场，我们就可以认为自己是成功的。记住这一点，我们的研究范围就可以限定为对袋鼠公司进行战略评估，这也是布兰达在与我们的交谈中所提及的。
- 主要的限制是我们进行调查研究的时间有限。但由于需要研究的范围也不是很大，这一限制多多少少被抵消了。在相应的研究范围中，其中的外部成分（市场趋势、行业分析、竞品分析等）看起来尤其重要。当然，我们也没有方法联系上袋鼠公司当前的负责人和管理团队。

- 主要的行动者是三名决策者。

我们可以以这样的方式来陈述问题：假设在对其他方面没有异议的前提下，袋鼠公司的业务是否有足够的吸引力，以及其战略计划是否足以让人相信，使得樱桃控股考虑收购它？

其中，用于确认樱桃控股是否应当进行收购的主要方式，便是对袋鼠公司未来获得现金流的能力进行验证。

问题建构

基于之前对问题的陈述，以及从材料中得到的信息，我们认为，研究范围应包含两个方面：

- 确认袋鼠公司当前的男士内衣业务在未来几年中能否带来稳定、可预测的现金流。
- 探讨袋鼠公司的 5 年战略计划，尤其是产品多样化计划，并评估战略计划对公司未来表现可能产生的影响。

这一范围意味着问题树应包含两个主要分支，如图 11-1 所示。第一个分支与袋鼠当前的业务评估有关，并着重对市场和行业进行分析，需要用到波特五力模型。第二个分支则与袋鼠公司的战略计划有关，尤其是产品多样化计划。这一问题树并没有覆盖问题所有可能的方面，但基于时间的有限性和布兰达提出的问题优先级，该问题树与我们要研究的范围非常契合。

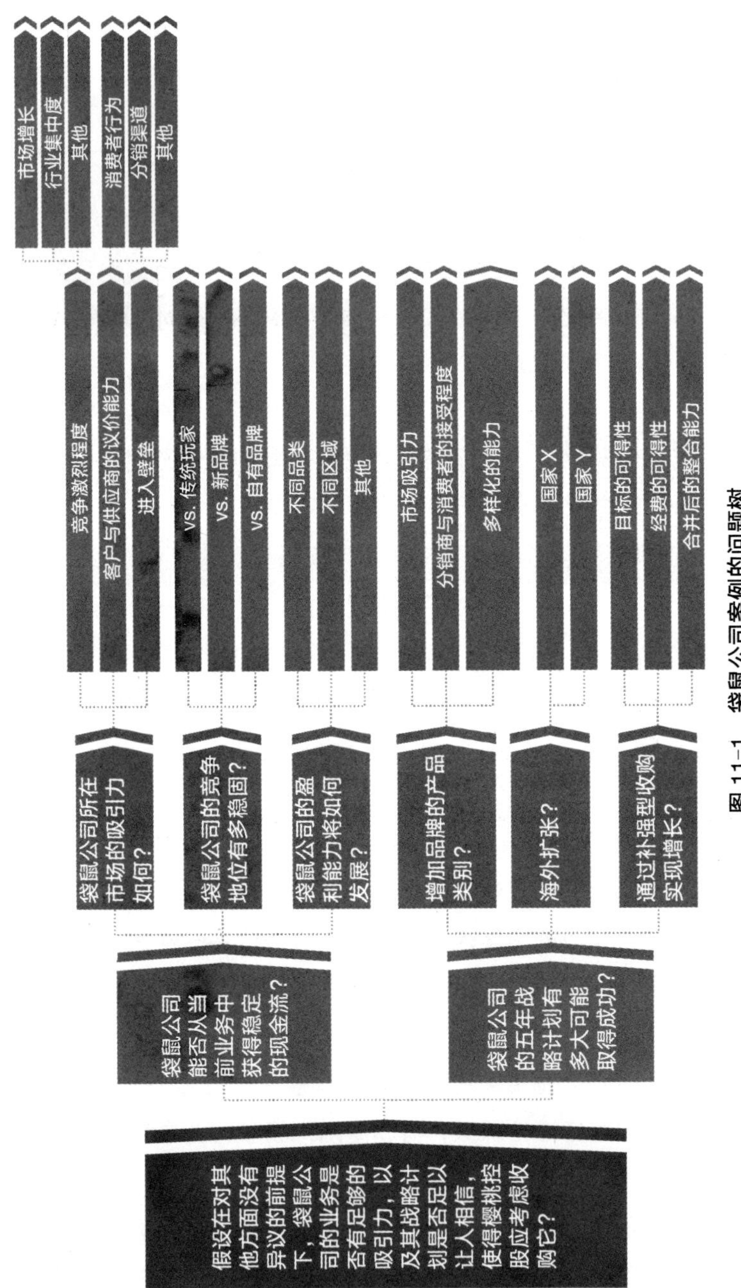

图 11-1 袋鼠公司案例的问题树

问题求解

在解决问题的过程中，通过与布兰达多次交流，项目小组决定把收购增长这一问题从研究范围中去掉。樱桃控股相信，在收购了袋鼠之后，他们会有方法处理这个问题。是否收购更多应该由公司的主要股东，而不是管理人员决定。此外，在现阶段花时间去猜测潜在的收购目标看起来徒劳无益。因此，应该把主要精力放在了解袋鼠公司的基本情况而不是其潜在的收购增长上。

为了进行相应的分析，项目团队要从市场调查、零售业专家和行业报告中收集数据。团队还对零售商、行业专家和消费者进行了系列访谈。

总的来说，调查结果表明袋鼠公司的产业结构是健康而稳定的。在可以预见的未来，像袋鼠和鳄鱼这样的驰名品牌应该可以获得不错的边际利润。然而，在他们进行的访谈中，团队成员发现了一个重要的问题：大型零售商的自有品牌可能会对袋鼠公司产品的销量和利润率造成威胁。企业的销售渠道在向大型零售商（超大型商场与超级市场）转移，而这些大型零售商很多都创建了自有品牌，从而侵蚀了像袋鼠这样成名品牌的市场份额。项目团队据此认为，推广高性价比的鳄鱼品牌是一个明智的反击之举，这使得零售商自有品牌的产品未来可能很难再获得额外的市场份额。

关于袋鼠公司的战略计划，项目团队对一系列处于类似行业的中小型公司进行了案例分析，这些公司最近都在尝试使用伞形品牌策略（即通过同一个品牌）来对产品线进行扩张。这些公司的实践经验表明，袋鼠公司的计划可能过于乐观了。大部分公司都未能达到袋鼠公司期望的 5 年增长目标。然而，与零售商和消费者进行的焦点小组访谈则发现，虽然计划本身可能达不到预期的理想效果，但该计划可能可以使袋鼠的核心业务产生正向的溢出效应。

解决方案推销

问题解决团队的核心结论是，袋鼠公司有足够的吸引力，因此樱桃控股可以对其进行收购，这个结论应该可以缓解布兰达的忧虑。但该团队对袋鼠公司的战略的评价则有些模棱两可。其业务是有吸引力的，袋鼠公司的战略计划也不会带来很大风险，但它们关于产品多样化的项目则可能有点过于乐观、脱离现实了。

基于这些观察与调查结果，调查团队整理出了下述故事线。

袋鼠机遇的故事线

核心观点与主线

袋鼠公司的业务有足够的吸引力，因此樱桃控股可以收购它，尽管袋鼠公司扩张计划成功的可能性存疑：

1. 产业结构使得成名品牌易于获得较高且稳定的利润率。
2. 袋鼠公司的核心业务有着关于未来的良好定位。
3. 扩张计划具有不确定性，但风险很低。

完整故事线：

1. **产业结构使得成名品牌易于获得较高且稳定的利润率：**
    a. 男士内裤品类的需求稳定：
        - 消费者忠诚度较高，因为消费者通常具有较大的消费惯性，且愿意投入的花费较少。

- 销量变化平缓。
- 产品的平均单价稳定。

b. 品牌间竞争并不激烈：
- 大品牌数量稀少，且相互间没有激烈竞争。
- 新品牌的进入尝试无一例外地失败了。
- 部分现有竞争对手可能退出市场。

c. 零售商的自有品牌不构成主要威胁：
- 自有品牌已发展壮大，尤其是在相对成熟的品类中。
- 但它们的发展很可能已到达瓶颈期。
- 它们并没有真正对头部品牌构成威胁。

2. **袋鼠公司的核心业务有着关于未来的良好定位：**

a. 销售渠道占比的改变将不再危及公司利益；
- 大型零售商在销售渠道中的占比持续增长，现已占据领先地位。
- 这一变化曾经危及袋鼠品牌，尤其是其三角裤在西尔达维亚的销量。
- 但这一变化对于鳄鱼品牌而言是个好消息，且两个品牌在各自的销售渠道上都取得了良好的成绩。
- 鳄鱼品牌与大型零售商的期待相契合。

b. 两个品牌都有优点。
- 良好的消费者形象。
- 良好的行业形象。
- 尽管投资不足。

3. **扩张计划具有不确定性，但风险很低：**

c. 产品线扩张计划成功可能性不高。
- 该计划较为激进。

- 早期消费者反馈消极。
- 袋鼠公司不具有独特的优势。
- 袋鼠公司在管理方面可能存在欠缺。

d. 但是风险很低。

- 与核心业务的现金流相比，该计划需要付出的成本不高。
- 计划可以随时间逐步微调（不下“大赌注”）。

e. 即使计划失败，也可能对品牌的核心业务产生正面影响。

上文中的故事线是按照归类模式组织的，包含三个主线论点：（1）产业结构和市场吸引力；（2）袋鼠公司核心业务的未来定位；（3）袋鼠公司的扩张计划。

由于问题相对简单，并不需要太多的创意，故事线的结构与问题树基本对应。问题拆分与用主线论点支撑核心观点之间，也没有什么巨大的鸿沟需要跨越。核心观点与问题陈述十分接近，其支持论点也与子问题和基本分析成分非常类似。主要区别在于，问题树中一开始设想要探讨的增长问题被舍弃了。其余不同之处也都是为了更好地支撑核心论点，主动忽略了一些无法说明什么问题的结果，如关于不同品类的利润率和在不同国家展开国际扩张的分析。

CRACKED IT
结　语

成为问题解决行家

本书的开头描述了问题解决中的五个陷阱——我们面临问题挑战时都很容易掉入的陷阱。有人认为，这说明了在问题解决过程中应该最小化人类参与的因素，我们应该期待人工智能可以解决生活中大大小小的问题。他们宣称，有了海量的大数据和智能的机器学习算法，没有什么问题对人工智能来说是解决不了的。有的人也同意这一预测，但又害怕这一天的到来会给人类造成毁灭性的灾难。

我们对这一观点持反对意见，不管它是技术乐观主义者的内心渴望，还是末日预言。人工智能确实可以在很多领域取代专家的地位，从医疗到金融。但是对于复杂的、非常规的问题来说，只有专业知识是不够的：这些问题首先需要被定义和梳理。当然，技术会产生一定的影响。人工智能和大数据会改变我们解决问题的方式，就像计算器和计算机曾经做到的那样。但是这些计算分析只是问题解决过程中的一小部分，远远不是全貌。定义和建构问题、梳理和监控解决问题的全过程、进行相应的分析、批判性地评价和解释所得证据、想出新的解决方案、判断解决方案是否行之有效、让决策者相信解决方案并实施……这些都需要人类才能完成，且我们相信会一直需要。

尽管我们在本书中使用了商业上的例子来阐述批判性思维的原理，但这一原理是可以应用于大部分人的日常生活问题的。例如，一项近期的研究探讨了批判性思维技能和“负面生活事件”之间的联系，其中负面生活事件囊括了从轻微失误（比如错过飞机航班、与他人发生争吵、冰箱食物过期）到严重失误（比如酒驾被抓、申请破产）的一系列事情。结果表明，批判性思维技能越强的人所经历的负面事件越少，[1] 这一定程度上说明了善于批判性思考的人会在生活中的方方面面应用这一技能。

我们很容易看出为什么会这样。例如，当你思考个人的退休财务计划时，对这一问题进行组织和梳理难道不是很有价值吗？当你在社交媒体上看到激进言论时，何不考虑一下问题解决的五个陷阱来帮助你更好地进行批判性思考？同样，我们介绍的解决方案推销工具也不是仅适用于商业环境的，你可以用它来推销任何事情。提高我们解决问题和推销解决方案的能力不仅可以让我们成为更优秀的员工和管理者，还可以帮助我们更好地管理自己的生活，成为富有责任感的公民。

然而，关于问题解决和沟通技巧的知识并不容易教授和学习：它们需要练习。本书介绍了如何严谨地定义问题、如何建构问题树和假设金字塔、如何运用不同的框架、如何进行严密的分析、如何用设计思维技巧来想出创造性的解决方案、如何建构故事线和具有说服力的报告。它们不像元素周期表一样，是可以陈述的知识；它们是技能，就像骑自行车一样。在还是孩子的时候，你不是通过阅读自行车手册来学会骑自行车的。相反，你会骑上一辆自行车，经历骑上去、摔倒、骑上去、摔倒……如此往复，直到你兴奋地喊道："爸爸快看！我不用手扶车把也能骑啦！"

这也是你现在需要做的——练习。在任何行业中工作的一个优点，就是你有充足的机会来解决问题和推销解决方案。经理或者主管，从定义上来说，就是处理问题的职业，他们每一天都需要处理一系列大大小小、令人头疼的问题。这些都是你练习的机会，并且是比其他机会都更容易帮助你提升自己解决问题的能力。如果你不是经理或者主管，尝试在你的工作中找到一个面临着挑战性问题的人，并主动去帮助他。如果这也做不到，你可以在网上搜寻商业案例进行研究，并练习去解决它们。

你应该把这些挑战看作学习的机会，从小处着手：即使是那些看上去十分简单、熟悉的问题，也都是很好的练习机会。通常来说，你可能想都不用想就知道问题如何解决，因为你以前解决过类似的问题。但停下来想一想，如果你对当前的问题一无所知，你将如何陈述它呢？问题中的麻烦、所有者、成功标准、约束和行动者是什么呢？核心问题又是什么？你是否需要建构一个假设金字塔、一个问题树？你需要借助框架和设计思维工具吗？事情的美妙之处在于，你已经知道答案了（或者你觉得你知道），所以你没有什么可失去的。这就像是小孩子第一次骑上自行车，但自行车上有辅助轮。而且说不定，你所付出的梳理问题的努力会给你带来对于熟悉问题的全新解决方案。

同样的学习方法对于推销解决方案也适用：挑选一个你需要进行沟通的没有什么难度的事情——简单到你本来不假思索就可以完成，这件事兴许是给同事发一封电子邮件，或者在员工会议上作关于项目进展的口头报告。你知道如何完成这项任务，你原来的方法效果也挺好。但是为了练习推销技巧，你可以试着用归类模式或者论述模式去建构一个简单的故事线。也许你会发现，你的思维并没有你想象中的清晰。有可能在这样一个看似简单的例子中，不用花费太大的力气，你的沟通就比以前更加行之有效了。

成为更优秀的问题解决者的另一个很重要的方面，是要与其他人一起练习。正如我们在全书中指出的，旁观者通常会比我们更容易发现问题的逻辑结构、分析过程、沟通表达中的漏洞和错误，因此要提升自身技能的一个不可或缺的方式就是与你的同事分享问题解决过程中每一阶段的成果，并请他们提供反馈和建设性的质疑。更理想的情况是，你可以和同事组队进行练习，各自完成问题解决的过程，然后比对大家的笔记和结果，再共同建构问题陈述、问题树或者故事线，使其体现出你们的最佳水平。当你作为解决方案的受众，并发现他人推销给你的解决方案有待提高时，你可以委婉地给出自己的建议。

在一个团队中工作，你会发现，正如我们在本书中的几个例子中提到的，我们有很多种方式去发现和传达一个错误答案，而找到正确答案的方式不止一种，我们也不可能总是在第一次就找到了完美的解决方案。还记得图 2-1 中表示迭代的箭头吗？一开始，你可能会觉得应用 4S 法时进入下一阶段后再重新思考之前的每一步很不自然。我们所受到的成为专业人士的教育教导我们，要“第一次就找到正确方法”。然而，优秀的解决方案通常都不是这么找到的。作为团队成员，完成工作可以促使你看到问题和解决方案的其他方面，这是学习在问题解决过程的每一步中都保持思维开放性的最佳方式。

经常进行这样的小组练习可以给我们带来什么呢？要回答这一问题，我们只需要看看那些最优秀的问题解决者就可以了。他们并不总是绝顶聪明或富有创造力，但他们解决问题的能力却让人印象深刻。他们对于我们在本书中介绍的工具都运用得游刃有余。就像象棋冠军可以同时下很多局棋一样，优秀的问题解决者也善于从多个角度看待同一个问题。他们进行过那么多次的问题陈述、梳理和解决，以至于他们可以在同一个问题中协调、应用多种不同的方法。他们不仅能严谨地定义一个复杂问题，还可以在对同一个问题的不同陈述中切换自如。他们对于应用以假设为驱动和以问题为驱动的问题解决方法，以及对于设计思维的理解和实践，都一样得心应手。他们可以从不同的角度、用不同的框架来探讨同一个问题。最终，他们可以从逐渐浮出水面的解决方案中提取出精华的部分，形成一个令人信服的统领思想，并形成条理清晰的故事线。同时，他们对于随时根据新信息改进解决方案也保持着开放的态度。

我们写作这本书的目的，是帮助你成为一个问题解决的行家。不管你是新手还是老手，严格实践一套科学的方法论都非常重要。为达到这一目的，我们创建了 4S 法及其相应的工具。这一方法并不迷人，但它可以在你应对看起来无法完成的挑战时为你提供指导和信心。经过练习，你一定会获得解决难题和有效推销解决方案的能力。世间最有成就感的事情莫过于，你一路披荆斩棘，再回首，问题已迎刃而解。

CRACKED IT

致　谢

书中的许多部分，都得益于同事的建议和智慧贡献。在此真诚地感谢布莱斯·阿拉兹（Blaise Allaz）、皮埃尔·杜索格（Pierre Dussauge）、蒂里·福柯（Thierry Foucault）、安德烈亚·马西尼（Andrea Masini）、安娜帝尔·泽利尔（Anne-Laure Sellier）和马蒂斯·舒尔特（Mathis Schulte），在将问题解决的观点引申到各个不同的专业领域时，他们发挥了不可或缺的重要作用。我们还应该感谢巴黎高等商学院和麦吉尔大学的所有同事，以及来自西班牙 IESE 商学院和牛津大学赛德商学院（Said Business School）等合作机构的朋友和同事，他们在项目的不同阶段与我们的讨论，给我们带来了极大的启发。同时，我们也认为，书中的所有谬误都应归咎于我们自身。

我们还获得了巴黎高等商学院、HEC 基金会和麦吉尔大学德索泰尔管理学院（Desautels Faculty of Management）的研究支持，对此我们深表感谢。

将课程内容转变为一本书，是一项有趣的挑战。我们希望，本书保留了一些我们在教学过程中努力追求的亲力亲为的感觉，同时又能够带领读者轻松顺畅地跟着我们的思路往下走。如果说我们在这方面取得了成功，那么编辑詹妮弗·沃里克（Jennifer Worick）当居首功。我们的视觉编辑伊莎贝尔·休恩（Isabelle Huynh），帮我们处理了大量杂乱的幻灯片，将其转变为了优雅的视觉表达。我们也感谢帕尔格雷夫·麦克米伦出版社（Palgrave Macmillan）的斯蒂芬·帕特里奇（Stephen Partridge）和加布里埃尔·埃弗林顿（Gabriel Everington）的耐心付出。

写一本书，就像经营一段关系，都需要予以关心和关注，有时甚至会让人苦苦思索，废寝忘食。今天充满喜悦，明天又备感挫折。同时，写作还会影响到我们的其他关系，并从其他关系中受益。伯纳德希望向比阿特丽斯（Béatrice）致谢，感谢她的关爱和支持，尤其是在完成这项任务的过程中，周遭环境充满了挑战。科里的妻子蒂芙尼（Tiffany）和孩子克洛伊－罗斯（Chloé-Rose）、康纳（Connor）在项目开展过程中经历了很多事情，也做了很多事情来给予支持，对此他非常感激。奥利维尔也要感谢安妮－莉斯（Anne-Lise）、范丁（Fantin）和莱利亚（Lélia）始终如一的鼓励和不知疲倦的支持。

CRACKED IT
注 释

引 言 你必须具备的超级技能

1. Kahneman, D.（2011）. *Thinking, Fast and Slow*. New York: Farrar, Straus and Giroux.
2. Evans, J.St.B.T.（2003）. In Two Minds: Dual Process Accounts of Reasoning. *TRENDS in Cognitive Sciences*, 7（10）, 454–459.
3. Grant, A.（2016）. *Originals: How Non-Conformists Move the World*. New York: Viking.
4. Mintzberg, H.（1973）. *The Nature of Managerial Work*. New York: Harper & Row.
5. Zenger, J., & Folkman, J.（2014, July 30）. The Skills Leaders Need at Every Level. *Harvard Business Review* Online.
6. Organisation for Economic Co-operation and Development.（2016）. *The Survey of Adult Skills: Reader's Companion, Second Edition*. Paris: OECD.
7. Christensen, C.M., Dina D., & van Bever, D.（2013）. Consulting on the Cusp of Disruption. *Harvard Business Review*, 91（10）, 106–115.
8. Davis, I., Keeling, D., Schreier, P., & Williams, A.（2007）. *The McKinsey Approach to Problem Solving*. McKinsey Staff Paper, No. 66. July.
9. Pretz, J.E., Naples, A.J., & Sternberg, R.J.（2003）. Recognizing, Defining and Representing Problems. In J.E. Davidson & R.J. Sternberg（Eds.）, *The Psychology of Problem Solving*（pp. 3–28）. Cambridge, UK: Cambridge.
10. Nokes, T.J., Schunn, C.D., & Chi, M.T.H.（2010）. Problem Solving and Human

Expertise. *International Encyclopedia of Education*, 5, 265–272.

11. Marchant, G., Robinson, J., Anderson, U., & Schadewald, M.（1991）. Analogical Transfer in Legal Reasoning. *Organizational Behavior and Human Decision Processes*, 48（2）, 272–290.
12. Dane, E.（2010）. Reconsidering the Tradeoff Between Expertise and Flexibility: A Cognitive Entrenchment Perspective. *Academy of Management Review*, 35（4）, 579–603.
13. Wiley, J.（1998）. Expertise as Mental Set: The Effects of Domain Knowledge in Creative Problem Solving. *Memory & Cognition*, 26（4）, 716–730.
14. Gavetti, G., Levinthal, D.A., & Rivkin, J.W.（2005）. Strategy Making in Novel and Complex Worlds: The Power of Analogy. *Strategic Management Journal*, 26（5）, 691–712.
15. Feduzi, A., & Runde, J.（2014）. Uncovering Unknown Unknowns: Towards a Baconian Approach to Management Decision-Making. *Organizational Behavior and Human Decision Processes*, 124（2）, 268–283.
16. Graham, D.A.（2014, March 27）. Rumsfeld's Knowns and Unknowns: The Intellectual History of a Quip. *The Atlantic*.
17. Furr, N., & Dyer, J.（2014）. *The Innovator's Method.* Boston: Harvard Business Review Press. Rojas Serrano, J.C.（2012）. DaviPlata: ‘Self-Service’ Financial Inclusion. *Management Innovation eXchange*.
18. Stadler, M., Becker, N., Gödker, M., Leutner, D., & Greiff, S.（2015）. Complex Problem Solving and Intelligence: A Meta-Analysis. *Intelligence*, 53, 92–101.
19. Moules, J., & Nilsson, P.（2017, August 31）. What Employers Want from MBA Graduates – and What they Don't. *Financial Times*.
20. Levy, F., & Cannon, C.（2016, February 9）. The Bloomberg Job Skills Report: What Recruiters Want. *Bloomberg Business Week*.
21. PayScale Human Capital.（2016）.*2016 Workforces Skills-Preparedness Report*.
22. World Economic Forum.（2016）. *The Future of Jobs: Employment, Skills and Workforce Strategy for the Fourth Industrial Revolution*.
23. Organisation for Economic Co-operation and Development.（2016）. *The*

Survey of Adult Skills: Reader's Companion, Second Edition. Paris: OECD.

24. Scott, G., Leritz, L.E., & Mumford, M.D.（2004）. The Effectiveness of Creativity Training: A Quantitative Review. *Creativity Research Journal*, 16（4）, 361–388.

第 1 章 问题解决的 5 大陷阱

1. Witt, S.（2015）. *How Music Got Free: The End of an Industry, the Turn of the Century, and the Patient Zero of Piracy*. New York: Viking.
2. Yunus, M.（2007）. *Creating a World Without Poverty: Social Business and the Future of Capitalism*. New York: Public Affairs.
3. Garrette, B., & Karnani, A.（2010）. Challenges in Marketing Socially Useful Goods to the Poor. *California Management Review*, 52（4）, 29–47.
4. UNICEF.（2017）. *Undernutrition Contributes to Nearly Half of All Deaths in Children under 5 and Is Widespread in Asia and Africa*.
5. World Health Organization.（2016）. *Maternal, Newborn, Child and Adolescent Health*.
6. "丽莎"是几个不同人物经历的组合，真实细节已经过修改。
7. Burke, K.（1935）. *Permanence and Change: An Anatomy of Purpose*. New York: New Republic Inc.
8. Kaplan, A.（1964）. *The Conduct of Inquiry: Methodology for Behavioral Science*. San Francisco: Chandler Publishing Co.
9. Maslow, A.H.（1966）. *The Psychology of Science*. New York: Harper & Row. p. 15.
10. 杰西潘尼案例的信息来源包括：（1）Reingold, J.（2014, March 20）. How to Fail in Business While Really, Really Trying. *Fortune.com*。（2）Reingold, J. (2012, March 7), Ron Johnson: Retail' s New Radical. *Fortune. com*。（3）Martin, S. (2011, May 19). How the Apple Stores Model of Retail Defied the Odds. *USA Today*。
11. Yudkin, J.（1972）. *Pure, White, and Deadly: How Sugar Is Killing Us and What We Can Do to Stop It.* London: Penguin Books, reprint 2012.
12. Leslie, I.（2016, April 7）. The Sugar Conspiracy. *The Guardian.*
13. Lustig, R.（2009）. *Sugar: The Bitter Truth*. University of California Television.
14. Lustig, R.（2013, April 29）. Still Believe a 'Calorie Is a Calorie'? *The*

Huffington Post.

15. Leslie, I.（2016, April 7）. The Sugar Conspiracy. *The Guardian*.
16. Lustig, R.（2012）. *Fat Chance: The Hidden Truth about Sugar, Obesity, and Disease*. London: 4th Estate.

第 2 章 问题解决 4S 法

1. 这并不是说这一方法仅能用在战略问题上。咨询公司从事的许多“战略”工作，严格来讲其实与“战略”的关系并不大。“战略咨询”这个说法，就是“首席执行官层面优质管理咨询”的简称，而“战略”顾问在解决组织、运营有效性或营销问题时，也会利用同样的问题解决思路。
2. Bacon, F.（1620）. *Novum Organum*, XLIX.
3. Nickerson, R.S.（1998）. Confirmation Bias: A Ubiquitous Phenomenon in Many Guises. *Review of General Psychology*, 2（2）, 175–220.
4. Friedman, R.S., & Förster, J.（2001）. The Effects of Promotion and Prevention Cues on Creativity. *Journal of Personality and Social Psychology*, 81（6）, 1001–1013.
5. Janis, I.L.（1982）. *Groupthink: Psychological Studies of Policy Decisions and Fiascoes.* Boston, MA: Houghton Mifflin.
6. Liedtka, J.（2017）. Evaluating the Impact of Design Thinking in Action. *Academy of Management Best Paper Proceedings*.
   Beckman, S.L., & Barry, M.（2007）. Innovation as Learning Process: Embedding Design Thinking. *California Management Review*, 50（1）, 25–56.
7. Simon, H.A.（1969）. *The Sciences of the Artificial*. Cambridge: MIT Press.
8. Martin, R.L.（2009）. *The Design of Business: Why Design Thinking Is the Next Competitive Advantage*. Cambridge, MA: Harvard Business Press.
9. Porter, M.E.（1980）. *Competitive Strategy*. New York: Free Press.
10. Brown, T.（2009）. *Change by Design: How Design Thinking Transforms Organizations and Inspires Innovation*. New York: HarperBusiness.
11. Heath, C., & Heath, D.（2007）. *Made to Stick: Why Some Ideas Survive and Others Die*. New York: Random House.

第 3 章 问题陈述：TOSCA 框架

1. Rittel, H.W.J., & Webber, M.M.（1973）. Dilemmas in a General Theory of Planning. *Policy Sciences*, 4（2）, 155–169.

第 4 章 问题建构：假设金字塔和问题树

1. Garrette, B.（2017）. *Librinova: A Start-up for Digital Innovation in Publishing*. HEC Paris case study.
2. Eisenmann, T.R., Parker, G.G., & Van Alstyne, M.W.（2006）. Strategies for Two-sided Markets. *Harvard Business Review*, 84（10）, 92–101.
3. Porter, M.E.（1980）. *Competitive Strategy*. New York: Free Press.
4. Kahneman, D., & Klein, G.（2010）. Strategic Decisions: When Can You Trust Your Gut? *McKinsey Quarterly*.
5. Descartes, R.（1637）. *Discours de la Méthode*. Paris: Librio, 2013 reprint. English edition: *A Discourse on the Method*. Oxford: Oxford University Press, 2008.
6. 和本书给出的所有例子一样，本例只是用来说明如何以问题为驱动进行建构的，而不是问题树的“理想”或“完美”版本。我们给出的样本也可能存在改进的空间。举例来说，关于延迟国际化扩张的第三个子问题看起来就并不完全符合 MECE 问题拆分原则，你可以提出更好的想法。

第 5 章 问题建构：分析框架

1. PE 通常是指没有公开交易的投资，其投资者通常是大型机构投资者、捐赠型基金或富有的个人。私募公司通常会利用大量债务融资对公司进行收购，之后对公司进行重组，以期以更高的价值再次售出。
2. EV 是对公司总体经济价值的衡量单位。EBITDA 是对某业务盈利潜力进行衡量的常用指标。实际上还有许多其他估值方法可以利用。在这个例子中，私募公司还可以利用其他方法帮助目标公司创建价值，包括利用金融杠杆。同样，在没有进行风险评估的情况下，这就意味着针对此项投资的评估并没有完成。我们在此的目标，并不是给出关于估值的全套方法，而是体现出利用分析框架进行的问题拆分过程。
3. Burke, K.（1935）. *Permanence and Change: An Anatomy of Purpose*. Reprint,Berkeley:University of Calfornia Press，1984：70.

4. 我们在此假定已经完成了整套符合 TOSCA 框架的问题陈述，但从目的来看，我们并没有必要将其中所有的元素一一带过。
5. 我们假定，这里想要解决的问题是行业中有关战略或有关价值创造的问题。读者也可能有着更为具体的目标，比如致力于提高客户满意度，降低员工离职率，或提升按时交付率。如果是这种情况，我们面对的就是功能性问题，而功能性框架是一个更合适的起点。
6. 对于其中的每一个问题，行业吸引力可能都会在你的问题树上占据一个分支。举例来说，如果你在考虑收购，那么对目标公司进行评估，看其是否属于富有吸引力的行业，可能是第一层子问题之中的一项内容。只有到达了这一层级（也只有当你到达这一层级时），波特五力模型才可能是适用的框架。
7. Service，O.,et al.(2014). *EAST, Four Simple Ways to Apply Behavioural Insights*. UK Cabinet Office and NESTA.
8. Munger,C. (1994). *A Lesson on Elementary, Worldly Wisdom As It Relates To Investment Management & Business*. USC Business School students.

第 6 章 问题求解：八度分析法

1. 另一种情况下，这样的给定条件可以包含在问题陈述中，无须在假设金字塔（或问题树）中重复。但在实践中，假设金字塔通常会包含给定的元素，这些元素是逻辑成立所必需的内容，并且没有在问题陈述中得到明确表述。
2. Kahnemann, D., & Lovallo, D.（1993）. Timid Choices and Bold Forecasts: A Cognitive Perspective on Risk Taking. *Management Science*, 39（1）, 17–31
3. Ramanesh, R.V., & Browning, T.R.（2014）. A Conceptual Framework for Tackling Unknown Unknowns in Project Management. *Journal of Operations Management*, 32, 190–204.
4. Walters, D.J., Fernbach, P.M., Fox, C.R., & Sloman, S.A.（2017）. Known Unknowns: A Critical Determinant of Confidence and Calibration. *Management Science*, 63（12）, 4298–4307.
5. Landsberger, H.A.（1958）. *Hawthorne Revisited*. Ithaca: Cornell University Press.
6. Harford, T.（2017）. Where the Truth Really Lies with Statistics. In*Tim Harford, The Undercover Economist*（blog）.

7. 通用电气在此期间支付了股息，但如上所述，是作为股东回报的一部分而支付的。
8. 幸存者偏差也经常出现在定量分析中，例如，当分析幸存公司的样本时忽略掉那些在研究期间消失的公司。
9. Ben-David, I., Graham, J.R., & Harvey, C.R.（2013）. Managerial Miscalibration. *Quarterly Journal of Economics*, 128（4）, 1547–1584.
10. Russo, E., & Shoemaker, P.（1992）. Managing Overconfidence. *Sloan Management Review*, 33（2）, 7–17.
11. 原因如下：如果本年度销售额比前一年的 100 万美元下降了 10%，那么本年度销售额就是 90 万美元。在 90 万美元的基础上提升 10%（即 2×5%）的结果是 99 万美元（比 100 万美元少 1 万美元）。虽然这点差距看上去微不足道，但项目评审官将不会邀请你进入下一轮讨论。
12. Gandel, S.（2013, April 17）. Damn Excel! How the 'Most Important Software Application of All Time' is Ruining the World. *Fortune*.
13. Reinhart, C.M., & Rogoff, K.S.（2009）. *This Time Is Different: Eight Centuries of Financial Folly*. Princeton, NJ: Princeton University Press.
14. Wejnert, B. 2002. Integrating Models of Diffusion of Innovations: A Conceptual Framework. *Annual Review of Sociology*, 28, 297–326.
15. Calantone, R.J., Cavusgil, S.T., & Zhao, Y.（2002）. Learning Orientation, Firm Innovation Capability, and Firm Performance. *Industrial Marketing Management*, 31（6）, 515–524.
16. 虚假相关。
17. 是一种统计上的关联，而不是二元的线性相关。传统的相关性是线性的，而许多因果关系是非线性的。试图在两个非线性相关的变量之间拟合一条直线，通常会导致相关性为零。此外，两个变量之间可能存在因果关系，但发掘出这种因果关系可能需要掌握关于第三个变量的信息。这是一种混淆效应，就像伪相关的原因一样，但其作用方式相反。通过明确控制第三个变量的影响，我们可以发现其他两个变量之间的部分相关性。

第 7 章　问题求解：设计思维的 5 个阶段 1

1. Sawyer, R.（2006）. *Explaining Creativity: The Science of Human Innovation*. Oxford: Oxford University Press.

2. Brown, T. (2009). *Change by Design*. New York: HarperCollins Publishers.
3. Beckman, S.L., & Barry, M. (2007). Innovation as a Learning Process: Embedding Design Thinking. *California Management Review*, 50 (1), 25–56.
4. Grant, A.M., & Berry, J.W. (2011). The Necessity of Others Is the Mother of Invention: Intrinsic and Prosocial Motivations, Perspective Taking, and Creativity. *Academy of Management Journal*, 54 (10), 73–96.
5. Leonard, D., & Rayport, J.F. (1997). Spark Innovation Through Empathic Design. *Harvard Business Review*, November–December issue, 102–113.
6. Hammersley, M. (2007). Ethnography. In G. Ritzer (Ed.), *The Blackwell Encyclopedia of Sociology*. Malden, MA: Blackwell Publishing.
7. Nisbett, R.E., & Wilson, T.D. (1977). Telling More Than We Can Know: Verbal Reports on Mental Processes. *Psychological Review*, 84, 231–259.
8. Brown, T. (2009). *Change by Design*. New York: HarperCollins Publishers. p. 44.
9. Csazar, F.A., & Levinthal, D.A. (2016). Mental Representation and the Discovery of New Strategies. *Strategic Management Journal*, 37 (10), 2031–2049.
10. Avery, J., & Norton, M.I. (2014). Learning from Extreme Consumers. *Harvard Business School Industry and Background Note*. Harvard Business School Publishing.
11. Robertson, D.C., & Breen, B. (2013). *Brick by Brick: How LEGO Rewrote the Rules of Innovation and Conquered the Global Toy Industry*. New York: Crown Business. Madberg, C., & Rasmussen, M.B. (2014). An Anthropologist Walks into a Bar ... *Harvard Business Review*, 92 (3), 80–88.
12. Lipshtitz, R., & Waingortan, M. (1995). Getting out of Ruts: A Laboratory Study of Cognitive Model Reframing. *Journal of Creative Behavior*, 29 (3), 151–172. Ohlsson, S. (2011). *Deep Learning: How the Mind Overrides Experience*. New York: Cambridge University Press.
13. Hasso Plattner Institute of Design, Stanford University (2009). *An Introduction to Design Thinking Process Guide*.
14. Conifer Research. (2002). *How to Find Buried Treasure Using Experience Maps*.

15. Nielsen, L.（2013）. Personas. In M. Soegaard, & R.F. Dam（Eds.）. *The Encyclopedia of Human-Computer Interaction*（2nd Ed）. Aarhus, Denmark: The Interaction Design Foundation.
16. Pruitt, J., & Adlin, T.（2006）. *The Persona Lifecycle: Keeping People in Mind Throughout Product Design*. Burlington: Morgan Kaufmann.
17. Hasso Plattner Institute of Design at Stanford University.（2017）. Bootleg Bootcamp.（pp. 26）.
18. Zhang, T., Gino, F., & Margolis, J.（2014）. *Does "Could" Lead to Good? Toward a Theory of Moral Insight*. Harvard Business School Working Paper 14–118.

第 8 章　问题求解：设计思维的 5 个阶段 2

1. 迪士尼世界的故事有三个来源:（1）Carr, A.（2015, May 15）. The Messy Business of Reinventing Happiness. *Fast Company*。（2）Kuang, C.（2015, March 10）. Disney' s $1 billion Bet on a Magical Wristband. *Wired*。（3）Edson, J., Kouyoumjian, G., & Sheppard, B.（2017, December）. More Than a Feeling: Ten Design Practices to Deliver Business Value. *McKinsey Quarterly*。
2. 见鲍林博客。
3. March, J.G.（1991）. Exploration and Exploitation in Organizational Learning. *Organization Science*, 2, 71–87.
4. da Costa, S.D.P., Sánchez, F., Garaigordobil, M., & Gondim, S.（2015）. Personal Factors of Creativity: A Second Order Meta-Analysis. *Journal of Work and Organizational Psychology*, 31, 165–173.
5. Page, S.E.（2008）. *The Difference: How the Power of Diversity Creates Better Groups, Firms, Schools, and Societies*. Princeton: Princeton University Press.
   Singh, J., & Fleming, L.（2010）. Lone Inventors as Sources of Breakthroughs: Myth or Reality? *Management Science*, 56（1）, 41–56.
6. Williams, K.Y., & O' Reilly, C.A.（1998）. Demography and Diversity in Organizations: A Review of 40 Years of Research. *Research in Organizational Behavior*, 20, 77–140.
7. Edmondson, A.C., & Lei, Z.（2014）. Psychological Safety: The History,

Renaissance, and Future of an Interpersonal Construct. *Annual Review of Organizational Psychology and Organizational Behavior*, 1, 23–43.

8. Ward, T.B., Smith, S.M., & Finke, R.A.（1999）. Creative Cognition. In R.J. Sternberg（Ed.）, *Handbook of Creativity*（pp. 189–212）. New York: Cambridge University Press.
9. Diehl, M., & Stroebe, W.（1987）. Productivity Loss in Idea-Generating Groups: Toward the Solution of a Riddle. *Journal of Personality and Social Psychology*, 53（3）, 497–509.
10. Girotra, K., Terwiesch, C., & Ulrich, K.T.（2010）. Idea Generation and the Quality of the Best Idea. *Management Science*, 56（4）, 591–605.
11. Michalko, M.（2006）. *Thinkertoys*. New York: Ten Speed Press.
12. Vernon, D., Hocking, I., & Tyler, T.C.（2016）. An Evidence-Based Review of Creative Problem-Solving Tools: A Practitioner's Resource. *Human Resource Development Review*, 15（2）, 1–30.
13. Franke, N., Poetz, M.K., & Schreier, M.（2014）. Integrating Problem Solvers from Analogous Markets in New Product Ideation. *Management Science*, 60(4), 1063–1081.
14. Prince, G.M.（1968）. The Operational Mechanism of Synectics. *Journal of Creative Behavior*, 2, 1–13.
15. Pollack, J.（2014）. *Shortcut: How Analogies Reveal Connections, Spark Innovation, and Sell Our Greatest Ideas.* New York: Penguin.
16. Benyus, J.M.（1997）. *Biomimicry: Innovation Inspired by Nature*. New York: Morrow.
17. Woolley-Barker, T.（2017）. *Teeming: How Superorganisms Work Together to Build Infinite Wealth on a Finite Planet*. Ashland, OR: White Cloud Press.
18. 这个案例基于两个来源：(1) Greaves, W.（2006, August 29）. Ferrari Pit Stop Saves Alexander's Life. *The Telegraph*。(2) Catchpole, K.R., De Leval, M., McEwan, A., Pigott, N., Elliott, M.J., McQuillan, A., Macdonald, C. & Goldman, A.J.（2007）. Patient Handover from Surgery to Intensive Care: Using Formula 1 Pit-Stop and Aviation Models to Improve Safety and Quality. *Pediatric Anesthesia*, 17, 470–478。

19. Osborn, A.F.（1953）. *Applied Imagination: Principles and Procedures of Creative Problem Solving*. New York: Charles Scribner's Sons.

20. Mullen, B., Johnson, C., & Salas, E.（1991）. Productivity Loss in Brainstorming Groups: A Meta-Analytic Integration. *Basic and Applied Social Psychology*, 12（1）, 3–23.

21. 关于头脑风暴研究的讨论参见以下资料：Vernon, D., Hocking, I., & Tyler, T.C.（2016）. An Evidence-Based Review of Creative Problem Solving Tools: A Practitioner' s Resource. *Human Resource Development Review*, 15（2）, 1–30。

22. Santanen, E.L., Briggs, R.O., & De Vreed,G-J.（2004）. Causal Relationships in Creative Problem Solving: Comparing Facilitative Interventions for Ideation. *Journal of Management Information Systems*, 20（4）, 167–197.

23. Sutton, R.I., & Hargadon, A.（1996）. Brainstorming Groups in Context: Effectiveness in a Product Design Firm. *Administrative Science Quarterly*, 41（4）, 685–715.

24. Vernon, D., Hocking, I., & Tyler, T.C.（2016）. An Evidence-Based Review of Creative Problem Solving Tools: A Practitioner's Resource. *Human Resource Development Review*, 15（2）, 1–30.

25. 将这种方法应用于 6 个小组成员，在 6 个长度为 5 分钟的回合中产生 3 个想法，就得到了 6-3-5 的大脑写作法（也称 6-3-5 法，或 635 法），该方法最初是由贝恩德·罗尔巴赫（Bernd Rohrbach）教授在 1968 年开发的。

26. Vernon, D., Hocking, I., & Tyler, T.C.（2016）. An Evidence-Based Review of Creative Problem Solving Tools: A Practitioner's Resource. *Human Resource Development Review*, 15（2）, 1–30.

27. Girotra, K., Terwiesch, C., & Ulrich, K.T.（2010）. Idea Generation and the Quality of the Best Idea. *Management Science*, 56（4）, 591–605.

28. Zwicky, F.（1969）. *Discovery, Invention, Research—Through the Morphological Approach.* Toronto: The Macmillan Company.

29. Hargadon, A.（2002）. Brokering Knowledge: Linking Learning and Innovation. *Research in Organizational Behavior*, 24, 41–85.

30. Vernon, D., Hocking, I., & Tyler, T.C.（2016）. An Evidence-Based Review of Creative Problem Solving Tools: A Practitioner's Resource. *Human Resource*

Development Review, 15（2）, 1–30.

31. SCAMPER框架最初由头脑风暴之父亚历克斯·奥斯本（Alex Osborne）提出，后在下书中得到进一步发展：Eberle, B.（1971）. *SCAMPER: Games for Imagination Development*. Prufrock Press。
32. Serrat, O.（2017）. Proposition 33: The SCAMPER Technique. Knowledge *Solutions: Tools, Methods, and Approaches to Drive Organizational Performance* (pp.311-314). Singapore: Springer.
33. Vernon, D., Hocking, I., & Tyler, T.C.（2016）. An Evidence-Based Review of Creative Problem Solving Tools: A Practitioner's Resource. *Human Resource Development Review*, 15（2）, 1–30.
34. Ulrich, K.T., & Eppinger, S.D.（2016）. *Product Design and Development*（6th edition）. New York: McGraw-Hill Education.
35. Ulrich, K.T., & Eppinger, S.D.（2016）. *Product Design and Development*（6th edition）. New York: McGraw-Hill Education.
36. Berg, J.M.（2016）. Balancing on the Creative Highwire: Forecasting the Success of Novel Ideas in Organizations. *Administrative Science Quarterly*, 61（3）, 433–468.
37. Brown, T. 2009. *Change by Design*. New York: HarperCollins Publishers. p. 92.
38. Kagan, E., Leider, S., & Lovejoy, W.S.（2018）. Ideation-Execution Transition in Product Development: An Experimental Analysis. *Management Science*. Forthcoming.
39. Napoli, L.（2016）. *Ray and Joan*. New York: Dutton.
40. Thomke, S.H.（2003）. *Experimentation Matters*. Boston: Harvard Business School Press.
41. Ulrich, K.T., & Eppinger, S.D.（2016）. *Product Design and Development*（6th edition）. New York: McGraw-Hill Education.
42. Horton, G.Y., & Radcliffe, D.F.（1995）. Nature of Rapid Proof-of-Concept Prototyping. *Journal of Engineering Design*, 6（1）, 3–16.
43. Gaughan, R.（2012）. *Accidental Genius: The World's Greatest By-Chance Discoveries*. Toronto: Dundurn.
44. Thomke, S., & Reinersten, D.（2012）. Six Myths of Product Development.

Harvard Business Review, 90（5）, 84–94.
45. Brown, T. 2009. *Change by Design*. New York: HarperCollins Publishers. p. 105.
46. Ulrich, K.T., & Eppinger, S.D.（2016）. *Product Design and Development*（6th edition）. New York: McGraw-Hill Education.
47. Ulrich, K.T. & Eppinger, S.D.（2016）. *Product Design and Development*（6th edition, p. 170）. New York: McGraw-Hill Education.
48. Kelley, T. & Kelley, D.（2013）. *Creative Confidence: Unleashing the Creative Potential Within Us All*. New York: Crown Publishing. p. 5.

第 9 章 解决方案推销：金字塔原理

1. 此处的公司是虚构的，但其面临的问题真实地发生在很多低成本航空公司身上，如美国的西南航空（SWA）或欧洲的瑞安航空（Ryanair）。
2. Minto, B.（2002）. *The Pyramid Principle*（3rd edition）. Upper Saddle River, NJ: Prentice Hall.
3. 出于保密原因，公司名为化名。
4. Brossard, S., & Garrette, B.（2016）. *The Cosyloo–Summit Water Partnership: Innovation at the Base of the Pyramid*. HEC Paris case study.
5. Minto, B.（2002）. *The Pyramid Principle*（3rd edition）. Upper Saddle River, NJ: Prentice Hall.

第 10 章 解决方案推销：高质量的报告幻灯片

1. Rasiel, E.M.（1998）. *The McKinsey Way*. New York: McGraw-Hill.
2. 该模型来源于虚拟数据。
3. Zelazny, G.（2001）. *Say it with Charts*（4th edition）. New York: McGraw-Hill.
4. 基于这一目的，每个柱子的高度对应 100%，并把每个柱子中的百分比显示出来是合理的（见图 10-9）。然而，这样的柱状图还是很容易被误读，因为百分比下降的背后可能对应着绝对价值的上升，反之亦然。为了避免这样的误解，我们有必要在每个柱子的上方标注出该柱子的 100% 所对应的绝对价值。有的情况下，你可能希望转向采用绝对价值，这样一来虽然各个成分的贡献更难直接进行比较，却与实际情况更契合，毕竟它们没有被转换成百分比。
5. 波士顿咨询公司因发现这一相关关系在各行各业都成立而闻名。这一例子属于相关关系支持了一个理论的情况。然而，在没有一个固有理论的情况下使用类似的相关图，一定要注意我们在第 6 章所说的，相关性不能说明因果关系。

6. 例如，参阅已故的汉斯・罗斯林（Hans Rosling）的演示报告。
7. Tufte, E.（2006）. *The Cognitive Style of PowerPoint: Pitching Out Corrupts Within*. Cheshire, Connecticut: Graphic Press.
8. Heath, C., & Heath, D.（2007）. *Made to Stick: Why Some Ideas Survive and Others Die*. New York: Random House.
9. Stone, M.（2015, July 28）. A 2004 email from Jeff Bezos explains why PowerPoint presentations aren’t allowed at Amazon. *Business Insider France*.

结 语　成为问题解决行家

1. Butler, H.A.（2012）. Halpern Critical Thinking Assessment Predicts Real-World Outcomes of Critical Thinking. *Applied Cognitive Psychology*, 26, 721–729.

未来，属于终身学习者

我这辈子遇到的聪明人（来自各行各业的聪明人）没有不每天阅读的——没有，一个都没有。巴菲特读书之多，我读书之多，可能会让你感到吃惊。孩子们都笑话我。他们觉得我是一本长了两条腿的书。

——查理·芒格

互联网改变了信息连接的方式；指数型技术在迅速颠覆着现有的商业世界；人工智能已经开始抢占人类的工作岗位……

未来，到底需要什么样的人才？

改变命运唯一的策略是你要变成终身学习者。未来世界将不再需要单一的技能型人才，而是需要具备完善的知识结构、极强逻辑思考力和高感知力的复合型人才。优秀的人往往通过阅读建立足够强大的抽象思维能力，获得异于众人的思考和整合能力。未来，将属于终身学习者！而阅读必定和终身学习形影不离。

很多人读书，追求的是干货，寻求的是立刻行之有效的解决方案。其实这是一种留在舒适区的阅读方法。在这个充满不确定性的年代，答案不会简单地出现在书里，因为生活根本就没有标准确切的答案，你也不能期望过去的经验能解决未来的问题。

而真正的阅读，应该在书中与智者同行思考，借他们的视角看到世界的多元性，提出比答案更重要的好问题，在不确定的时代中领先起跑。

湛庐阅读App：与最聪明的人共同进化

有人常常把成本支出的焦点放在书价上，把读完一本书当作阅读的终结。其实不然。

时间是读者付出的最大阅读成本

怎么读是读者面临的最大阅读障碍

“读书破万卷”不仅仅在“万”，更重要的是在“破”！

现在，我们构建了全新的“湛庐阅读”App。它将成为你“破万卷”的新居所。在这里：

- 不用考虑读什么，你可以便捷找到纸书、电子书、有声书和各种声音产品；
- 你可以学会怎么读，你将发现集泛读、通读、精读于一体的阅读解决方案；
- 你会与作者、译者、专家、推荐人和阅读教练相遇，他们是优质思想的发源地；
- 你会与优秀的读者和终身学习者为伍，他们对阅读和学习有着持久的热情和源源不绝的内驱力。

从单一到复合，从知道到精通，从理解到创造，湛庐希望建立一个“与最聪明的人共同进化”的社区，成为人类先进思想交汇的聚集地，与你共同迎接未来。

与此同时，我们希望能够重新定义你的学习场景，让你随时随地收获有内容、有价值的思想，通过阅读实现终身学习。这是我们的使命和价值。

CHEERS

本书阅读资料包

给你便捷、高效、全面的阅读体验

本书参考资料

湛庐独家策划

- 参考文献
  为了环保、节约纸张，部分图书的参考文献以电子版方式提供
- 主题书单
  编辑精心推荐的延伸阅读书单，助你开启主题式阅读
- 图片资料
  提供部分图片的高清彩色原版大图，方便保存和分享

相关阅读服务

终身学习者必备

- 电子书
  便捷、高效，方便检索，易于携带，随时更新
- 有声书
  保护视力，随时随地，有温度、有情感地听本书
- 精读班
  2~4周，最懂这本书的人带你读完、读懂、读透这本好书
- 课　程
  课程权威专家给你开书单，带你快速浏览一个领域的知识概貌
- 讲　书
  30分钟，大咖给你讲本书，让你挑书不费劲

湛庐编辑为你独家呈现
助你更好获得书里和书外的思想和智慧，请扫码查收！

（阅读资料包的内容因书而异，最终以湛庐阅读App页面为准）

Cracked it!: How to solve big problems and sell solutions like top strategy consultants

by Bernard Garrette, Corey Phelps and Olivier Sibony, edition: 1

图书在版编目（CIP）数据

浙江省版权局
著作权合同登记号
图字:11-2021-030号

像高手一样解决问题 / (法) 伯纳德・加雷特 (Bernard Garrette) , (加) 科里・菲尔普斯 (Corey Phelps) , (法) 奥利维耶・西博尼 (Olivier Sibony) 著 ; 魏薇, 孙经纬译. -- 杭州 : 浙江教育出版社, 2021.7 (2024.1重印)
ISBN 978-7-5722-2041-8

Ⅰ. ①像… Ⅱ. ①伯… ②科… ③奥… ④魏… ⑤孙… Ⅲ. ①问题解决(心理学) Ⅳ. ①B842.5

中国版本图书馆CIP数据核字(2021)第131209号

上架指导：战略咨询 / 问题解决

像高手一样解决问题
XIANG GAOSHOU YIYANG JIEJUE WENTI
[法] 伯纳德・加雷特（Bernard Garrette）[加] 科里・菲尔普斯（Corey Phelps）
[法] 奥利维耶・西博尼（Olivier Sibony） 著
魏　薇　孙经纬　译

责任编辑： 刘晋苏　王晨儿
美术编辑： 韩　波
封面设计： ablackcover.com
责任校对： 李　剑
责任印务： 曹雨辰

出版发行： 浙江教育出版社（杭州市天目山路 40 号 ）
印　　刷： 石家庄继文印刷有限公司
开　　本： 710mm ×965mm 1/16
印　　张： 22　　**字　　数：** 332 千字
版　　次： 2021 年 7 月第 1 版　　**印　　次：** 2024 年 1 月第 2 次印刷
书　　号： ISBN 978-7-5722-2041-8　　**定　　价：** 109.90 元

如发现印装质量问题，影响阅读，请致电 010-56676359 联系调换。